JN052018

データサイエンティスト検定（リテラシーレベル）公式リファレンスブック 第3版

DATA SCIENTIST

DS

菅 由紀子／佐伯 諭
高橋 範光／田中 貴博
大川 遥平／大黒 健一
森谷 和弘／參木 裕之
北川 淳一郎／守谷 昌久
山之下 拓仁／苅部 直知
孝忠 大輔／福本 信吾
著

技術評論社

注意 ご購入・ご利用の前に必ずお読みください

以下の注意事項をご承諾いただいた上で、本書をご利用願います。これらの注意事項をお読みいただかずに、お問い合わせいただいても、技術評論社および著者は対処しかねます。あらかじめ、ご承知おきください。

- 本書の著者および出版社、関係団体は、本書の使用によるデータサイエンティスト検定(リテラシーレベル)の合格を保証するものではありません。

- 本書に記載された内容は、情報の提供のみを目的としています。したがって、本書を用いた運用は、必ずお客様自身の責任と判断によって行ってください。これらの情報の運用の結果について、本書の著者および出版社、関係団体は、いかなる責任も負いません。

- 本書記載の情報は、2024年4月現在のものを掲載しています。本書発行後に行われる試験内容の変更や情勢の変化によって、本書の内容と異なる場合もございます。

- 本書に掲載されたURLなどは、予告なく変更される場合もございます。

「最短突破 データサイエンティスト検定(リテラシーレベル)公式リファレンスブック」の刊行に寄せて

「『データサイエンティスト』という新しい職業を、正しくこの国に根付かせよう」

有志のそんなシンプルな思いから、一般社団法人データサイエンティスト協会は始まりました。

当時、ビッグデータ・ブームとともに日本に上陸したこの新しい職業は、「ビッグデータを使いこなす人」という程度の漠然とした認識で受け止められ、その仕事内容や求められるナレッジやスキルは、曖昧模糊としたまま、メディアに言葉だけが踊っていました。

新しい時代の到来を告げ、危機感を煽る記事のためだけであれば、それでもよかったのかもしれません。しかし、絶対的な不足が騒がれるこの新しい職業を目指す人を増やし、その学習の指針となるためには明確な定義が必要、という思いから、本協会は始まり、現在では120を超える法人が、求められるナレッジやスキルを定める活動を筆頭に始まりました。現在では、各種勉強会や研修の企画、実態の調査や組織間の課題の共有といった各種の啓発・普及活動を展開しております。

そんな協会員の尽力もあり、当協会の定めた各種定義は、我が国のスタンダードとなり、データサイエンティストという仕事もバズワードに終わらず、一つの職業としてこの国に定着しつつあります。そんな中で、協会発足以来の唯一にして最大の懸案事項が「検定(資格)事業」でした。協会発足当時から多数の要望を受けつつも、日進月歩で進み変化する技術や業界状況を鑑みると、認定した資格に対して責任をもった運営ができるのか?という思いが先にたち、理事会で何度も議論をしては見送りを繰り返してきました。

しかし、技術の変化の激しさは依然として続くものの、社会の要請がブームを乗り越えて一定の安定を得つつあることに加え、大学でのデータサイエンス教育の必修化が実現した事で、その必要性が一層の高まりを見せていることから、スタンダードを定めた責任から、検定事業の開始の決断に至りました。

2021年の初版から3年が経過し、生成AIをはじめとする様々なデータ・テクノロジーの進化を反映した第3版がこの度刊行されます。本書が、これからの新しい日本を支える職業を目指す皆様のよき一歩目となることを願ってやみません。

一般社団法人データサイエンティスト協会
代表理事 高橋隆史

目次

はじめに　3

第1章　DS検定とは … 15

データサイエンティスト検定™リテラシーレベルとは … 14
データサイエンティスト協会とデータサイエンティストスキルチェックリストとは … 17
データサイエンティスト検定TMリテラシーレベル試験概要 … 19
出題範囲①　スキルチェックリスト … 20
出題範囲②　数理・データサイエンス・AI（リテラシーレベル）モデルカリキュラム … 21
本検定と、全てのビジネスパーソンが持つべきデジタル時代の共通リテラシー「Di-Lite」… 22
DX推進を目指す人材であることを示す「DX推進パスポート」… 23
本書の構成 … 24

第2章　データサイエンス力 … 27

DS1　ベクトルの内積に関する計算方法を理解し、線形式をベクトルの内積で表現できる … 28
DS2　行列同士、および行列とベクトルの計算方法を正しく理解し、複数の線形式を行列の積で表現できる … 30
DS3　逆行列の定義、および逆行列を求めることにより行列表記された連立方程式が解けることを理解している … 32
DS4　固有ベクトルおよび固有値の意味を理解している … 34
DS5　微分により計算する導関数が傾きを求めるための式であることを理解している … 36
DS6　2変数以上の関数における偏微分の計算方法を理解しており、勾配を求めることができる … 38
DS7　積分と面積の関係を理解し、確率密度関数を定積分することで確率が得られることを説明できる … 41
DS8　和集合、積集合、差集合、対称差集合、補集合についてベン図を用いて説明できる … 43
DS9　論理演算と集合演算の対応を理解している（ANDが積集合に対応するなど）… 45
DS10　順列や組合せの式 nPr, nCr を理解し、適切に使い分けることができる … 46
DS11　確率に関する基本的な概念の意味を説明できる（確率、条件付き確率、期待値、独立など）… 47
DS12　平均、中央値、最頻値の算出方法の違いを説明できる … 49
DS13　与えられたデータにおける分散、標準偏差、四分位、パーセンタイルを理解し、目的に応じて適切に使い分けることができる … 51
DS14　母（集団）平均と標本平均、不偏分散と標本分散がそれぞれ異なることを説明できる … 53
DS15　標準正規分布の平均と分散の値を知っている … 54
DS16　相関関係と因果関係の違いを説明できる … 56
DS17　名義尺度、順序尺度、間隔尺度、比例尺度の違いを説明できる … 57
DS18　ピアソンの相関係数の分母と分子を説明できる … 58
DS19　５つ以上の代表的な確率分布を説明できる … 60

DS20　二項分布は試行回数が増えていくとどのような分布に近似されるかを知っている … 61
DS21　変数が量的、質的どちらの場合でも関係の強さを算出できる … 62
DS22　指数関数とlog関数の関係を理解し、片対数グラフ、両対数グラフ、対数化されていないグラフを適切に使いわけることができる … 63
DS23　ベイズの定理を説明できる … 66
DS28　分析、図表から直接的な意味合いを抽出できる(バラツキ、有意性、分布傾向、特異性、関連性、変曲点、関連度の高低など) … 67
DS29　想定に影響されず、数量的分析結果を客観的に解釈できる … 68
DS31　適切なデータ区間設定でヒストグラムを作成し、データのバラつき方を把握できる … 69
DS32　適切な軸設定でクロス集計表を作成し、属性間のデータの偏りを把握できる … 70
DS33　量的変数の散布図を描き、2変数の関係性を把握できる … 71
DS44　点推定と区間推定の違いを説明できる … 72
DS45　統計的仮説検定において帰無仮説と対立仮説の違いを説明できる … 73
DS46　第1種の過誤、第2種の過誤、p値、有意水準の意味を説明できる … 74
DS47　片側検定と両側検定の違いを説明できる … 75
DS48　検定する対象となるデータの対応の有無を考慮した上で適切な検定手法(t検定, z検定など)を選択し、適用できる … 76
DS51　条件Xと事象Yの関係性を信頼度、支持度、リフト値を用いて評価できる … 78
DS53　ある特定の処置に対して、その他の変数や外部の影響を除いた効果を測定するためには、処置群(実験群)と対照群に分けて比較・分析する必要があることを知っている … 80
DS54　ある変数が他の変数に与える影響(因果効果)を推定したい場合、その双方に影響を与える共変量(交絡因子)の考慮が重要であると理解している(喫煙の有無と疾病発症の双方に年齢が影響している場合など) … 82
DS55　分析の対象を定める段階で選択バイアスが生じる可能性があることを理解している(途中離脱者の除外時、欠損データの除外時など) … 84
DS61　単独のグラフに対して、集計ミスや記載ミスなどがないかチェックできる … 85
DS62　データ項目やデータの量・質について、指示のもと正しく検証し、結果を説明できる … 87
DS67　データが生み出される経緯・背景を考え、データを鵜呑みにはしないことの重要性を理解している … 88
DS70　どのような知見を得たいのか、目的に即して集計し、データから事実を把握できる … 89
DS71　データから事実を正しく浮き彫りにするために、集計の切り口や比較対象の設定が重要であることを理解している … 90
DS72　普段業務で扱っているデータの発生トリガー・タイミング・頻度などを説明でき、また基本統計量や分布の形状を把握している … 91
DS73　時系列データとは何か、その基礎的な扱いについて説明できる(時系列グラフによる周期性やトレンドの確認、移動平均、回帰や相関計算における注意点など) … 92
DS82　標本誤差およびサンプリングバイアス、およびそれぞれの違いについて説明できる … 94
DS83　実験計画法の基本的な3原則(局所管理化、反復、無作為化)について説明できる … 96
DS87　外れ値・異常値・欠損値とは何かを理解し、指示のもと適切に検出と除去・変換などの対応ができる … 98

目次

DS89　標準化とは何かを理解し、適切に標準化が行える … 99
DS90　名義尺度の変数をダミー変数に変換できる … 100
DS93　数値データの特徴量化(二値化／離散化、対数変換、スケーリング／正規化、交互作用特徴量の作成など)を行うことができる … 101
DS101　データの性質を理解するために、データを可視化し眺めて考えることの重要性を理解している … 102
DS102　可視化における目的の広がりについて概略を説明できる(単に現場の作業支援する場合から、ビッグデータ中の要素間の関連性をダイナミックに表示する場合など) … 103
DS105　散布図などの軸出しにおいて、目的やデータに応じて縦軸・横軸の候補を適切に洗い出せる … 104
DS106　積み上げ縦棒グラフでの属性の選択など、目的やデータに応じて適切な層化(比較軸)の候補を出せる … 105
DS110　サンプリングやアンサンブル平均によって適量にデータ量を減らすことができる … 106
DS111　読み取りたい特徴を効果的に可視化するために、統計量を使ってデータを加工できる … 107
DS118　データ解析部門以外の方に、データの意味を可視化して伝える重要性を理解している … 109
DS119　情報提示の相手や場に応じて適切な情報濃度を判断できる(データインク比の考え方など) … 110
DS120　不必要な誇張をしないための軸表現の基礎を理解できている(コラムチャートのY軸の基準点は「0」からを原則とし軸を切らないなど) … 111
DS121　強調表現がもたらす効果と、明らかに不適切な強調表現を理解している(計量データに対しては位置やサイズ表現が色表現よりも効果的など) … 112
DS122　1～3次元の比較において目的(比較、構成、分布、変化など)に応じ、BIツール、スプレッドシートなどを用いて図表化できる … 113
DS123　端的に図表の変化をアニメーションで可視化できる(人口動態のヒストグラムが経年変化する様子を表現するなど) … 114
DS124　1～3次元の図表を拡張した多変量の比較を適切に可視化できる(平行座標、散布図行列、テーブルレンズ、ヒートマップなど) … 115
DS133　外れ値を見出すための適切な表現手法を選択できる … 117
DS134　データの可視化における基本的な視点を挙げることができる(特異点、相違性、傾向性、関連性を見出すなど) … 118
DS139　単回帰分析において最小二乗法、回帰係数、標準誤差、決定係数を理解し、モデルを構築できる … 119
DS140　重回帰分析において偏回帰係数と標準偏回帰係数、重相関係数、自由度調整済み決定係数について説明できる … 120
DS141　線形回帰分析とロジスティック回帰分析のそれぞれが予測する対象の違いを理解し、適切に使い分けられる … 122
DS153　ROC曲線、AUC(Area under the curve)を用いてモデルの精度を評価できる … 124
DS154　混同行列(正誤分布のクロス表)、Accuracy、Precision、Recall、F値、特異度を理解し、精度を評価できる … 125

DS155　RMSE（Root Mean Square Error）、MAE（Mean Absolute Error）、MAPE（Mean Absolute Percentage Error）、決定係数といった評価尺度を理解し、精度を評価できる … 127
DS161　機械学習の手法を3つ以上知っており、概要を説明できる … 129
DS162　機械学習のモデルを使用したことがあり、どのような問題を解決できるか理解している（回帰・分類、クラスター分析の用途など） … 130
DS163　「教師あり学習」「教師なし学習」の違いを理解している … 131
DS164　過学習とは何か、それがもたらす問題について説明できる … 132
DS165　次元の呪いとは何か、その問題について説明できる … 133
DS166　教師あり学習におけるアノテーションの必要性を説明できる … 134
DS167　観測されたデータにバイアスが含まれる場合や、学習した予測モデルが少数派のデータをノイズと認識してしまった場合などに、モデルの出力が差別的な振る舞いをしてしまうリスクを理解している … 135
DS168　機械学習における大域的(global)な説明（モデル単位の各変数の寄与度など）と局所的（local）な説明（予測するレコード単位の各変数の寄与度など）の違いを理解している … 136
DS169　ホールドアウト法、交差検証（クロスバリデーション）法の仕組みを理解し、訓練データ、パラメータチューニング用の検証データ、テストデータを作成できる … 137
DS170　時系列データの場合は、時間軸で訓練データとテストデータに分割する理由を理解している … 138
DS171　機械学習モデルは、データ構成の変化(データドリフト)により学習完了後から精度が劣化していくため、運用時は精度をモニタリングする必要があることを理解している … 139
DS172　ニューラルネットワークの基本的な考え方を理解し、入力層、隠れ層、出力層の概要と、活性化関数の重要性を理解している … 140
DS173　決定木をベースとしたアンサンブル学習（Random Forest、勾配ブースティング[Gradient Boosting Decision Tree：GBDT]、その派生形であるXGBoost、LightGBMなど）による分析を、ライブラリを使って実行でき、変数の寄与度を正しく解釈できる … 142
DS174　連合学習では、データは共有せず、モデルのパラメータを共有して複数のモデルを統合していることを理解している … 143
DS175　モデルの予測性能を改善するためには、モデルの改善よりもデータの質と量を向上させる方が効果的な場合があることを理解している … 144
DS201　深層学習（ディープラーニング）モデルの活用による主なメリットを理解している（特徴量抽出が可能になるなど） … 145
DS202　データサイエンスやAIの分野におけるモダリティの意味を説明できる（データがどのような形式や方法で得られるか、など） … 146
DS219　時系列分析を行う際にもつべき視点を理解している（長期トレンド、季節成分、周期性、ノイズ、定常性など） … 147

目次

DS227 教師なし学習のグループ化(クラスター分析)と教師あり学習の分類(判別)モデルの違いを説明できる … 150
DS228 階層クラスター分析と非階層クラスター分析の違いを説明できる … 151
DS229 階層クラスター分析において、デンドログラムの見方を理解し、適切に解釈できる … 153
DS240 ネットワーク分析におけるグラフの基本概念(有向・無向グラフ、エッジ、ノード等)を理解している。 … 154
DS247 レコメンドアルゴリズムにおけるコンテンツベースフィルタリングと協調フィルタリングの違いを説明できる … 155
DS250 テキストデータに対する代表的なクリーニング処理(小文字化、数値置換、半角変換、記号除去、ステミングなど)を目的に応じて適切に実施できる … 158
DS251 形態素解析や係り受け解析のライブラリを適切に使い、基本的な文書構造解析を行うことができる … 159
DS252 自然言語処理を用いて解けるタスクを理解し、各タスクの入出力を説明できる(GLUEタスクや固有表現抽出、機械翻訳など) … 160
DS265 画像のデジタル表現の仕組みと代表的な画像フォーマットを知っている … 162
DS266 画像に対して、目的に応じた適切な色変換や簡単なフィルタ処理などを行うことができる … 163
DS267 画像データに対する代表的なクリーニング処理(リサイズ、パディング、正規化など)を目的に応じて適切に実施できる … 164
DS268 画像認識を用いて解けるタスクを理解し、入出力とともに説明できる(識別、物体検出、セグメンテーションなどの基本的タスクや、姿勢推定、自動運転などの応用的タスク) … 165
DS274 動画のデジタル表現の仕組みと代表的な動画フォーマットを理解しており、動画から画像を抽出する既存方法を使うことができる … 169
DS277 wavやmp3などの代表的な音声フォーマットの特徴や用途、基本的な変換処理について説明できる(サンプリングレート、符号化、量子化など) … 170
DS282 大規模言語モデル(LLM)でハルシネーションが起こる理由を学習に使われているデータの観点から説明できる(学習用データが誤りや歪みを含んでいる場合や、入力された問いに対応する学習用データが存在しない場合など) … 171

第3章 データエンジニアリング力 … 175

DE1 オープンデータを収集して活用する分析システムの要件を整理できる … 176
DE8 サーバー1～10台規模のシステム構築、システム運用を手順書を元に実行できる … 177
DE9 オンプレミス環境もしくはIaaS上のデータベースに格納された分析データのバックアップやアーカイブ作成などの定常運用ができる … 178
DE19 ノーコード・ローコードツールを組み合わせ、要件に応じたアプリやツールを設計できる … 179

DE20　コンテナ技術の概要を理解しており、既存のDockerイメージを活用して効率的に分析環境を構築できる … 180
DE21　分析環境を提供するクラウド上のマネージドサービス(Amazon SageMaker、Azure Machine Learning、Google Cloud Vertex AI、IBM Watson Studioなど)を利用して、機械学習モデルを開発できる … 181
DE34　対象プラットフォーム(クラウドサービス、分析ソフトウェア)が提供する機能(SDKやAPIなど)の概要を説明できる … 182
DE35　Webクローラー・スクレイピングツールを用いてWebサイト上の静的コンテンツを分析用データとして収集できる … 183
DE39　システムやネットワーク機器に用意された通信機能(HTTP、FTPなど)を用い、データを収集先に格納するための機能を実装できる … 184
DE45　データベースから何らかのデータ抽出方法を活用し、小規模なExcelのデータセットを作成できる … 185
DE46　既存のサービスやアプリケーションに対して、分析をするためのログ出力の仕様を整理することができる … 186
DE53　扱うデータが、構造化データ(顧客データ、商品データ、在庫データなど)か非構造化データ(雑多なテキスト、音声、画像、動画など)なのかを判断できる … 187
DE54　ER図を読んでテーブル間のリレーションシップを理解できる … 188
DE57　正規化手法(第一正規化〜第三正規化)を用いてテーブルを正規化できる … 189
DE64　DWHアプライアンス(Oracle Exadata Database Machine、IBM Integrated Analytics Systemなど)に接続し、複数テーブルを結合したデータを抽出できる … 192
DE66　HadoopやSparkの分散技術の基本的な仕組みと構成を理解している … 193
DE67　NoSQLデータストア(HBase、Cassandra、Mongo DB、CouchDB、Amazon DynamoDB、Azure Cosmos DB、Google Cloud Firestoreなど)にAPIを介してアクセスし、新規データを登録できる … 194
DE71　クラウド上のオブジェクトストレージサービス(Amazon S3、Azure Blob Storage、Google Cloud Storage、IBM Cloud Object Storageなど)に接続しデータを格納できる … 195
DE80　表計算ソフトのデータファイルに対して、条件を指定してフィルタリングできる(特定値に合致する・もしくは合致しないデータの抽出、特定範囲のデータの抽出、部分文字列の抽出など) … 196
DE81　正規表現を活用して条件に合致するデータを抽出できる(メールアドレスの書式を満たしているか判定をするなど) … 197
DE82　表計算ソフトのデータファイルに対して、目的の並び替えになるように複数キーのソート条件を設定ができる … 198
DE83　表計算ソフトのデータファイルに対して、単一条件による内部結合、外部結合、自己結合ができ、UNION処理ができる … 199
DE84　表計算ソフトのデータファイルに対して、NULL値や想定外・範囲外のデータを持つレコードを取り除く、または既定値に変換できる … 200

目次

DE87 表計算ソフトのデータファイルに対して、規定されたリストと照合して変換する、都道府県名からジオコードに変換するなど、ある値を規定の別の値で表現できる … 201
DE89 表計算ソフトのデータファイルに対して、ランダムまたは一定間隔にレコードを抽出できる … 202
DE90 表計算ソフトのデータファイルのデータを集計して、合計や最大値、最小値、レコード数を算出できる … 203
DE91 表計算ソフトのデータファイルのデータに対する四則演算ができ、数値データを日時データに変換するなど別のデータ型に変換できる … 204
DE92 変換元データと変換先データの文字コードが異なる場合、変換処理のコードがかける … 206
DE95 加工・分析処理結果をCSV、XML、JSON、Excelなどの指定フォーマット形式に変換してエクスポートできる … 207
DE96 加工・分析処理結果を、接続先DBのテーブル仕様に合わせてレコード挿入できる … 208
DE97 RESTやSOAPなどのデータ取得用Web APIを用いて、必要なデータを取得できる … 209
DE104 FTPサーバー、ファイル共有サーバーなどから必要なデータファイルをダウンロードして、Excelなどの表計算ソフトに取り込み活用できる … 210
DE105 BIツールからデータベース上のDBテーブルを参照して新規レポートやダッシュボードを作成し、指定のユーザグループに公開できる … 211
DE106 BIツールの自由検索機能を活用し、必要なデータを抽出して、グラフを作成できる … 212
DE110 小規模な構造化データ(CSV、RDBなど)を扱うデータ処理(抽出・加工・分析など)を、設計書に基づき、プログラム実装できる … 213
DE111 プログラム言語や環境によって、変数のデータ型ごとに確保するメモリサイズや自動型変換の仕様が異なることを理解し、プログラムの設計・実装ができる … 214
DE112 データ処理プログラミングのため分岐や繰り返しを含んだフローチャートを作成できる … 215
DE113 オブジェクト指向言語の基本概念を理解し、スーパークラス(親クラス)を継承して、スーパークラスのプロパティやメソッドを適切に活用できる … 217
DE114 ホワイトボックステストとブラックボックステストの違いを理解し、テストケースの作成とテストを実施できる … 219
DE115 JSON、XMLなど標準的なフォーマットのデータを受け渡すために、APIを使用したプログラムを設計・実装できる … 221
DE116 外部ライブラリが提供する関数の引数や戻り値の型や仕様を調べて、適切に呼び出すことができる … 222
DE123 他サービスが提供する分析機能や学習済み予測モデルをWeb API (REST)で呼び出し分析結果を活用することができる … 223
DE124 目的に応じ音声認識関連のAPIを選択し、適用できる(Speech to Text など) … 224
DE127 AIを用いたソースコードのレビュー機能・チェック機能を活用してプログラムのバグ修正や性能改善を実現できる … 225
DE128 入れ子の繰り返し処理(二重ループ)など計算負荷の高いロジックを特定しアルゴリズムの改善策を検討できる … 226

DE131 Jupyter Notebook(Pythonなど)やRStudio(R)などの対話型の開発環境を用いて、データの分析やレポートの作成ができる … 227
DE132 クラウド上の統合開発環境(AWS SageMaker Studio Lab、Google Colab、Azure Data Studio、IBM Watson Studioなど)で提供されるNotebookを用いてPythonやRのコードを開発して実行できる … 228
DE135 SQLの構文を一通り知っていて、記述・実行できる(DML・DDLの理解、各種JOINの使い分け、集計関数とGROUP BY、CASE文を使用した縦横変換、副問合せやEXISTSの活用など) … 229
DE139 セキュリティの3要素(機密性、完全性、可用性)について具体的な事例を用いて説明できる … 230
DE141 マルウェアなどによる深刻なリスクの種類(消失・漏洩・サービスの停止など)を理解している … 231
DE142 OS、ネットワーク、アプリケーション、データなどの各レイヤーに対して、ユーザーごとのアクセスレベルを設定する必要性を理解している … 232
DE149 暗号化されていないデータは、不正取得された際に容易に不正利用される恐れがあることを理解し、データの機密度合いに応じてソフトウェアを使用した暗号化と復号ができる … 233
DE150 なりすましや改ざんされた文書でないことを証明するために、電子署名が用いられることを理解している … 234
DE151 公開鍵暗号化方式において、受信者の公開鍵で暗号化されたデータを復号化するためには受信者の秘密鍵が必要であることを知っている … 235
DE152 ハッシュ関数を用いて、データの改ざんを検出できる … 237
DE154 OAuthに対応したデータ提供サービスに対して、認可サーバから取得したアクセストークンを付与してデータ取得用のREST APIを呼び出すことができる … 238
DE159 AutoMLを用いて予測対象を判定するために最適な入力データの組み合わせと予測モデルを抽出できる … 239
DE160 GitやSubversionなどのバージョン管理ソフトウェアを活用して、開発した分析プログラムのソースをリポジトリに登録しチームメンバーと共有できる … 240
DE161 MLOpsの概要を理解し、AIモデル性能の維持管理作業の基本的な流れを説明できる … 241
DE162 AIシステムのモニタリング項目を理解し、AIモデルの劣化状況や予測対象データの不備、AIシステムの異常を検知できる … 242
DE168 ITシステムの運用におけるAIOpsの概要とメリットを説明できる … 243
DE170 生成AIを活用する際、出力したい要件に合わせ、Few-shot PromptingやChain-of-Thoughtなどのプロンプト技法の利用や、各種APIパラメーター(Temperatureなど)の設定ができる … 244
DE171 画像生成AIに組み込まれた標準機能の利用(モデル選択)や、画像生成プロンプトルール(強調やネガティブプロンプトなど)を理解し、適切に入力することで、意図した画像を生成できる … 245
DE174 LLMを利用して、データ分析やサービス、システム開発のためのコードを作成、修正、改良できる … 247

DE175 LLMを利用して、開発した機能のテストや分析検証用のダミーデータを生成できる … 249

第4章 ビジネス力 … 251

BIZ1 ビジネスにおける「論理とデータの重要性」を認識し、分析的でデータドリブンな考え方に基づき行動できる … 252
BIZ2 「目的やゴールの設定がないままデータを分析しても、意味合いが出ない」ことを理解している … 254
BIZ3 課題や仮説を言語化することの重要性を理解している … 255
BIZ4 現場に出向いてヒアリングするなど、一次情報に接することの重要性を理解している … 257
BIZ5 様々なサービスが登場する中で直感的にわくわくし、その裏にある技術に興味を持ち、リサーチできる … 258
BIZ11 データを取り扱う人間として相応しい倫理を身に着けている(データのねつ造、改ざん、盗用を行わないなど) … 259
BIZ12 データ、AI、機械学習の意図的な悪用(真偽の識別が困難なレベルの画像・音声作成、フェイク情報の作成、Botによる企業・国家への攻撃など)があり得ることを勘案し、技術に関する基礎的な知識と倫理を身につけている … 260
BIZ16 データ分析者・利活用者として、データの倫理的な活用上の許容される範囲や、ユーザサイドへの必要な許諾について概ね理解している(直近の個人情報に関する法令：個人情報保護法、EU一般データ保護規則、データポータビリティなど) … 262
BIZ19 データや事象の重複に気づくことができる … 264
BIZ22 与えられた分析課題に対し、初動として様々な情報を収集し、大まかな構造を把握することの重要性を理解している … 266
BIZ24 対象となる事象が通常見受けられる場合において、分析結果の意味合いを正しく言語化できる … 267
BIZ27 一般的な論文構成について理解している（序論⇒アプローチ⇒検討結果⇒考察や、序論⇒本論⇒結論 など） … 268
BIZ30 データの出自や情報の引用元に対する信頼性を適切に判断し、レポートに記載できる … 269
BIZ31 1つの図表～数枚程度のドキュメントを論理立ててまとめることができる(課題背景、アプローチ、検討結果、意味合い、ネクストステップ) … 271
BIZ34 報告に対する論拠不足や論理破綻を指摘された際に、相手の主張をすみやかに理解できる … 273
BIZ43 既存の生成AIサービスやツールを活用し、自身の身の回りの業務・作業の効率化ができる … 275
BIZ51 担当する分析プロジェクトにおいて、当該事業の収益モデルと主要な変数を理解している … 276
BIZ54 担当する事業領域について、市場規模、主要なプレーヤー、支配的なビジネスモデル、課題と機会について説明できる … 277

BIZ55　主に担当する事業領域であれば、取り扱う課題領域に対して基本的な課題の枠組みが理解できる（調達活動の5フォースでの整理、CRM課題のRFMでの整理など）… 278
BIZ56　既知の事業領域の分析プロジェクトにおいて、分析のスコープが理解できる … 280
BIZ62　仮説や既知の問題が与えられた中で、必要なデータにあたりをつけ、アクセスを確保できる … 281
BIZ78　スコープ、検討範囲・内容が明確に設定されていれば、必要な分析プロセスが理解できる（データ、分析手法、可視化の方法など）… 283
BIZ82　大規模言語モデルにおいては、事実と異なる内容がさも正しいかのように生成されることがあること（ハルシネーション）、これらが根本的に避けることができないことを踏まえ、利用に際しては出力を鵜呑みにしない等の注意が必要であることを知っている … 284
BIZ83　ハルシネーションが起きていることに気づくための適切なアクションをとることができる（検索等によるリサーチ結果との比較や、他LLMの出力結果との比較、正確な追加情報を入力データに付与することによる出力結果の変化比較など）… 285
BIZ87　単なるローデータとしての実数だけを見ても判断出来ない事象が大多数であり、母集団に占める割合などの比率的な指標でなければ数字の比較に意味がないことがわかっている … 286
BIZ88　ニュース記事などで統計情報に接したときに、数字やグラフの不適切な解釈に気づくことができる … 288
BIZ91　ビジネス観点で仮説を持ってデータをみることの重要性と、仮に仮説と異なる結果となった場合にも、それが重大な知見である可能性を理解している … 289
BIZ94　分析結果を元に、起きている事象の背景や意味合い（真実）を見抜くことができる … 290
BIZ106　結果、改善の度合いをモニタリングする重要性を理解している … 291
BIZ109　二者間で交わされる一般的な契約の概念を理解している（請負契約と準委任契約の役務や成果物の違いなど）… 292
BIZ114　AI・データを活用する際に、組織で規定された権利保護のガイドラインを説明できる … 294
BIZ118　プロジェクトにおけるステークホルダーや役割分担、プロジェクト管理・進行に関するツール・方法論が理解できる … 296
BIZ132　指示に従ってスケジュールを守り、チームリーダーに頼まれた自分の仕事を完遂できる … 297
BIZ139　担当するタスクの遅延や障害などを発見した場合、迅速かつ適切に報告ができる … 298

第5章　数理・データサイエンス・AI（リテラシーレベル）モデルカリキュラム … 299

5-1.　数理・データサイエンス・AI（リテラシーレベル）モデルカリキュラム … 300
5-2-1.　社会におけるデータ・AI利活用（導入）で学ぶこと … 302
5-2-2.　社会におけるデータ・AI利活用（導入）で学ぶスキル／知識 … 304
5-2-3.　社会におけるデータ・AI利活用（導入）の重要キーワード解説 … 305
5-3-1.　データリテラシー（基礎）で学ぶこと … 308

5-3-2.　データリテラシー（基礎）で学ぶスキル／知識 … 310
5-3-3.　データリテラシー（基礎）の重要キーワード解説 … 311
5-4-1.　データ・AI利活用における留意事項（心得）で学ぶこと … 312
5-4-2.　データ・AI利活用における留意事項（心得）で学ぶスキル／知識 … 313
5-4-3.　データ・AI利活用における留意事項（心得）の重要キーワード解説 … 314
5-5.　数理・データサイエンス・AI（リテラシーレベル）を詳しく学ぶ … 317

データサイエンティスト検定™リテラシーレベル模擬試験　問題 … 319

データサイエンティスト検定™リテラシーレベル模擬試験　解答例 … 345

おわりに … 351

索引 … 353

執筆者紹介 … 362

参考文献 … 367

第1章

DS検定とは

データサイエンティスト検定™
リテラシーレベルとは

『データサイエンティスト検定™　リテラシーレベル』(略称：DS検定™)とは、一般社団法人データサイエンティスト協会(以降、データサイエンティスト協会)が、データサイエンティストに必要なスキルを定義したデータサイエンティストスキルチェックリストver.5の中で、アシスタントデータサイエンティスト(見習いレベル：通称★(ほしいち))を対象とした全203個のスキル項目と、数理・データサイエンス・AI教育強化拠点コンソーシアムが公開している数理・データサイエンス・AI（リテラシーレベル)モデルカリキュラムの内容をあわせ、アシスタントデータサイエンティストとしての実務能力と知識を有することを証明する試験です。

スキルレベル		目安	対応できる課題
Senior Data Scientist シニアデータサイエンティスト	★★★★	業界を代表するレベル	・産業領域全体 ・複合的な事業全体
Full Data Scientist フルデータサイエンティスト	★★★	棟梁レベル	・対象組織全体
Associate Data Scientist アソシエートデータサイエンティスト	★★	独り立ちレベル	・担当プロジェクト全体 ・担当サービス全体
Assistant Data Scientist アシスタントデータサイエンティスト	★	見習いレベル	・プロジェクトの担当テーマ

引用：データサイエンティスト協会HP（https://www.datascientist.or.jp/dscertification/what/）

本検定は、データサイエンティスト協会によって、2021年4月に発表され、2021年9月に第1回検定が開催されました。本検定の取得により、アシスタントデータサイエンティストとしてデータサイエンスプロジェクトの担当レベルに必要な知識や実務能力、また、数理・データサイエンス・AI教育のリテラシーレベルの実力を有していることを示すことができます。なお、第１回検定はデータサイエンティストスキルチェックリストver.3が対象でスキル項目数は147個でしたが、その後スキルチェックリストが更新され、第2回検定以降はスキル項目数が異なり、現在は203個となっています。

データサイエンティスト協会と
データサイエンティストスキルチェックリストとは

データサイエンティスト協会は、新しい職種であるデータサイエンティストの人材像や必要となるスキル・知識を定義し、データサイエンティストを育成するためのカリキュラム作成、評価制度の構築など、高度IT人材の育成と業界の健全な発展への貢献、啓発活動を行う団体として、2013年に設立された団体です。

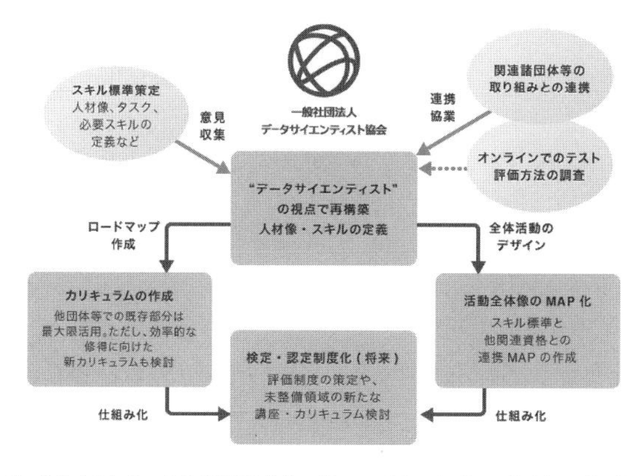

引用：データサイエンティスト協会HP（https://www.datascientist.or.jp/about/background/）

協会の活動は複数の委員会で構成され、中でも、慶應義塾大学環境情報学部教授、LINEヤフー株式会社シニアストラテジストで協会の理事でもある安宅和人氏が委員長を務めるスキル定義委員会が中心となって、データサイエンティストのスキル(=できること)を全体的に俯瞰可能なスキルリストとして体系的に定義・作成したものが、2015年に発表した「データサイエンティストスキルチェックリスト」です。

「データサイエンティストスキルチェックリスト」の特徴は、3つあります。

1つ目が、求められる3つのスキルセット「ビジネス力」「データサイエンス力」「データエンジニアリング力」を定義し、各スキルセットの内容を詳細にカバーしていること。2つ目が、データサイエンティストのスキルレベルを設定し、「見習いレベル」から組織全体を束ねるリーダー、いわゆる「棟梁レベル」まで網羅的に定義していること。そして3つ目が、進化の激しいデータサイエンスの領域を現状2年に1回のペースで見直し、更新し続けていることです。なお、本書公開予定の2024年5月時点では、ver.5が最新版となっています。

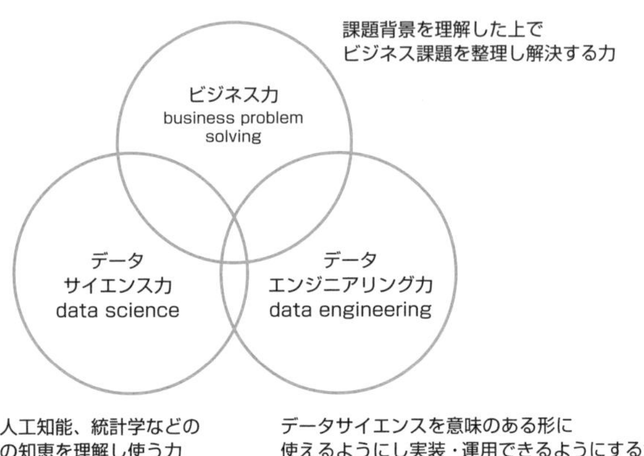

引用：データサイエンティスト協会HP（https://www.datascientist.or.jp/dscertification/what/）

データサイエンティスト協会は、データサイエンティストを目指す人達とそれを必要とする産業界を結びつける一つの指針として、これまで公開してきたスキルチェックリストのさらなる普及・活用を目指し、本検定を2021年より開始しました。

なお、「データサイエンティストスキルチェックリスト」およびタスクを整理した「データサイエンティストタスクリスト」の読み方や使い方の解説は、データサイエンティスト協会スキル定義委員会と独立行政法人情報処理推進機構（IPA）で作成した「データサイエンティストのためのスキルチェックリスト/タスクリスト概説」に詳述されており、PDFや電子書籍として無料で配付されていますので、合わせて確認いただくとよいでしょう。

「データサイエンティストのためのスキルチェックリスト/タスクリスト概説」
引用：独立行政法人情報処理推進機構HP（https://www.ipa.go.jp/files/000083733.pdf）

データサイエンティスト検定™
リテラシーレベル試験概要

データサイエンティスト検定™リテラシーレベルは、データサイエンスの初学者やデータサイエンティストに興味を持つ学生、さらにはビジネスパーソン全般に広く受験いただくことを想定したものとなっています。なお、今後はデータサイエンティスト協会のスキルチェックリストの更新にともない試験範囲も変化しますので、最新かつ必要な知識・スキルの確認、都度の実力の証明のためにも、一度の受験で終わるのではなく、定期的な受験が望ましいと考えてください。

受験資格	制限なし
主な対象者	●データサイエンス初学者 ●仕事でデータサイエンスが求められるビジネスパーソン全般 ●データサイエンティストに興味を持つ大学生や専門学校生など
実施概要	●選択式問題 ●全国の試験会場で開催(CBT：Computer Based Testing) ●問題数100問程度(ver.5より10問程度追加) ●試験時間100分
出題範囲	以下の2つを総合した範囲 ●スキルチェックリストのうち、各スキルセット(ビジネス力、データサイエンス力、データエンジニアリング力)の★1 (アシスタントデータサイエンティストレベル) ※2024年5月時点では、最新のver.5の203項目が対象範囲 ※実務的なスキル設問(★2レベル相当)が数問あり ●数理・データサイエンス・AI (リテラシーレベル)モデルカリキュラムのコア学修項目
試験時期	●年3回の試験期間を予定
申込方法	●データサイエンティスト協会ホームページから申込可能 https://www.datascientist.or.jp/dscertification/
受験費用	一般　11,000円(税込)　　学生　5,500円(税込) ※2024年5月時点の費用であり、今後費用改定の可能性があります。
合格基準	正答率約80% (過去実績、データサイエンティスト協会ホームページより)
合格発表	●検定のマイページでの確認 ●郵送による合格者への通知(合格証やステッカーなどを郵送予定)

出題範囲①　スキルチェックリスト

データサイエンティスト協会のスキルチェックリストver.5には、650個のスキル項目が掲載されています。その中で、アシスタントデータサイエンティスト相当(★レベル)の項目は、ビジネス力で34個、データサイエンス力で104個、データエンジニアリング力で65個のスキル項目があり、3つのスキルカテゴリ合計で203個が出題対象となります。

データサイエンティスト検定TMリテラシーレベルでは、この203個のうち、ほとんどの設問が出題されるため、一通り203個のスキル項目については学習が必要です。

スキルセット	含まれるスキルカテゴリ	項目数
ビジネス力	行動規範、論理的思考、着想・デザイン、課題の定義、アプローチ設計、データ理解、事業への実装、契約・権利保護、PJマネジメント	34個
データサイエンス力	数学的理解、科学的解析の基礎、データの理解・検証、データ準備、データ可視化、モデル化、モデル利活用、非構造化データ処理、生成	104個
データエンジニアリング力	環境構築、データ収集、データ構造、データ蓄積、データ加工、データ共有、プログラミング、ITセキュリティ、AIシステム運用、生成AI	65個
	合計	203個

本書では、第2章から第4章で、この203項目をすべて解説します。

また、この203個に加え、実際のデータサイエンティストが直面する分析問題やアルゴリズムなど、★★(アソシエイトデータサイエンティスト)レベルに含まれる実務的な基礎スキル項目についても一部含まれますので、関連するスキルについても学習することをおすすめします。

出題範囲② 数理・データサイエンス・AI(リテラシーレベル)モデルカリキュラム

本検定では、スキルチェックリストに加え、大学生・高専生を対象に2020年4月に公開され、2024年2月に改訂された「数理・データサイエンス・AI(リテラシーレベル)モデルカリキュラム」のコア学修項目も出題範囲としています。この項目については、出題範囲①のスキルチェックリストとの重複が一部存在しますが、約10～20問程度が出題されますので、スキルチェックリストとあわせて学習が必要な範囲と考えてください。本書では、5章で全体像と重要なキーワードを解説します。

数理・データサイエンス・AI(リテラシーレベル)モデルカリキュラム ～データ思考の涵養～

● **背景**

政府の「AI戦略2019」(2019年6月策定)にて、リテラシー教育として、文理を問わず、全ての大学・高専生(約50万人卒/年)が、課程にて初級レベルの数理・データサイエンス・AIを習得する、とされたことを踏まえ、各大学・高専にて参照可能な「モデルカリキュラム」を数理・データサイエンス教育強化拠点コンソーシアムにおいて検討・策定。

● **学修目標・カリキュラム実施にあたっての基本的考え方**

今後のデジタル社会において、数理・データサイエンス・AIを日常の生活、仕事等の場で使いこなすことができる基礎的素養を主体的に身に付けること。そして、学修した数理・データサイエンス・AIに関する知識・技能をもとに、これらを扱う際には、人間中心の適切な判断ができ、不安なく自らの意志でAI等の恩恵を享受し、これらを説明し、活用できるようになること。

1. 数理・データサイエンス・AIを活用することの「楽しさ」や「学ぶことの意義」を重点的に教え、学生に好奇心や関心を高く持ってもらう魅力的かつ特色ある教育を行う。数理・データサイエンス・AIを活用することが「好き」な人材を育成し、それが自分・他人を含めて、次の学修への意欲、動機付けになるような「学びの相乗効果」を生み出すことを狙う。
2. 各大学・高専においてカリキュラムを実施するにあたっては、各大学・高専の教育目的、分野の特性、個々の学生の学習歴や習熟度合い等に応じて、本モデルカリキュラムのなかから適切かつ柔軟に選択・抽出し、有機性を考慮した教育を行う。
3. 実データ、実課題を用いた演習など、社会での実例を題材に数理・データサイエンス・AIを活用することを通じ、現実の課題と適切な活用法を学ぶことをカリキュラムに取り入れる。
4. リテラシーレベルの教育では「分かりやすさ」を重視した教育を実施する。

● **モデルカリキュラムと教育方法**

区分	学修項目		教育方法
導入	1. 社会におけるデータ・AI利活用		● データ・AI利活用事例を紹介した動画(MOOC等)を使った反転学習を取り入れ、講義ではデータ・AI活用領域の広がりや、技術概要の解説を行うことが望ましい。 ● 学生がデータ・AI利活用事例を調査し発表するグループワーク等を行い、一方通行で事例を話すだけの講義にしないことが望ましい。
	1-1. 社会で起きている変化	1-2. 社会で活用されているデータ	
	1-3. データ・AIの活用領域	1-4. データ・AI利活用のための技術	
	1-5. データ・AI利活用の現場	1-6. データ・AI利活用の最新動向	
基礎	2. データリテラシー		● 各大学・高専の特徴に応じて適切なテーマを設定し、実データ(あるいは模擬データ)を用いた講義を行うことが望ましい。 ● 実際に手を動かしてデータを可視化する等、学生自身がデータ利活用プロセスの一部を体験できることが望ましい。 ● 必要に応じて、フォローアップ講義(補講等)を準備することが望ましい。
	2-1. データを読む	2-2. データを説明する	
	2-3. データを扱う		
心得	3. データ・AI利活用における留意事項		● データ駆動型社会のリスクを自分ごととして考えさせることが望ましい。 ● データ・AIが引き起こす課題についてグループディスカッション等を行い、一方通行で事例を話すだけの講義にしないことが望ましい。
	3-1. データ・AIを扱う上での留意事項	3-2. データを守る上での留意事項	
選択	4. オプション		● 本内容はオプション扱いとし、大学・高専の特徴に応じて学修内容を選択する。 ● 各大学・高専の特徴に応じて適切なテーマを設定し、実データ(あるいは模擬データ)を用いた講義を行うことが望ましい。 ● 学生が希望すれば本内容を受講できるようにしておくことが望ましい(大学間連携等)。
	4-1. 統計および数理基礎	4-2. アルゴリズム基礎	
	4-3. データ構造とプログラミング基礎	4-4. 時系列データ解析	
	4-5. テキスト解析	4-6. 画像解析	
	4-7. データハンドリング	4-8. データ活用実践(教師あり学習)	
	4-9. データ活用実践(教師なし学習)		

引用:数理・データサイエンス・AI教育強化拠点コンソーシアム
「数理・データサイエンス・AI(リテラシーレベル)モデルカリキュラム～データ思考の涵養～」
(http://www.mi.u-tokyo.ac.jp/consortium/pdf/model_literacy_20240222.pdf)

本検定と、全てのビジネスパーソンが持つべきデジタル時代の共通リテラシー「Di-Lite」

2021年4月20日に、経済産業省をオブザーバーとし、本検定を主催するデータサイエンティスト協会、ディープラーニングの基礎知識や事業において活用する能力をはかるG検定を主催する一般社団法人日本ディープラーニング協会、ITパスポートなどの国家資格を主催する独立行政法人情報処理推進機構(IPA)の3団体が参加し、Society 5.0が示すよりよい社会の創出に向け、「デジタルを作る人材」だけでなく「デジタルを使う人材」の育成を目指す、デジタルリテラシー協議会が設立されました。

デジタルリテラシー協議会は、変化のスピードが早いデジタル社会に対応し、社会全体のデジタルリテラシーレベルを底上げすべく、IT・ソフトウェア領域、数理・データサイエンス領域、人工知能(AI)・ディープラーニング領域をあわせた基礎領域から共通リテラシー領域を定義した「Di-Lite」(ディーライト)を発表しました。

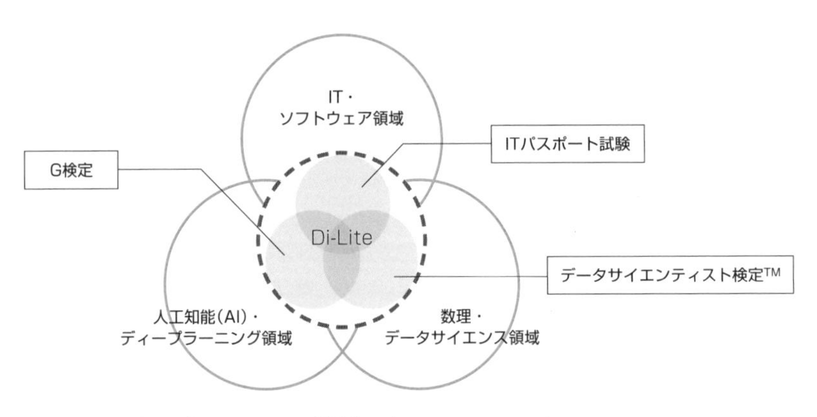

引用：デジタルリテラシー協議会HP（https://www.dilite.jp/）

このように、デジタルリテラシーの1要素として、データサイエンティスト検定TMリテラシーレベルも含まれており、今後より多くのビジネスパーソンにとって必修のスキルの1つとなると考えられています。

DX推進を目指す人材であることを示す「DX推進パスポート」

さらに、デジタルリテラシー協議会では、2024年2月からDX推進を目指す人材であることを示すDX推進パスポートのデジタルバッジの発行を開始しました。DX推進を目指す人材とは、「DX推進を行う職場において、チームの一員として作業を担当する人材であり、DXを推進するプロフェッショナル人材となるために必要な基本的スキルを有する人材」であるとデジタルリテラシー協議会では定義しており、その指標として発行されるデジタルバッジがDX推進パスポートです。

DX推進パスポートでは、「ITパスポート試験」、「データサイエンティスト検定™リテラシーレベル」、「G検定」の3試験の合格数に応じたデジタルバッジが発行され、3試験のうちいずれか1種類の合格者には「DX推進パスポート1」、いずれか2種類に合格すると「DX推進パスポート2」、3つ全てに合格すると「DX推進パスポート3」のデジタルバッジが発行されます。

DX推進パスポート

出典：デジタルリテラシー協議会ホームページ(https://www.dilite.jp/passport)

データサイエンティスト検定™ リテラシーレベルの試験を合格し、デジタルリテラシー協議会に申請することで、DX推進を目指す人材としてデジタルバッジ(デジタル証明)を得ることができます。企業でのDX推進やリスキリングの目標として、合わせて取得してみましょう。

本書の構成

第2章ではデータサイエンス力、第3章ではデータエンジニアリング力、第4章ではビジネス力をそれぞれ解説します。第2章～第4章は、以下の3構成でスキルごとに解説していますので、具体的な活用シーンやスキル習得のポイントや、データサイエンスプロジェクトでの実践のポイントを理解できます。

各ページの構成	概要
❶スキル項目	●データサイエンティストスキルチェックリストの対象スキル項目(スキルカテゴリ、サブカテゴリ、スキルNo、スキル項目、頻出、ver.5新設)
❷スキルの解説／データサイエンスにおける具体的な利用シーン	●当該スキル項目に対する具体的な解説や、データサイエンスプロジェクトでスキルを習得・活用・実践する上でのポイント ●ハイライト箇所は重要キーワード
❸スキルを高めるための学習ポイント	●スキル習得の上で押さえておくべき内容や方法 ●間違いやすい／勘違いしやすい注意点

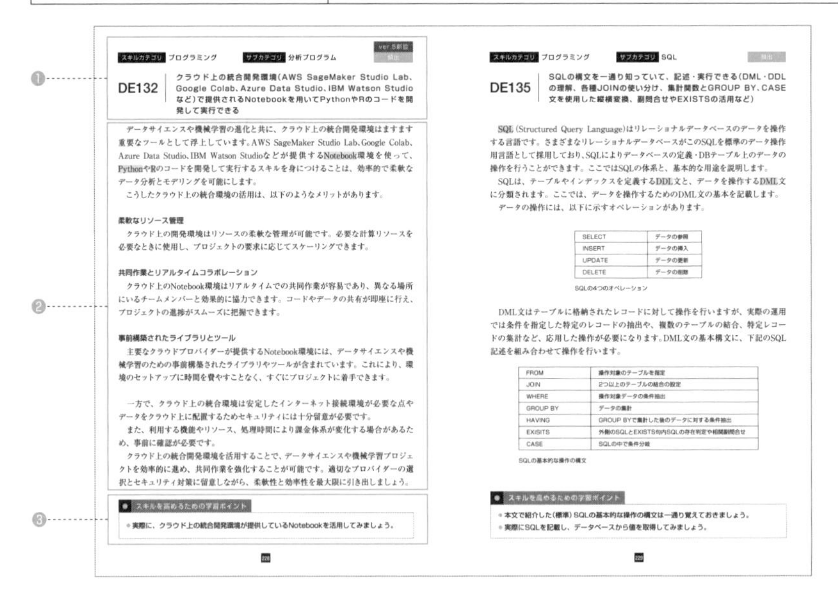
❶
❷
❸

スキルカテゴリ プログラミング　サブカテゴリ 分析プログラム　ver.5新設　頻出

DE132　クラウド上の統合開発環境(AWS SageMaker Studio Lab、Google Colab、Azure Data Studio、IBM Watson Studioなど)で提供されるNotebookを用いてPythonやRのコードを開発して実行できる

データサイエンスや機械学習の進化と共に、クラウド上の統合開発環境はますます重要なツールとして浮上しています。AWS SageMaker Studio Lab、Google Colab、Azure Data Studio、IBM Watson Studioなどが提供するNotebook環境を使って、PythonやRのコードを開発して実行するスキルを身につけることは、効率的で柔軟なデータ分析とモデリングを可能にします。

こうしたクラウド上の統合環境の活用は、以下のようなメリットがあります。

柔軟なリソース管理

クラウド上の開発環境はリソースの柔軟な管理が可能です。必要な計算リソースを必要なときに使用し、プロジェクトの要求に応じてスケーリングできます。

共同作業とリアルタイムコラボレーション

クラウド上のNotebook環境はリアルタイムでの共同作業が容易であり、異なる場所にいるチームメンバーと効果的に協力できます。コードやデータの共有が即座に行え、プロジェクトの進捗がスムーズに把握できます。

事前構築されたライブラリとツール

主要なクラウドプロバイダーが提供するNotebook環境には、データサイエンスや機械学習のための事前構築されたライブラリやツールが含まれています。これにより、環境のセットアップに時間を費やすことなく、すぐにプロジェクトに着手できます。

一方で、クラウド上の統合環境は安定したインターネット接続環境が必要な点やデータをクラウド上に配置するためセキュリティには十分留意が必要です。

また、利用する機能やリソース、処理時間により課金体系が変化する場合があるため、事前に確認が必要です。

クラウド上の統合開発環境を活用することで、データサイエンスや機械学習プロジェクトを効率的に進め、共同作業を強化することが可能です。適切なプロバイダーの選択とセキュリティ対策に留意しながら、柔軟性と効率性を最大限に引き出しましょう。

● スキルを高めるための学習ポイント
- 実際に、クラウド上の統合開発環境が提供しているNotebookを活用してみましょう。

228

スキルカテゴリ プログラミング　サブカテゴリ SQL　頻出

DE135　SQLの構文を一通り知っていて、記述・実行できる(DML・DDLの理解、各種JOINの使い分け、集計関数とGROUP BY、CASE文を使用した縦横変換、副問合せやEXISTSの活用など)

SQL(Structured Query Language)はリレーショナルデータベースのデータを操作する言語です。さまざまなリレーショナルデータベースがこのSQLを標準のデータ操作用言語として採用しており、SQLによりデータベースの定義・DBテーブル上のデータの操作を行うことができます。ここではSQLの体系と、基本的な用途を説明します。

SQLは、テーブルやインデックスを定義するDDL文と、データを操作するDML文に分類されます。ここでは、データを操作するためのDML文の基本を記載します。

データの操作には、以下に示すオペレーションがあります。

SELECT	データの参照
INSERT	データの挿入
UPDATE	データの更新
DELETE	データの削除

SQLの4つのオペレーション

DML文はテーブルに格納されたレコードに対して操作を行いますが、実際の運用では条件を指定した特定のレコードの抽出や、複数のテーブルの結合、特定レコードの集計など、応用した操作が必要になります。DML文の基本構文に、下記のSQL記述を組み合わせて操作を行います。

FROM	操作対象のテーブルを指定
JOIN	2つ以上のテーブルの結合の設定
WHERE	操作対象データの条件抽出
GROUP BY	データの集計
HAVING	GROUP BYで集計した後のデータに対する条件抽出
EXISITS	外側のSQLとEXISTS句内SQLの存在判定や相関副問合せ
CASE	SQLの中で条件分岐

SQLの基本的な操作の構文

● スキルを高めるための学習ポイント
- 本文で紹介した(標準)SQLの基本的な操作の構文は一通り覚えておきましょう。
- 実際にSQLを記載し、データベースから値を取得してみましょう。

229

なお、「頻出」のマークは、特に執筆者が本検定受験者のレベルとして重要であり、試験に出る可能性が高いと考える項目に付けています。学習の参考にしてください。また、「ver.5新設」のマークは、ver.5から新たに本検定の対象範囲に入った項目です。これまでに学習を進めてきた方は、ver.5新設マークの項目を新たに学習してください。

第5章では、数理・データサイエンス・AI(リテラシーレベル)モデルカリキュラムについて、その全体像やコア学修項目である1．社会におけるデータ・AI利活用、2．データリテラシー、3．データ・AI利活用における留意事項の各項目の解説と、重要なキーワードを説明します。

また巻末には、模擬試験も用意しています。本書で一通り学習し、データサイエンスに実際に触れてみたうえで、試験本番前に実力を試してみるのに活用ください。

本書は、データサイエンティスト検定™(リテラシーレベル)をきっかけに、一人でも多くの皆さんが、これからデータサイエンスを学習いただけるよう執筆した入門書です。実際、データサイエンスの領域は、範囲の広さに加え、一つひとつのスキルがより深いレベルまで存在し、さらに年々進化を遂げるものです。そこで本書では、データサイエンティスト検定™(リテラシーレベル)の対象範囲であるデータサイエンティスト協会のスキルチェックリストにおける見習いレベルに絞り込んだ項目を学習項目として並べ、知識だけでなく今後の学習や実践につなげていただくためのポイントを記載しています。

中には、より実践的な知識やスキルを得たいと思われる現役のデータサイエンティストの方や、本書でもまだまだ難しいと思われる方もいらっしゃるかもしれません。さらに項目単位で、感じ方が異なるかもしれません。それは広範囲なスキルにおいて各自の強み弱みが存在するからです。検定の対象範囲である本書を一つのガイドとして、不明点があればさらに調べていただき、より深く知りたいと思った領域があればスキルチェックリストの「★★(独り立ちレベル)」を参照いただいて学習を進めてください。そして検定に合格した方も少しでも数多く実践を積み、2年ごとに更新されるデータサイエンティストスキルチェックリストを見て、どこが更新されたか、次に何を学習すべきかを継続的に見直していただけるとよいでしょう。

本書や検定をきっかけにデータサイエンスに興味を持っていただき、ご自身の深めたい領域をより深く知り、ビジネスや業務を通して成果を得られるよう数多く実践してみてください。

本書を使った学習→試験→今後のスキルアップの流れ

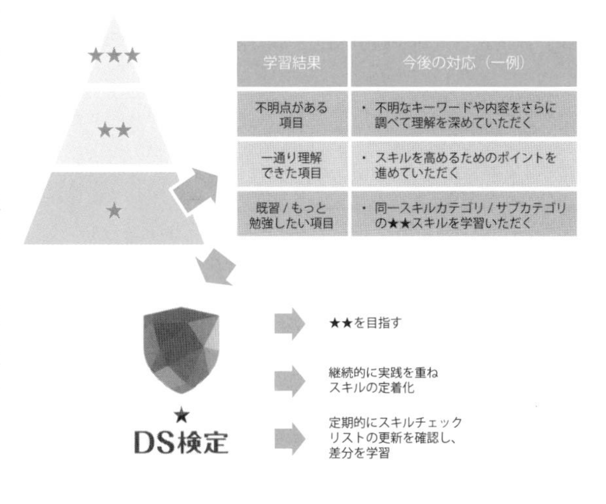

第2章

データサイエンス力

スキルカテゴリ 数学的理解　サブカテゴリ 線形代数基礎　頻出

DS1 ベクトルの内積に関する計算方法を理解し、線形式をベクトルの内積で表現できる

データサイエンスにおいて、複数の数値の組み合わせについてさまざまな計算を行うことがあります。この複数の数値の組み合わせのことをベクトルといいます。これに対して、単なる数値のことをスカラーといいます。

例えば、a_1とa_2という2つの数値を持つベクトル$\overrightarrow{a}$は、$\overrightarrow{a}=(a_1,a_2)$または$\overrightarrow{a}=\binom{a_1}{a_2}$と書きます。値を横に並べたものを行ベクトル、値を縦に並べたものを列ベクトル、ベクトルに含まれるそれぞれの値を要素(成分)と呼びます。ベクトルを構成する要素はいくつでもよく、n個の要素からなるベクトルは、n次元ベクトルと呼びます。ここでは理解がしやすいよう、まずは2次元ベクトルで説明します。

2次元ベクトルは平面で表現できます。例えば、$\overrightarrow{m}=(3,2)$、$\overrightarrow{n}=(1,3)$は次のように書くことができます。

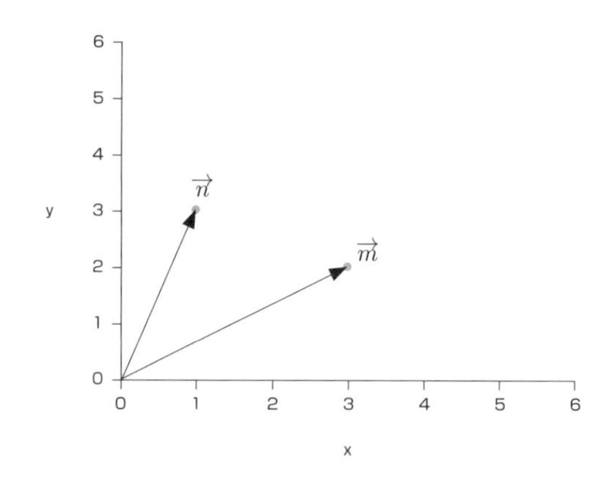

ベクトルは、座標における位置(向き)と長さ(大きさ)を持つと考えると深い理解につながります。例えば$\overrightarrow{m}$は、0からx座標3、y座標2の方向に、$\sqrt{13}(=\sqrt{3^2+2^2})$の大きさを持ちます。

ベクトルの演算には和とスカラー倍があります。2つのベクトルの和は、各成分の和で定義され、ベクトルのスカラー倍は、各成分をスカラー倍することで定義されます。

$$和:\begin{pmatrix}a_1\\a_2\end{pmatrix}+\begin{pmatrix}b_1\\b_2\end{pmatrix}=\begin{pmatrix}a_1+b_1\\a_2+b_2\end{pmatrix}$$

$$スカラー倍:k\begin{pmatrix}a_1\\a_2\end{pmatrix}=\begin{pmatrix}ka_1\\ka_2\end{pmatrix}$$

要素が2つ以上の場合も同様に考えることができ、n個の要素からなるベクトル$\overrightarrow{a}$は、$\overrightarrow{a}=(a_1,a_2,...,a_n)$または$\overrightarrow{a}=\begin{pmatrix} a_1 \\ a_2 \\ \vdots \\ a_n \end{pmatrix}$と書くことができます。すべての要素が0であるベクトルを$\overrightarrow{0}$と表し、ゼロベクトルと呼びます。すべての要素が1であるベクトルを$\overrightarrow{1}$と表します。長さが1のベクトルを単位ベクトルと呼び、i番目の成分のみ1で他が0のベクトルを$\overrightarrow{e_i}$と書きます。

$$\overrightarrow{0}=\begin{pmatrix} 0 \\ \vdots \\ 0 \end{pmatrix},\quad \overrightarrow{e_n}=\begin{pmatrix} 0 \\ \vdots \\ 1 \end{pmatrix},\quad \overrightarrow{1}=\begin{pmatrix} 1 \\ \vdots \\ 1 \end{pmatrix}$$

また、$\overrightarrow{a}=\begin{pmatrix} a_1 \\ a_2 \\ \vdots \\ a_n \end{pmatrix}$と$\overrightarrow{b}=\begin{pmatrix} b_1 \\ b_2 \\ \vdots \\ b_n \end{pmatrix}$があるとき、その内積$\overrightarrow{a}\cdot\overrightarrow{b}$は

$$\overrightarrow{a}\cdot\overrightarrow{b}=a_1\times b_1+a_2\times b_2+\cdots+a_n\times b_n$$

で表されます。先ほどの$\overrightarrow{m}$, $\overrightarrow{n}$の内積は、$\overrightarrow{m}\cdot\overrightarrow{n}=3\times 1+2\times 3=9$となります。

この内積を用いることで、データサイエンスの処理を簡略に表現することができます。例えば、3人が持っているお小遣い100円、200円、300円をベクトル$\overrightarrow{d}$で表したとき、$\overrightarrow{d}=\begin{pmatrix} 100 \\ 200 \\ 300 \end{pmatrix}$となります。この全員のお小遣いの合計は、単位ベクトルを使って、$\overrightarrow{1}\cdot\overrightarrow{d}$で表すことができ、また3人のお小遣いの平均は$\frac{1}{3}\times\overrightarrow{1}\cdot\overrightarrow{d}$で表すことができます。

なお、内積については、計算の簡略化だけでなく、図形的な意味での活用も知られていますが、本書の範囲を超えるのでここでは省略します。

スキルを高めるための学習ポイント

- データを一度に持つことができるベクトルを理解しましょう。
- ベクトルの内積の計算方法とそのメリットを理解しましょう。

スキルカテゴリ 数学的理解　サブカテゴリ 線形代数基礎　頻出

DS2 行列同士、および行列とベクトルの計算方法を正しく理解し、複数の線形式を行列の積で表現できる

数を方形に並べたものを行列(マトリックス)といいます。横の並びを行、縦の並びを列と呼びます。m行n列の行列Aは

$$A = \begin{pmatrix} a_{11} & \cdots & a_{1n} \\ \vdots & \ddots & \vdots \\ a_{m1} & \cdots & a_{mn} \end{pmatrix}$$

と表すことができ、$m \times n$行列と書くこともあります。特に$m=n$となる行列を正方行列と呼びます。DS1で触れたn次元ベクトルは、$n \times 1$行列または$1 \times n$行列と考えることができます。なお、構成するそれぞれの数値を要素(成分)と呼びます。

1. 行列にスカラーを掛ける

行列にもスカラーを掛けることができます。行列Aをk倍した行列は、

$$kA = \begin{pmatrix} ka_{11} & \cdots & ka_{1n} \\ \vdots & \ddots & \vdots \\ ka_{m1} & \cdots & ka_{mn} \end{pmatrix}$$

と表すことができます。

2. 2つの行列の和と差

$m \times n$行列AとB

$$A = \begin{pmatrix} a_{11} & \cdots & a_{1n} \\ \vdots & \ddots & \vdots \\ a_{m1} & \cdots & a_{mn} \end{pmatrix} \qquad B = \begin{pmatrix} b_{11} & \cdots & b_{1n} \\ \vdots & \ddots & \vdots \\ b_{m1} & \cdots & b_{mn} \end{pmatrix}$$

の和$A+B$と差$A-B$は、次のように計算できます。

$$A + B = \begin{pmatrix} a_{11} + b_{11} & \cdots & a_{1n} + b_{1n} \\ \vdots & \ddots & \vdots \\ a_{m1} + b_{m1} & \cdots & a_{mn} + b_{mn} \end{pmatrix} \qquad A - B = \begin{pmatrix} a_{11} - b_{11} & \cdots & a_{1n} - b_{1n} \\ \vdots & \ddots & \vdots \\ a_{m1} - b_{m1} & \cdots & a_{mn} - b_{mn} \end{pmatrix}$$

AとBの行数あるいは列数が異なる場合は、行列の和と差の計算はできません。

3. 2つの行列の積

$m \times n$行列Aと$p \times q$行列Bは、$n=p$のときにそれらの積ABが定義できます。A, B, $C=AB$ が次のように書けるとします。

$$A = \begin{pmatrix} a_{11} & \cdots & a_{1n} \\ \vdots & \ddots & \vdots \\ a_{m1} & \cdots & a_{mn} \end{pmatrix} \quad B = \begin{pmatrix} b_{11} & \cdots & b_{1q} \\ \vdots & \ddots & \vdots \\ b_{p1} & \cdots & b_{pq} \end{pmatrix} \quad AB = C = \begin{pmatrix} c_{11} & \cdots & c_{1q} \\ \vdots & \ddots & \vdots \\ c_{m1} & \cdots & c_{mq} \end{pmatrix}$$

この時、積$C=AB$のi行j列の要素c_{ij}はAのi行目とBのj列目の内積となり、下式で表されます。

$$c_{ij} = a_{i1}b_{1j} + a_{i2}b_{2j} + \cdots + a_{in}b_{pj} \quad (i = 1,\cdots,m, j = 1\cdots,q)$$

例えば、2×2行列 $A = \begin{pmatrix} 3 & 2 \\ 1 & 4 \end{pmatrix}$ $B = \begin{pmatrix} 2 & 3 \\ 0 & 1 \end{pmatrix}$ の積ABは、以下の通りに計算されます。

$$AB = \begin{pmatrix} 3 \times 2 + 2 \times 0 & 3 \times 3 + 2 \times 1 \\ 1 \times 2 + 4 \times 0 & 1 \times 3 + 4 \times 1 \end{pmatrix} = \begin{pmatrix} 6 & 11 \\ 2 & 7 \end{pmatrix}$$

すべての要素が0の行列を**ゼロ行列**と呼び、Oで表します。また、対角要素がすべて1、それ以外が0の正方行列を**単位行列**と呼び、I（またはE）で表します。

$$O = \begin{pmatrix} 0 & 0 & \cdots & 0 & 0 \\ 0 & 0 & \cdots & 0 & 0 \\ \vdots & \vdots & \ddots & \vdots & \vdots \\ 0 & 0 & \cdots & 0 & 0 \\ 0 & 0 & \cdots & 0 & 0 \end{pmatrix} \qquad I = E = \begin{pmatrix} 1 & 0 & \cdots & 0 & 0 \\ 0 & 1 & \cdots & 0 & 0 \\ \vdots & \vdots & \ddots & \vdots & \vdots \\ 0 & 0 & \cdots & 1 & 0 \\ 0 & 0 & \cdots & 0 & 1 \end{pmatrix}$$

● スキルを高めるための学習ポイント

- $m \times n$個の値を一度に持つことができる行列を理解しましょう。
- 行列とベクトルの違いを理解しましょう。
- 行列の和、差、積はどのような時に計算ができるのかを理解し、実際に計算できるようにしましょう。

DS3 逆行列の定義、および逆行列を求めることにより行列表記された連立方程式が解けることを理解している

中学校で学習した連立方程式は、行列を使っても解くことができます。例えば、りんご3個とかき5個で460円、りんご1個とかき2個で170円だった場合の、りんごとかきの値段を求めるとします。りんごの値段をx、かきの値段をyとすると、以下の式の左の通りに連立方程式を書くことができますが、これを行列で書くと以下の式の右のようになります。

$$\begin{cases} 3x+5y=460 \\ x+2y=170 \end{cases} \qquad \begin{pmatrix} 3 & 5 \\ 1 & 2 \end{pmatrix}\begin{pmatrix} x \\ y \end{pmatrix}=\begin{pmatrix} 460 \\ 170 \end{pmatrix}$$

このとき、左辺、右辺に左から$\begin{pmatrix} 2 & -5 \\ -1 & 3 \end{pmatrix}$を掛けてみると以下のようになり、$x=70$、$y=50$と解くことができます。

$$(\text{左辺})=\begin{pmatrix} 2 & -5 \\ -1 & 3 \end{pmatrix}\begin{pmatrix} 3 & 5 \\ 1 & 2 \end{pmatrix}\begin{pmatrix} x \\ y \end{pmatrix}$$

$$=\begin{pmatrix} 2\times 3+(-5)\times 1 & 2\times 5+(-5)\times 2 \\ (-1)\times 3+3\times 1 & (-1)\times 5+3\times 2 \end{pmatrix}\begin{pmatrix} x \\ y \end{pmatrix}=\begin{pmatrix} 1 & 0 \\ 0 & 1 \end{pmatrix}\begin{pmatrix} x \\ y \end{pmatrix}=\begin{pmatrix} x \\ y \end{pmatrix}$$

$$(\text{右辺})=\begin{pmatrix} 2 & -5 \\ -1 & 3 \end{pmatrix}\begin{pmatrix} 460 \\ 170 \end{pmatrix}=\begin{pmatrix} 2\times 460+(-5)\times 170 \\ (-1)\times 460+3\times 170 \end{pmatrix}=\begin{pmatrix} 70 \\ 50 \end{pmatrix}$$

このように左からある行列を掛け、単位行列となる行列を見つけることができれば、連立方程式は解くことができます。ある正方行列Aに対して$XA=I$（単位行列）または$AX=I$となる行列Xのことを逆行列と呼び、A^{-1}と表します。

2×2行列 $A=\begin{pmatrix} a & b \\ c & d \end{pmatrix}$の逆行列 A^{-1}は、$ad-bc\neq 0$のとき存在し、次の計算式で求めることができます。

$$A^{-1}=\frac{1}{ad-bc}\begin{pmatrix} d & -b \\ -c & a \end{pmatrix}$$

この計算式を使い、$A=\begin{pmatrix}3 & 5\\ 1 & 2\end{pmatrix}$の逆行列は、次のように算出することができます。

$$A^{-1}=\frac{1}{3\times2-5\times1}\begin{pmatrix}2 & -5\\ -1 & 3\end{pmatrix}=\begin{pmatrix}2 & -5\\ -1 & 3\end{pmatrix}$$

逆行列A^{-1}は$A^{-1}A=AA^{-1}=I$(単位行列)を満たします。また、逆行列A^{-1}を求める際に計算をする$ad-bc$はAの行列式と呼ばれ、$det(A)$または$|A|$などで表します。同様に3×3以上についても、逆行列を求めることで、連立方程式を解くことができます。

スキルを高めるための学習ポイント

- 連立方程式を、行列式を用いて表せるようにしましょう。
- 逆行列が必要となる意味を理解し、逆行列を求めることができるようにしましょう。

スキルカテゴリ 数学的理解　　サブカテゴリ 線形代数基礎　　頻出

DS4 | 固有ベクトルおよび固有値の意味を理解している

n次の正方行列Aと、$\overrightarrow{0}$でないn次の列ベクトル$\overrightarrow{x}$が、

$$A\overrightarrow{x} = \lambda\overrightarrow{x} \quad ※\lambda はスカラー$$

を満たすとき、λを行列Aの固有値、$\overrightarrow{x}$を固有ベクトルと呼びます。この式を変形すると、次のようになります。

$$A\overrightarrow{x} - \lambda\overrightarrow{x} = A\overrightarrow{x} - \lambda I\overrightarrow{x} = (A - \lambda I)\overrightarrow{x} = \overrightarrow{0}$$

$\overrightarrow{x}$が$\overrightarrow{0}$(自明な解)以外を持つためには、行列$(A - \lambda I)$が逆行列を持たないことが必要であり、結果として行列式$det(A - \lambda I) = 0$という条件式が導出されます。

つまり2×2行列 $A = \begin{pmatrix} a & b \\ c & d \end{pmatrix}$においては

$$det\left(\begin{pmatrix} a & b \\ c & d \end{pmatrix} - \lambda\begin{pmatrix} 1 & 0 \\ 0 & 1 \end{pmatrix}\right) = det\left(\begin{pmatrix} a-\lambda & b \\ c & d-\lambda \end{pmatrix}\right) = (a-\lambda)(d-\lambda) - bc = 0$$

となるλを求めることで固有値が算出できます。

例えば、2×2行列 $A = \begin{pmatrix} 1 & 4 \\ 1 & -2 \end{pmatrix}$ のときの固有値は、

$$det\left(\begin{pmatrix} 1 & 4 \\ 1 & -2 \end{pmatrix} - \lambda\begin{pmatrix} 1 & 0 \\ 0 & 1 \end{pmatrix}\right) = (1-\lambda)(-2-\lambda) - 4 \times 1 = \lambda^2 + \lambda - 6 = (\lambda - 2)(\lambda + 3) = 0$$

を解いて$\lambda = 2, -3$となります。$\lambda = 2$のときの固有ベクトルは

$$(A - \lambda I)\overrightarrow{x} = \left(\begin{pmatrix} 1 & 4 \\ 1 & -2 \end{pmatrix} - 2\begin{pmatrix} 1 & 0 \\ 0 & 1 \end{pmatrix}\right)\begin{pmatrix} x_1 \\ x_2 \end{pmatrix} = \begin{pmatrix} -1 & 4 \\ 1 & -4 \end{pmatrix}\begin{pmatrix} x_1 \\ x_2 \end{pmatrix} = \begin{pmatrix} 0 \\ 0 \end{pmatrix}$$

を満たすx_1とx_2を求めることで計算できます。例えば、$\begin{pmatrix} 4 \\ 1 \end{pmatrix}$は固有ベクトルの1つです。

同様に$\lambda = -3$のとき、$\begin{pmatrix} 1 \\ -1 \end{pmatrix}$は固有ベクトルであることがわかります。

行列Aの固有ベクトル$\vec{x}$は、$A\vec{x}$が$\vec{x}$のスカラー倍(つまりλ倍)なので、向きがそのままか、逆向きになるのみで、回転されません。そのため、さまざまな計算で利用されます。図の黒い矢印は固有ベクトルで、色の付いた矢印はそれをA倍したベクトルです。黒い矢印も色の付いた矢印も同一直線状にあることがわかります。

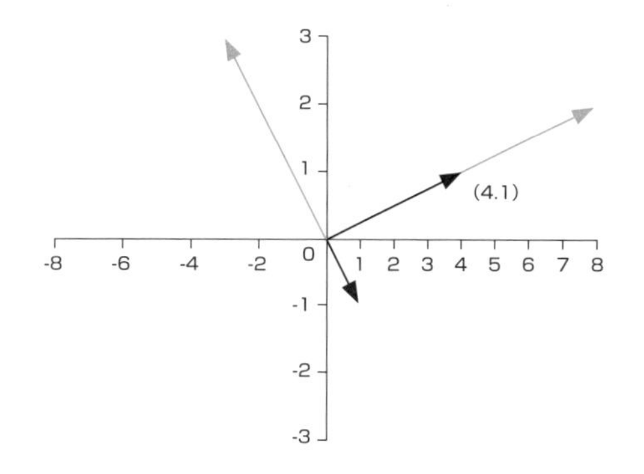

固有値、固有ベクトルは、データサイエンスでは主成分分析などで使われます。具体的には、高次元のデータに対してより低い次元でデータの性質を説明するときに使われています。

● スキルを高めるための学習ポイント

- 2×2行列の固有値、固有ベクトルを算出できるようにしましょう。
- 固有値、固有ベクトルがどの分析手法で使われるかを理解しましょう。

DS5 微分により計算する導関数が傾きを求めるための式であることを理解している

微分には非常に広く深い世界がありますが、ここでは、その意味にフォーカスして紹介します。

微分を用いると、関数の各点での接線の傾きを調べることができます。接線とは、基本的にその点において曲線と触れるように接する直線です。例えば、以下の $y=2x^2$ というグラフを見てみると、図の色のついた直線が接線で、この接線と曲線が触れるように接している点(1, 2)を接点と呼びます。

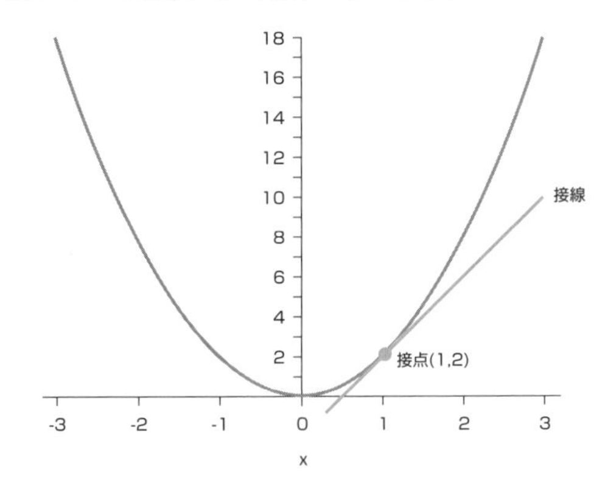

$f(x)=2x^2$としたとき、その微分は$f'(x)=4x$となります。この関数のことを導関数と呼び、$y=2x^2$ 上の点における傾きを算出することができます。例えば、上のグラフにあるx=1における接線の傾きは$f'(1)=4$となり、x=0における接線の傾きは$f'(0)=0$となります。

厳密な定義は省略しますが、微分の定義ではある一点の周りを非常に細かく見ることになります。そのため、$f(x)$に「′」を付けた$f'(x)$の代わりに、次のように書く場合もあります。このdxとは、極めて小さいことを示しています。

$$\frac{df(x)}{dx} \qquad \frac{d}{dx}f(x)$$

$f(x)$が1次関数(直線)の場合は、接線がもとの直線と一致するため、$f'(x)$は定数関数となり、値は直線の傾きに一致します。一般に、$f(x)=x^n$の導関数$f'(x)$は、$f'(x)=nx^{n-1}$となります。

$f(x)=x^3-3x+5$の導関数、$f'(x)=3x^2-3$は、次ページのグラフに描かれています。$f(x)$は黒線、$f'(x)$は薄い線で記載しています。$f'(x)$はxにおける接線の傾きを表しますが、その符号に注目すると、$f'(x)$が正の値のとき($x<-1, 1<x$)は$f(x)$が増加し、$f'(x)$が負の値のとき($-1<x<1$)は$f(x)$が減少していることがわかります。また$f'(x)=0$のときは、増加から減少、減少から増加に転じています。このような点を**極大点**、**極小点**と呼びます。必ずしも微分が0だからといって、極大、または極小であるとは限りません。

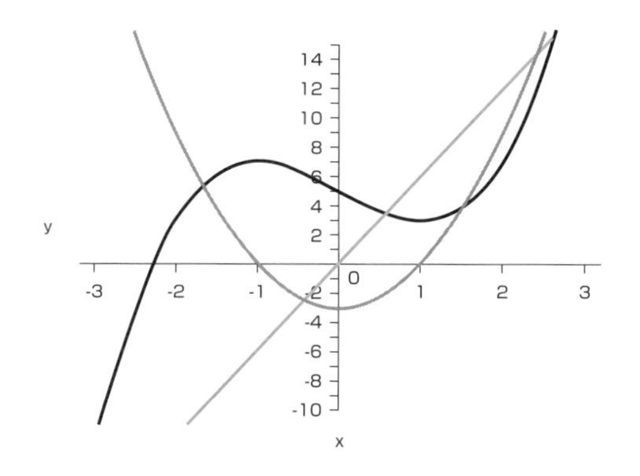

$f'(x)=0$のとき、極大点か極小点かを判断するには、$f'(x)$の導関数$f''(x)$の符号を確認します。このような、導関数の導関数のことを**2階の導関数**と呼びます。$f''(x)=6x$は、グラフに色の付いた線で記載しています。

$f'(x)=0$　かつ　$f''(x)<0$　→　極大点
$f'(x)=0$　かつ　$f''(x)>0$　→　極小点
$f'(x)=0$　かつ　$f''(x)=0$　→　より高次の導関数を調査し特定
（$f(x)=x^4$は、$x=0$で極小となります。）

スキルを高めるための学習ポイント

- 導関数と極大・極小の関係について理解しましょう。
- 簡単な関数については、導関数が算出できるようにしましょう。

スキルカテゴリ 数学的理解　　サブカテゴリ 微分・積分基礎　　頻出

DS6 2変数以上の関数における偏微分の計算方法を理解しており、勾配を求めることができる

ここまでは変数が1つの関数$f(x)$を扱いました。しかし、ビジネスにおいて扱われるデータは多岐にわたり、複数の種類のデータが複雑に関係し合っていることが大半です。

例えば次のような、2つの変数をとる関数$f(x, y)$があったとします。

$$f(x, y) = x^2 + 2xy + 2y^2$$

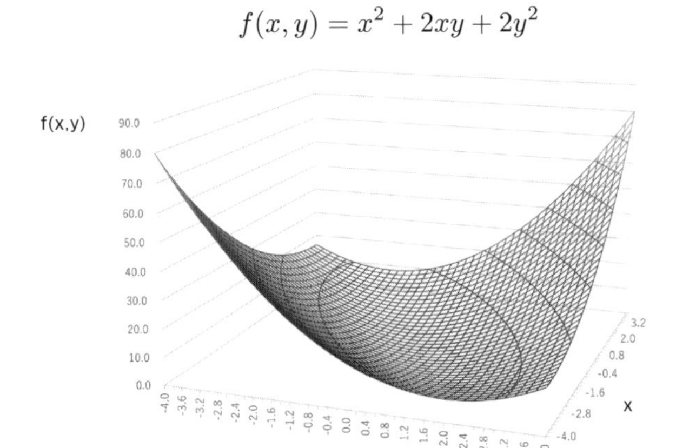

f(x,y)=x²+2xy+2y²の鳥瞰図

このとき、xが変化すれば、この関数の値はどのように変化するでしょうか。例えば、$y = 1$としたとき、$f(x, 1) = x^2 + 2x + 2$というxの2次関数になります。またy=2としたときは$f(x, 2) = x^2 + 4x + 8$が得られます。yの値によって、xを用いた関数が異なります。データ分析においては、xとyに相関がある場合、xを変化させるとyも変化してしまうことがあり、その結果fの値が複雑に変化します(DS16参照)。そのような場合でも、あえてyを定数とみなしてxのみの関数とし、問題を単純化して微分することを**偏微分**といいます。

そこで、$f(x, y)$をxで偏微分して得られる関数を**偏導関数**といい、

$$\frac{\partial f(x, y)}{\partial x} = 2x + 2y \quad \text{または} \quad f_x(x, y) = 2x + 2y$$

と表します。

同様に、$f(x,y)=x^2+2xy+2y^2$をyで偏微分することもできます。

$$\frac{\partial f(x,y)}{\partial y}=4y+2x \quad \text{または} \quad f_y(x,y)=4y+2x$$

また、偏導関数をさらに偏微分することを考えることもあります。

$$\frac{\partial}{\partial x}(\frac{\partial f(x,y)}{\partial x})=\frac{\partial^2 f(x,y)}{\partial^2 x}=f_{xx}(x,y)=2$$

$$\frac{\partial}{\partial y}(\frac{\partial f(x,y)}{\partial y})=\frac{\partial^2 f(x,y)}{\partial^2 y}=f_{yy}(x,y)=4$$

2変数関数の極大・極小を考える際に1階、2階の導関数が活躍しますが、ここでは説明を省略します。

さらに、異なる変数で偏微分することもできます。

$$\frac{\partial}{\partial y}(\frac{\partial f(x,y)}{\partial x})=\frac{\partial^2 f(x,y)}{\partial y\partial x}=f_{xy}(x,y)=2$$

$$\frac{\partial}{\partial x}(\frac{\partial f(x,y)}{\partial y})=\frac{\partial^2 f(x,y)}{\partial x\partial y}=f_{yx}(x,y)=2$$

上記のように定義される偏微分の利用例として、機械学習によく登場する勾配(または勾配ベクトル)があります。勾配は、n変数の関数$f(x_1,x_2,...x_n)$について、各変数の偏微分で作られるn次元ベクトルとなります。

$$\nabla f=(\frac{\partial f}{\partial x_1},\frac{\partial f}{\partial x_2},\dots,\frac{\partial f}{\partial x_n})$$

勾配は次の意味を持ちます。

①勾配の向きは関数 f の値が最も大きく増加する方向である
②十分に小さい定数 C に対して、勾配の向きに距離C進むと関数の値は$C\|\nabla f\|$程度増加する

● スキルを高めるための学習ポイント

- 偏微分とは何かを理解し、計算できるようになりましょう。
- 勾配の意味を理解し、計算できるようになりましょう。

DS7 積分と面積の関係を理解し、確率密度関数を定積分することで確率が得られることを説明できる

積分には、微分の逆演算をして算出する不定積分と、面積や体積などを求める定積分があります。

関数$f(x)$において、$F'(x) = f(x)$を満たす関数$F(x)$を、$f(x)$の原始関数と呼びます。例えば、$f(x) = 3x^2 - 3$のとき、$F(x) = x^3 - 3x$は$f(x)$の原始関数の1つです。$f(x)$のことを被積分関数と呼びます。積分は微分の逆演算なので、次の式が成立します。これを微積分学の基本定理といいます。

$$\frac{d}{dx}F(x) = f(x)$$

この原始関数を用いると、ある区間の面積や体積を求めることができます。$f(x)$の原始関数を$F(x)$としたとき、区間aからbまでの定積分は次のように計算することができます。

$$\int_a^b f(x)dx = F(b) - F(a)$$

例えば、$f(x) = 3x^2$としたとき、原始関数として$F(x) = x^3$を用いると、この0から1までの区間の定積分は

$$\int_0^1 3x^2 dx = F(1) - F(0) = (1^3) - (0^3) = 1$$

と計算でき、次のグラフの色の付いた領域の面積を表します。

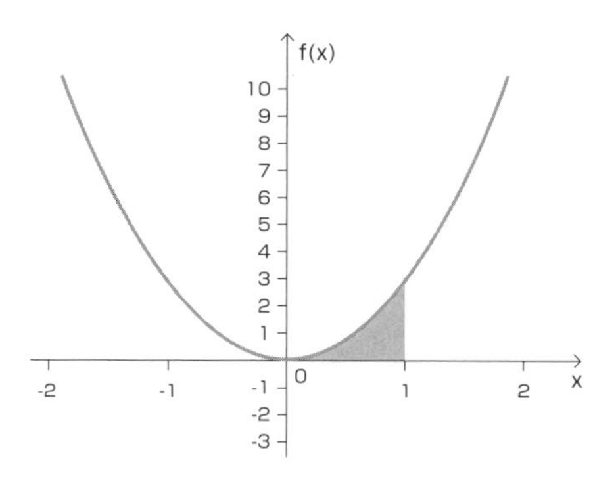

また、データサイエンスで多く登場する関数に確率密度関数があります。**確率密度関数**は、長さや重さなどの連続する値に対する確率がどのような分布になっているか表現した関数です。

次のグラフは、ある花の大きさに関する確率密度関数です。x軸は大きさ、y軸は確率密度を表しています。この花の大きさが特定の値、例えばちょうど6である状態をグラフの確率密度関数で見ると0.5くらいの値をとっていますが、$F(6) - F(6) = 0$となることもあり、この場合は密度があっても確率は0ということを意味します。一方で、6～7の幅に入る確率は一定の値を持ちます。これを表現するために用いられるのが確率密度関数で、確率密度関数を6から7の区間で定積分すると、花の大きさが6～7となる確率を計算することができます。

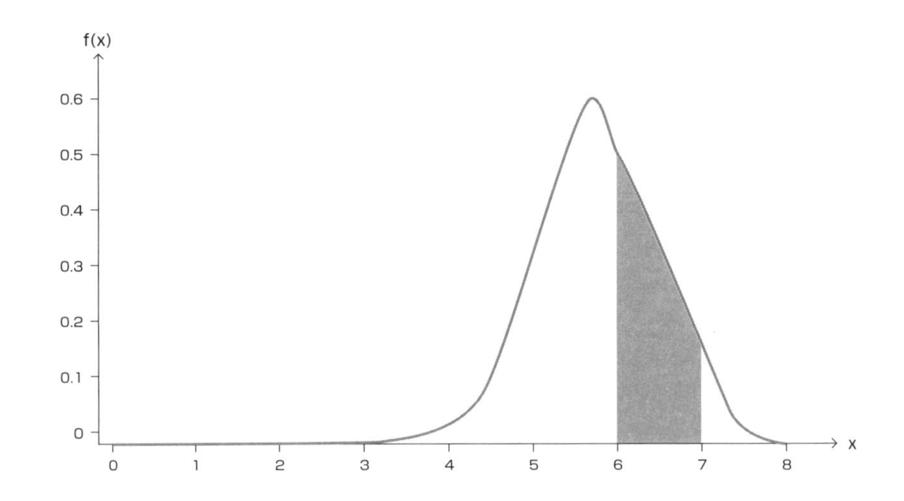

スキルを高めるための学習ポイント

- 積分と微分の関係を理解しましょう。
- 積分には不定積分、定積分の2種類があり、定積分により面積や体積を求めることができることを理解しましょう。
- 確率密度関数を使って確率を求めるために、積分が使われることを理解しましょう。

DS8　和集合、積集合、差集合、対称差集合、補集合についてベン図を用いて説明できる

1. 和集合

和集合は、2つの集合の少なくともどちらか1つに含まれる要素の集合です。右のベン図で表現すると、色が付いている部分を指します。演算記号ではA∪Bと表現します。Pythonのプログラムでは「|」で記述します。

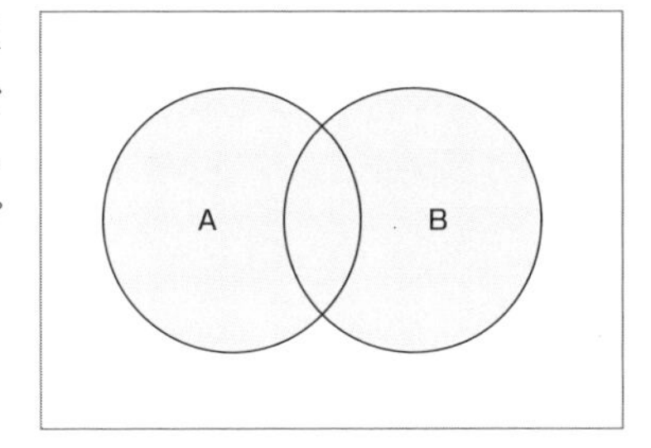

2. 積集合

積集合は、2つの集合の両方に含まれる要素の集合です。右のベン図で表現すると、色が付いている部分を指します。演算記号ではA∩Bと表現します。Pythonのプログラムでは「&」で記述します。

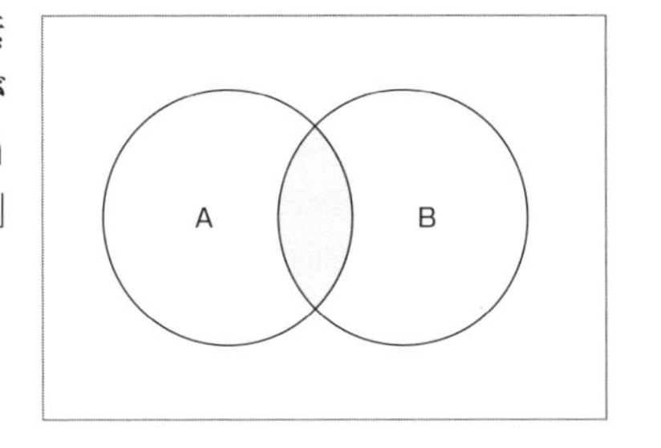

3. 差集合

差集合は、ある集合からもうひとつの集合に含まれる要素を除いた集合です。右のベン図で表現すると、色が付いている部分を指します。演算記号ではA－Bと表現します。Pythonのプログラムでは「-」で記述します。

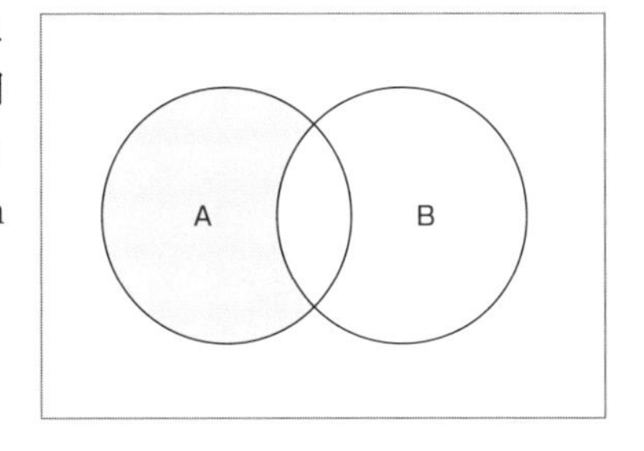

4. 対称差集合

対称差集合は、2つの集合のどちらか片方のみに含まれる要素の集合です。右のベン図で表現すると、色が付いている部分を指します。演算記号ではA△Bと表現します。Pythonのプログラムでは「^」で記述します。

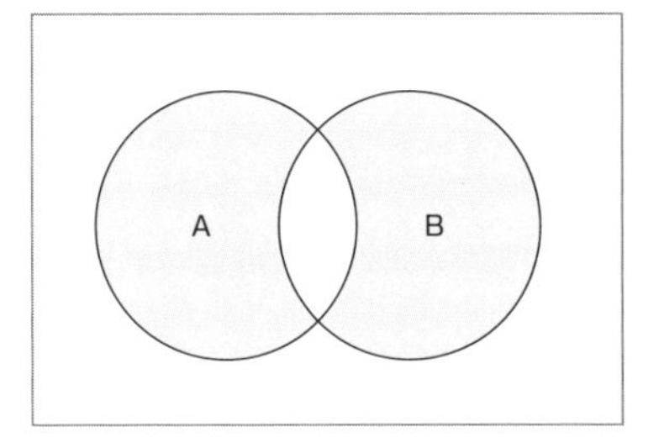

5. 補集合

補集合は、ある集合に含まれない要素の集合です。右のベン図で表現すると、色が付いている部分を指します。演算記号ではA^C、または$\overline{A}$と表現します。なお、補集合を定義するためには、全体集合が何かを規定しなければなりません。そのため、単純に補集合を求めることはできず、Python等のプログラミング言語に演算子は準備されていません。

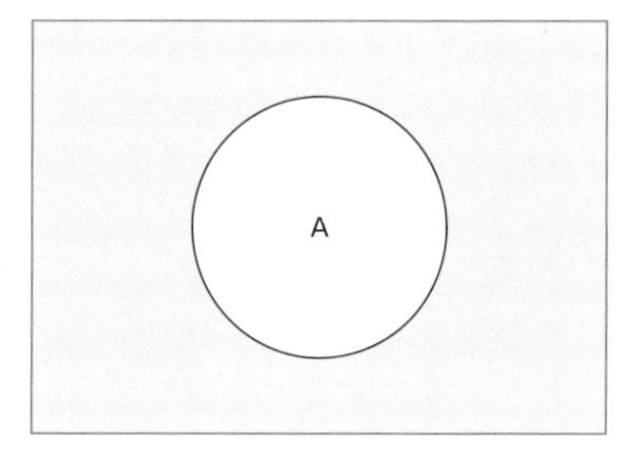

● スキルを高めるための学習ポイント

- 集合は確率を考える基礎です。特定条件のデータを抽出する際に必要です。例えば、特定の条件を満たすユーザーの抽出などがあります。今どの部分を考えようとしているのかを紙に書き出してみることからはじめましょう。

DS9 論理演算と集合演算の対応を理解している（ANDが積集合に対応するなど）

集合演算とは、要素の集合に対して和や積、差などの演算を行うことを意味します(DS8参照)。一方、論理演算は、真(true)と偽(false)の二通りの状態を取る真偽値に対する演算となります。両者の対応は以下の表の通りとなります。

集合の種類	ベン図	論理演算	集合演算
和集合	A B	A OR B	$A \cup B$
積集合	A B	A AND B	$A \cap B$
差集合	A B	A AND NOT B	$A - B$
対称差集合	A B	A XOR B	$A \triangle B$
補集合	A	NOT A	A^c、または$\bar{A}$

スキルを高めるための学習ポイント

- まずは和、積、否定の3種類を覚えましょう。論理演算には上記の他、NORなどもあります。XORやNORなどの比較的複雑な条件は和、積、否定の組み合わせで表現できます。複雑な条件を考えてみて、和、積、否定の3種類で表現する練習をしてみましょう。

スキルカテゴリ 科学的解析の基礎　サブカテゴリ 統計数理基礎　頻出

DS10 順列や組合せの式 $_nP_r$, $_nC_r$ を理解し、適切に使い分けることができる

統計学のさまざまな法則を理解するための基礎として、順列や組み合わせといった規則に基づいてその事象の数、すなわち場合の数を数えられることが求められます。

1. 順列

順列とは「複数の異なるものを並べる並べ方」のことです。n個の異なるものの中からr個を選んで出来る順列の数は、permutation（順列）の頭文字を取って$_nP_r$と表します。$_nP_r$の計算式は次のようになります。

$$_nP_r = \frac{n!}{(n-r)!} = n \times (n-1) \times ... \times (n-r+1)$$

「1, 2, 3, 4, 5」の5枚のカードから、3枚を選んで横1列に並べる問題を考えてみましょう。公式を用いて考えると、$n=5$、$r=3$であるから、次のようになります。

$$_5P_3 = \frac{5!}{(5-3)!} = 5 \times (5-1) \times (5-2) = 60 \text{ 通り}$$

2. 組み合わせ

組み合わせとは「複数の異なるものから一定数を選ぶ選び方」のことです。n個の異なるものの中からr個を選んで出来る組み合わせの数は、combination（組み合わせ）の頭文字から$_nC_r$と表します。$_nC_r$は次のように、$_nP_r$を$r!$で割ることで計算できます。$r!$で割るのは、組み合わせでは取り出したr個の並び順を考慮しないためです。

$$_nC_r = \frac{n!}{r!(n-r)!} = \frac{_nP_r}{r!}$$

「1, 2, 3, 4, 5」の5枚のカードから、3枚を選ぶ組み合わせの数を考えてみましょう。$n=5$、$r=3$ですので、次のようになります。

$$_5C_3 = \frac{5!}{3!(5-3)!} = \frac{_5P_3}{3!} = 10 \text{ 通り}$$

スキルを高めるための学習ポイント

- $_nP_r$と$_nC_r$の計算方法を理解しておきましょう。
- 一定数を選ぶ場合は組み合わせ、さらに並べる場合は順列で計算することを覚えておきましょう。

DS11 確率に関する基本的な概念の意味を説明できる（確率、条件付き確率、期待値、独立など）

1. 確率

確率とは「ある事象が、すべての事象に対して起こる割合」をいいます。確率は、その事象がどの程度の割合で起こるかを定量的に評価することができ、統計学の基礎的な概念です。

2. 条件付き確率

条件付き確率とは「ある事象が起こる条件の下で、別の事象が起こる確率」をいいます。条件付き確率は、ある条件に限った状況を考えてより正確に確率を見積もれるため、データ分析を行うにあたって大切な概念です。

ある事象Bが起こる条件の下で、別の事象Aが起こる確率は、$P(A|B)$と表します。$P(A|B)$の定義式は次のようになります。

$$P(A|B) = \frac{P(A \cap B)}{P(B)}$$

$P(A \cap B)$はAとBの同時確率を表し、AとBが同時に発生する確率を意味しています。$P(B)$はBの周辺確率を表し、Bが単独で起こる場合の確率を意味しています。ここでは例として、「ある遺伝子を持つ場合、どのくらいの確率で病気にかかるか」を、条件付き確率を用いて計算をしてみましょう。

	病気Aにかかる	病気Aにかからない
遺伝子Bを持つ	750人	250人
遺伝子Bを持たない	250人	750人

A_1：病気Aにかかる事象
A_2：病気Aにかからない事象
B_1：遺伝子Bを持つ事象
B_2：遺伝子Bを持たない事象

病気Aにかかる人も、かからない人も1000人ずつおり、$P(A_1) = P(A_2) = 1/2$です。遺伝子Bについても、$P(B_1) = P(B_2) = 1/2$となります。そこで、条件付き確率を用いて、遺伝子Bを持つときに病気Aにかかる確率$P(A_1|B_1)$を計算してみましょう。

$$P(A_1|B_1) = \frac{P(A_1 \cap B_1)}{P(B_1)} = \frac{\frac{750}{2000}}{\frac{1000}{2000}} = \frac{3}{4}$$

すると、遺伝子Bを持つときに病気Aにかかる確率が、3/4もあることがわかりました。このように条件付き確率を用いることで、具体的な情報を得ることができます。

3. 期待値

期待値とは「ある確率で得られる事象において、得られるすべての事象の値とそれが起こる確率の積を足したもの」をいいます。

サイコロを例にすると、すべての面が等しく1/6の確率で出る場合、得られる事象の値は各々、1, 2, 3, 4, 5, 6であるため、それらの事象の値と確率の積を足したものがサイコロの目の期待値となります。具体的には、$1\times1/6+2\times1/6+3\times1/6+4\times1/6+5\times1/6+6\times1/6=3.5$となり、サイコロの目の期待値は3.5であることがわかります。

4. 独立

2つの事象が独立であるとは「2つの積事象の確率は事象同士の確率の積」であることをいいます。

再び、サイコロを例にすると、Aというサイコロと Bというサイコロを同時に振ったとき、出る目は各々に影響を与えないので、2つの積事象の確率$P(A\cap B)$は$P(A)\times P(B)$として表現することができます。これが、2つの事象が独立であることを表しています。

● スキルを高めるための学習ポイント

- 確率と条件付き確率の定義を覚えておきましょう。
- 事象にあわせて、条件付き確率を算出できるようにしましょう。
- 確率と事象から得られる値をもとに、期待値を算出できるようにしましょう。

DS12 平均、中央値、最頻値の算出方法の違いを説明できる

データの特性を1つの数値で表現するような統計量を代表値といいます。平均(相加平均)、中央値、最頻値はそれぞれ、代表値の一種です。データ分析を行う際は、データをざっと眺めるよりも複数の代表値を見た方が、簡単にデータの概要をつかむことができます。ここでは、よく利用される代表値の特徴と算出方法について説明します。

1. 平均(相加平均)

統計学には多くの種類の平均がありますが、本書では相加平均を単に平均と呼びます。平均は「すべてのデータを足してデータの個数で割った値」であり、次の式で定義されます。

$$\overline{x} = \frac{x_1 + \ldots + x_n}{n} \quad (\overline{x}\text{: 平均値}, n\text{: データの個数}, x_i \text{: } i \text{ 番目のデータ})$$

2. 中央値

中央値は「データを大きさ順に並べた時に中央に来る値」です。データの個数が偶数の場合は、中央に来る2つのデータの平均を中央値とします。例えば、{2, 3, 5, 9, 10}の5個からなるデータの中央値は5であり、{2, 3, 5, 7, 9, 10}の6個からなるデータの中央値は(5+7)/2=6となります。

3. 最頻値

最頻値とは名前の通り最も頻度の高い値、つまり、データの中で最も登場回数の多い値です。例えば、{1, 1, 1, 1, 1, 2, 2, 3}の8個からなるデータの最頻値は1となります。

データの分布が歪んでいる場合、これら3つの値は大きく異なります。例えば、厚生労働省が発表している「2019年 国民生活基礎調査の概況」の1世帯あたりの所得金額の分布では、平均値は552万円、中央値は437万円、最頻値は250万円(階級値)となっています。階級値とは各階級の中央の値のことで、例えば200～300万の階級における階級値は250万です。

このように、峰が一つで歪んだ(右に裾を引いた)分布では、小さい順に「最頻値」→「中央値」→「平均値」と並ぶ場合が多いです。

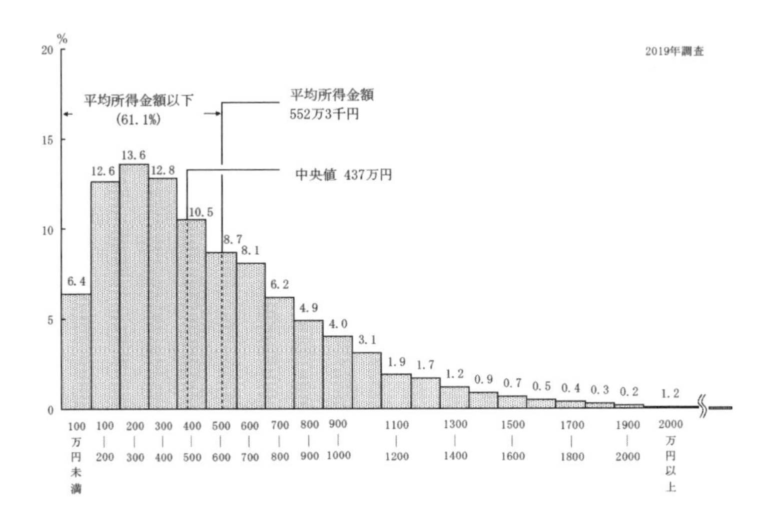

引用：厚生労働省「2019年 国民生活基礎調査の概況」
https://www.mhlw.go.jp/toukei/saikin/hw/k-tyosa/k-tyosa19/index.html

スキルを高めるための学習ポイント

- 平均(相加平均)、中央値、最頻値の算出方法を覚えておきましょう。
- 実際のデータからそれぞれの値を計算することにも慣れておくとよいでしょう。

DS13 与えられたデータにおける分散、標準偏差、四分位、パーセンタイルを理解し、目的に応じて適切に使い分けることができる

分散と標準偏差はどちらも「データのバラツキ」を表す代表値であり、データ全体の広がりを確認することができます。データの分布形状(分布の左右の偏りなど)まで確認する場合は、四分位数やパーセンタイルを確認します。目的に応じてデータ分布の統計量を使い分けましょう。

1. 分散

分散(s^2)とは「各データと平均値との差の2乗の和の平均」です。「各データと平均値との差」を足し合わせると正負が打ち消し合ってしまうので、2乗によりすべて正にしています。分散は次の式で算出できます。

$$s^2 = \frac{\sum_{i=1}^{n} (x_i - \overline{x})^2}{n}$$

2. 標準偏差

標準偏差とは「分散の平方根を取った値」であり、データのバラツキを表す最も一般的な統計量です。標準偏差はsや、SD (Standard Deviation)と表します。算出式は複雑に見えますが、分散の平方根を取っただけですので、分散とのつながりでよく理解しておきましょう。

$$s = \sqrt{s^2} = \sqrt{\frac{\sum_{i=1}^{n} (x_i - \overline{x})^2}{n}}$$

{7, 9, 10, 11, 13}のデータの、分散と標準偏差を実際に計算してみましょう。このデータの平均値は10ですので、次のように計算して、分散は4、標準偏差は2になります。

$$s^2 = \frac{(7-10)^2 + (9-10)^2 + (10-10)^2 + (11-10)^2 + (13-10)^2}{5} = 4$$

$$s = \sqrt{4} = 2$$

3. 四分位数

四分位数とは「すべてのデータを小さい順に並べ、そのデータを同じ件数ずつ4つ

に分けたとき、分けた区切りの値を小さい方から第1四分位数、第2四分位数(中央値)、第3四分位数」といいます。四分位数はデータがどの程度散らばっているかを表すことができます。

4. パーセンタイル

パーセンタイルとは「すべてのデータを小さい順に並べ、そのデータが全体のどの位置にあるのかをパーセンテージで表した指標」をいいます。たとえば100人が背の低い順に1列に並んだ場合、10パーセンタイルは前から10番目の人と11番目の人の間の値(一般的にその2つの平均値)を指します。また、25パーセンタイル、50パーセンタイル、75パーセンタイルは各々第1四分位数、第2四分位数(中央値)、第3四分位数と同じデータを意味します。

● スキルを高めるための学習ポイント

- 分散と標準偏差の指標としての意味を理解し、それぞれの算出式を覚えましょう。
- 実際のデータからそれぞれの値を計算することにも慣れておくとよいでしょう。
- データがどの程度散らばっているかを見る指標として、パーセンタイル・四分位数を覚えておきましょう。

スキルカテゴリ 科学的解析の基礎　サブカテゴリ 統計数理基礎　頻出

DS14 母（集団）平均と標本平均、不偏分散と標本分散がそれぞれ異なることを説明できる

1. 母集団と標本

何らかの調査する際、たいていの場合は、調査対象となる事物についてのデータをすべて収集することはできません。例えば、「日本のりんご一個の質量の平均」について調査するために、日本中のりんごの質量を測定することは不可能です。そこで、身近にある複数のりんごの質量を測定して「日本のりんごの質量の平均」と推定します。調査の対象となるすべてからなる集合を**母集団**といい、母集団から抽出された一部の集合を**標本**といいます。通常は、手元にある標本を分析することで母集団の特性を推定します。

2. 母平均と標本平均

母平均とは母集団の平均、つまり「母集団のデータを足し合わせて母集団の個数で割った値」です。**標本平均**とは標本の平均、つまり「標本のデータを足し合わせて標本の個数で割った値」です。母集団のデータ数は膨大であるため、通常は母平均を直接算出することはできません。しかし、一定の仮定のもとでは、標本平均を用いることで、母平均を効率よく推定可能であることが知られています。

3. 不偏分散と標本分散

分散についても、平均と同様に、母集団の分散を**母分散**、標本の分散を**標本分散**と呼びます。しかし、標本分散は母分散より小さくなる傾向があることが知られており、良い推定量ではありません。これは、標本分散を計算する際、母平均ではなく標本平均を利用していることに起因します。よって、母分散の推定には標本分散を修正した値を用いる必要があります。

不偏分散とは、標本平均を利用することによる分散の過小評価を修正した分散であり、母分散の推定値として用いられます。式は次のようになります。ここでは不偏分散をs^2とします。

$$s^2 = \frac{\sum_{i=1}^{n} (x_i - \overline{x})^2}{n-1} \quad (\overline{x}\text{: 平均値, } n\text{: データの個数, } x_i\text{: } i\text{ 番目のデータ})$$

● スキルを高めるための学習ポイント

- 母集団と標本の関係について説明できるようになっておきましょう。
- 標本平均を用いて母平均と母分散を推定する方法について理解しておきましょう。

スキルカテゴリ 科学的解析の基礎　サブカテゴリ 統計数理基礎　頻出

DS15 | 標準正規分布の平均と分散の値を知っている

標準正規分布の説明の前に、正規分布について説明します。正規分布とは、次の式で定義される連続型確率分布のことです(DS19参照)。

$$f(x) = \frac{1}{\sqrt{2\pi\sigma^2}} exp\left(-\frac{(x-\mu)^2}{2\sigma^2}\right)$$

なお、正規分布は、平均を中心に左右対称で理論的に扱いやすいため、さまざまなシーンで利用されます。

標準正規分布は平均が0、分散が1の正規分布です(DS12,13参照)。

正規分布の標準化とは、正規分布に従う確率変数Xに対して次の計算を行うことです(DS89参照)。この変換で得られた確率変数Zは標準正規分布に従います。

$$Z = \frac{(X-\mu)}{\sigma} \quad (\mu\text{：}X\text{の平均}, \sigma\text{：}X\text{の標準偏差})$$

下の図は、文部科学省が公開している17歳男子の身長の分布をグラフにしたものです。身長を表す確率変数Xの分布を平均170.7cm、標準偏差5.8の正規分布に近似できるものとし、180cm以上の人の割合を計算してみましょう(DS12,13参照)。

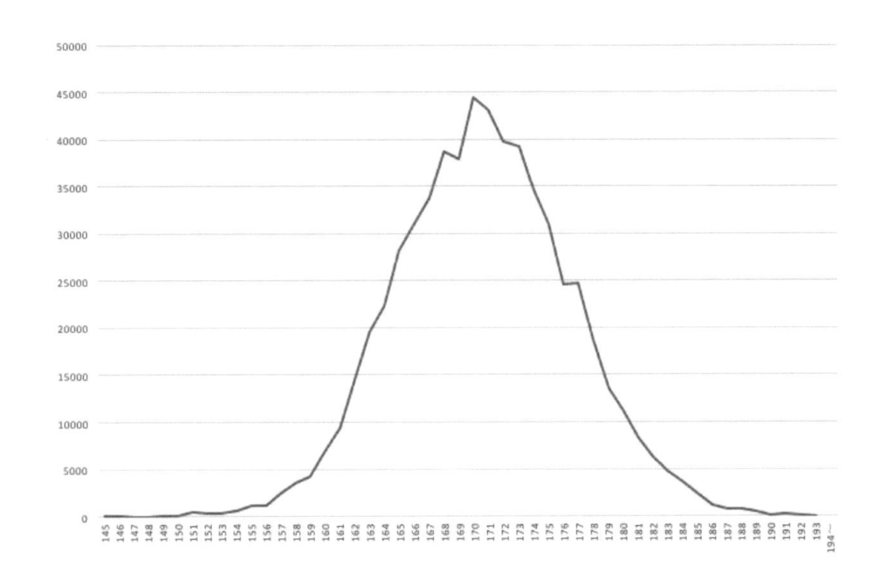

この分布を標準化したZは、$Z=(X-170.7)/5.8$で表すことができ、Xに180を代入すると、Zの値はおおよそ1.60となります。Zの値が決まると発生確率（割合）は、$f(X)$の累積確率として計算できます。また、標準正規分布表を用いてZの値から発生確率（割合）を出すこともできます。公表されている標準正規分布表（https://unit.aist.go.jp/mcml/rg-orgp/uncertainty_lecture/normsdist.html）で、1.60の部分を見てみると、0.05480とわかるので、17歳男子の180cm以上の人は全体の5.480%ということがわかります。

上記のようにして、正規分布に近似できる事象において、データの標準化を行うことにより、特定の事象の発生確率を計算することができます。

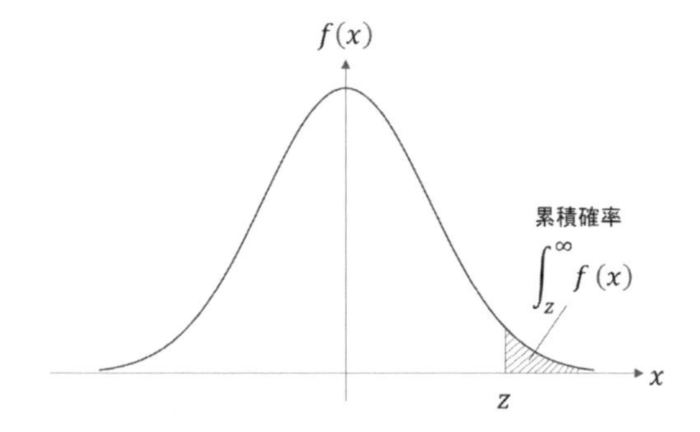

正規分布	z	0	1	2	3	4	5	6	7	8	9
	0	0.5	0.496011	0.492022	0.488033	0.484047	0.480061	0.476078	0.472097	0.468119	0.464144
	0.1	0.460172	0.456205	0.452242	0.448283	0.44433	0.440382	0.436441	0.432505	0.428576	0.424655
	0.2	0.42074	0.416834	0.412936	0.409046	0.405165	0.401294	0.397432	0.39358	0.389739	0.385908
	0.3	0.382089	0.378281	0.374484	0.3707	0.366928	0.363169	0.359424	0.355691	0.351973	0.348268
	0.4	0.344578	0.340903	0.337243	0.333598	0.329969	0.326355	0.322758	0.319178	0.315614	0.312067
	0.5	0.308538	0.305026	0.301532	0.298056	0.294598	0.29116	0.28774	0.284339	0.280957	0.277595
	0.6	0.274253	0.270931	0.267629	0.264347	0.261086	0.257846	0.254627	0.251429	0.248252	0.245097
	0.7	0.241964	0.238852	0.235762	0.232695	0.22965	0.226627	0.223627	0.22065	0.217695	0.214764
	0.8	0.211855	0.20897	0.206108	0.203269	0.200454	0.197662	0.194894	0.19215	0.18943	0.186733
	0.9	0.18406	0.181411	0.178786	0.176186	0.173609	0.171056	0.168528	0.166023	0.163543	0.161087
σ	1	0.158655	0.156248	0.153854	0.151505	0.14917	0.146859	0.144572	0.14231	0.140071	0.137857
	1.1	0.135666	0.1335	0.131357	0.129238	0.127143	0.125072	0.123024	0.121001	0.119	0.117023
	1.2	0.11507	0.11314	0.111233	0.109349	0.107488	0.10565	0.103835	0.102042	0.100273	0.098525
	1.3	0.096801	0.095098	0.093418	0.091759	0.090123	0.088508	0.086915	0.085344	0.083793	0.082264
	1.4	0.080757	0.07927	0.077804	0.076359	0.074934	0.073529	0.072145	0.070781	0.069437	0.068112
	1.5	0.066807	0.065522	0.064256	0.063008	0.06178	0.060571	0.05938	0.058208	0.057053	0.055917
	1.6	0.054799	0.053699	0.052616	0.051551	0.050503	0.049471	0.048457	0.04746	0.046479	0.045514
	1.7	0.044565	0.043633	0.042716	0.041815	0.040929	0.040059	0.039204	0.038364	0.037538	0.036727
	1.8	0.03593	0.035148	0.034379	0.033625	0.032884	0.032157	0.031443	0.030742	0.030054	0.029379
	1.9	0.028716	0.028067	0.027429	0.026803	0.02619	0.025588	0.024998	0.024419	0.023852	0.023295
2σ	2	0.02275	0.022216	0.021692	0.021178	0.020675	0.020182	0.019699	0.019226	0.018763	0.018309

標準正規分布表
引用：https://unit.aist.go.jp/mcml/rg-orgp/uncertainty_lecture/normsdist.html

スキルを高めるための学習ポイント

- 正規分布の特徴を説明できるようになりましょう。
- 標準正規分布と正規分布の違いについて理解しましょう。

DS16　相関関係と因果関係の違いを説明できる

相関関係とは、2つの物事の間で一方が変化すれば他方も変化するような関係をいいます。また、因果関係とは2つ以上の物事が原因と結果の関係にあることをいいます。データサイエンスの分野において、相関関係や因果関係を捉えることは非常に重要です。

相関関係があったとしても、必ずしも因果関係があるとは限りません。相関関係と因果関係同士には、どのような関係があるかを見てみましょう。

1. 相関関係があり、因果関係が考えられる例

アイスクリームの売上と気温の関係に着目してみます。この2つの関係に相関関係が生じたとき、気温の上昇によってアイスクリームの売上が上昇したという因果関係を考えることができます。ただしこのように一見因果関係が考えられるようなケースでも、交絡(DS54参照)やバイアス(DS55参照)が含まれていないかを検証し、因果関係の有無を確認します。

2. 相関関係があり、因果関係は考えられない例

アイスクリームの売上と熱中症の患者数の関係に着目してみます。この2つの関係に相関関係が生じたとしても、この2つに因果関係はないかもしれません。アイスの売上、熱中症の患者数の要因には、気温という共通の因子が考えられるためです。このように2つの物事に相関が生じたとしても因果関係がない場合、この相関関係を擬似相関と呼びます。

例えば、早起きと年収に正の相関がある場合について考えてみましょう。このとき、「早起きをすれば年収が上がる」と考えるのは短絡的かもしれません。なぜならば、「年収の高い職業は早起きをしなくてはならない」というように、因果関係が逆である可能性があるからです。また、年収が高い人の多くはご年配の方が多く、早く目が覚めてしまうという外部の因子が隠れている可能性も考えられるでしょう。

具体例からわかるように、相関関係があれば因果関係があると考えてしまうのは短絡的であり、正しい意思決定が阻害されることもあるため、これらの違いを十分理解し、使い分けられるようになりましょう。

● スキルを高めるための学習ポイント

- 相関関係、因果関係とは何かを理解しましょう。
- 2つの事象の関係性を、相関と因果関係の有無を用いて説明できるようにしましょう。

DS17 名義尺度、順序尺度、間隔尺度、比例尺度の違いを説明できる

本項目の尺度という言葉は「データの種類」と解釈するとよいでしょう。私達が収集するデータは、量的データと質的データに大きく分けられます。

1. 量的データ

量的データとは「数値自体に意味があり、足し算や引き算ができるデータ」であり、比例尺度と間隔尺度があります。量的データには平均値やさまざまな統計量が使用できます。

比例尺度とは、長さや絶対温度、質量などの物理量や価格など、絶対的なゼロ点を持つデータの尺度です。これらのデータは平均値や倍率を求めることができます。

間隔尺度は絶対的なゼロ点を持ちません。例えば摂氏0℃は、水の融点という意味はありますが、0℃で温度が消失するわけではありません。間隔尺度では倍率の計算をすることができない点に注意しましょう。例えば「20℃は10℃の2倍暑い」などと言うことはできません。

2. 質的データ

質的データとは「分類や種類を区分するラベルとしてのデータ」であり、順序尺度と名義尺度があります。質的データは、和や差、平均値の計算に意味がないことに注意しましょう。

順序尺度とは、等級や満足度のような大小の比較のみ可能なデータです。順序尺度のデータは間隔が明確でないため、通常は平均値は意味を持ちません。

名義尺度とは、「子どもを0、成人を1」のように、内容を区別するためだけに数値が与えられているデータのことです。名義尺度のデータは等号で比較可能です。

尺度により使用可能な統計手法が異なるため、データの尺度を誤解すると間違った分析をしてしまう危険があります。例えば、データサイエンティストスキルチェックリストは、★1～★3まで3つのレベルで構成されていますが、ある会社Aでは★1が3名、別の会社Bでは★3が1名、★0が2名いたとしましょう。それぞれ3名の平均を取れば★1になりますが、実力が同じと結論付けるのは不適切です。レベルは順序尺度であり、比例尺度で使われる平均値には意味がありません。

スキルを高めるための学習ポイント

- 名義尺度、順序尺度、間隔尺度、比例尺度について説明できるようにしましょう。
- 身の回りにあるデータがどの尺度であるかを判断できるようになりましょう。

スキルカテゴリ 科学的解析の基礎　サブカテゴリ 統計数理基礎　頻出

DS18 ピアソンの相関係数の分母と分子を説明できる

相関係数とは2つの変数が直線でモデル化できるような線形な関係性の強さを示す指標です。相関係数を計算するだけで、簡単にデータ間の関係性について知ることができます。

相関係数にはピアソンの積率相関、スピアマンの順位相関などがありますが、ここではピアソンの積率相関のみを紹介します。ピアソンの相関係数は、量的データ(比例尺度、間隔尺度)のみで計算可能であり、質的データ(順序尺度、名義尺度)では計算できません。この場合、相関係数r_{xy}は下に示した式の左のように定義されています。S_xとS_yはおのおのxとyの標準偏差、S_{xy}は共分散を表し、共分散は下に示した式の右のように計算できます。

$$r_{xy} = \frac{S_{xy}}{S_x S_y} \qquad S_{xy} = \frac{\sum_{i=1}^{n}(x_i - \overline{x})(y_i - \overline{y})}{n}$$

相関係数は−1から1までの実数値を取ります。相関係数が正の値の場合、xが大きくなるとyが大きくなる傾向があることがわかります。これを正の相関といいます。

反対に、相関係数が負の値の場合、xが大きくなるとyが小さくなる傾向があることがわかります。これを負の相関といいます。

相関係数が1(正の相関)や−1(負の相関)に近ければ近いほど強い相関があるといい、中程度の値の場合は弱い相関といい、0のときは無相関といいます。

試しに、アイスクリームの売上と1日の平均気温を例として、表にある疑似データの相関係数を具体的に計算してみてください。

日にち	7/1	7/5	7/10	7/11	7/12
気温(℃)	30	27	28	29	26
アイスクリームの売上(個)	30	24	24	26	21

1日の平均気温とアイスクリームの売り上げ5日分のデータ(営業日が不定期な場合を想定)

先ほどの式を用いれば、アイスクリームの売り上げと、気温の相関係数は0.953と算出できます。つまり、気温とアイスクリームの売り上げには、強い正の相関があるということがわかりました。ここでは計算を簡便化するためデータ数が少なかったですが、多くのデータを与えられた場合でも、相関係数で2つのデータの関係の強さを知ることができます。

なお、相関係数の絶対値が大きくても、必ずしも強い相関があるとは言い切れない事例がいくつか観測されています。

実際にデータ間の関係性を見る際、相関係数のみで相関の有無を判断するのではなく、散布図でも確認するのが望ましいです(DS33参照)。

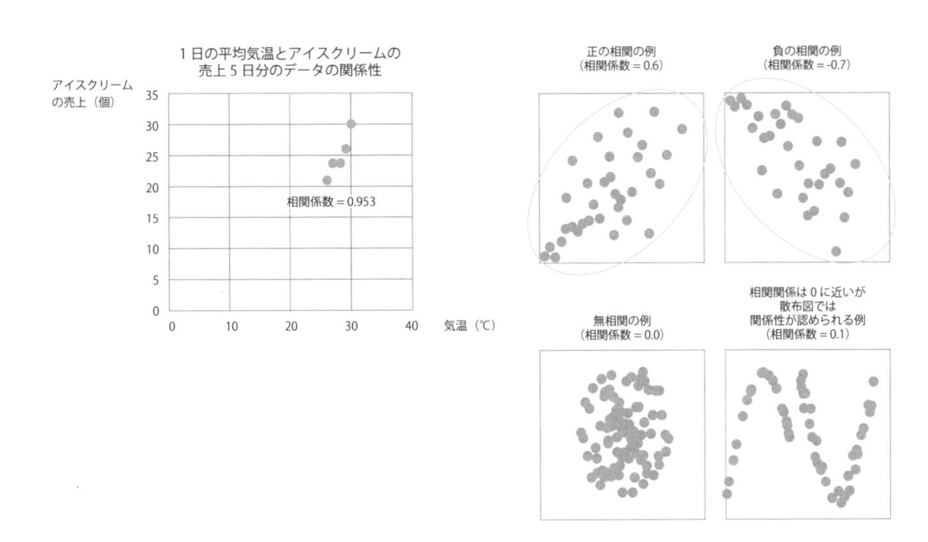

スキルを高めるための学習ポイント

- 相関係数とは何かを説明できるようにしましょう。
- 2つの確率変数の相関係数の導出方法についても押さえておきましょう。

DS19　5つ以上の代表的な確率分布を説明できる

確率分布には多くの種類が存在し、それらを用いることで世の中の事象の確率を表現できます。確率分布は、離散型確率分布と連続型確率分布に分けられます。

1. 離散型確率分布

離散型確率分布は、サイコロの目や1日のメールの件数のように、有限個または無限個であったとしても自然数と対応づけられる離散型の確率変数が従う自然数しか取らないような離散的な確率変数の確率分布をいいます。

ベルヌーイ分布は、「成功、失敗」「表、裏」などの2種類のみの結果しか得られない試行の結果を、例えば0と1で表した確率分布です。コインの表が出る確率などを計算することができます。このように、試行結果が2通りしかない試行をベルヌーイ試行といいます。

二項分布は、互いに独立したベルヌーイ試行をn回行ったときに、「コインの表が出る」といった考えている事象がx回起こる確率を表現した確率分布です。具体的には、コインをn回投げたときに表がx回出る確率を計算することができます。

ポアソン分布は、単位時間あたり平均λ回起こる現象が、x回起こることを表現した確率分布で、稀な現象を表現できます。1日平均1件の交通事故が起こる地域で、3日連続で交通事故が起こらない確率などを計算できます。

2. 連続型確率分布

連続型確率分布は確率変数が実数値を取る場合の確率分布をいいます。

正規分布とは、平均・中央値・最頻値が一致し、理論的に扱いやすくさまざまなシーンで登場する連続型確率分布です。具体的には、身長180cm以上の方がどのくらいの割合でいるかなどを計算することができます。また、標本数が大きい標本平均は、正規分布に従うことが知られています。

指数分布とは、単位時間あたり平均λ回起こる現象が、次に起こるまでの期間が単位時間ではかってxであることを表現した連続型確率分布です。ある店で1時間平均10人来ることがわかっている場合、10分以内に次の人が来る確率などを計算できます。

カイ二乗分布とは、互いに独立な標準正規分布に従う確率変数の二乗和が従う連続確率分布で、誤差の二乗和がこの分布によく従うことから、統計的検定などで利用されます。

● スキルを高めるための学習ポイント

- 離散型確率分布と連続型確率分布の違いと具体例を理解しておきましょう。

DS20　二項分布は試行回数が増えていくとどのような分布に近似されるかを知っている

二項分布は、互いに独立したベルヌーイ試行をn回行ったときに、「コインの表が出る」といった考えている事象がx回起こることを表現した確率分布です(DS10参照)。この二項分布は、ベルヌーイ試行の回数であるnを増加させることで、正規分布に近づいて行くことが知られています。

例として、ベルヌーイ試行を10回、20回、50回、100回と増やしたときの、コインの表が出る回数を横軸とする二項分布の確率分布を次に示します。

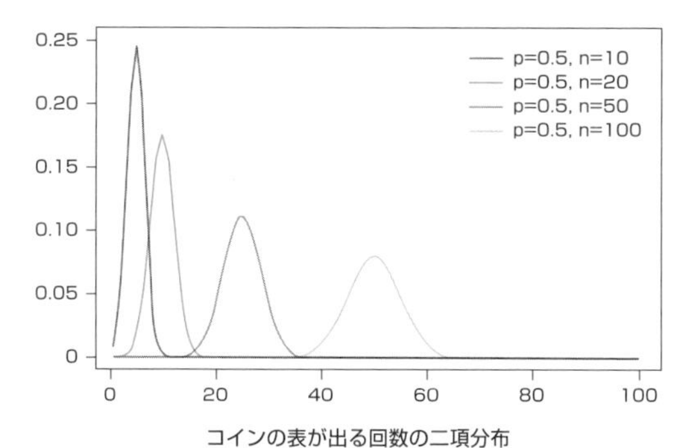

コインの表が出る回数の二項分布
引用：https://bellcurve.jp/statistics/course/6979.html

コインを投げる回数を増やすにつれて、分布がなめらかになっていくのがわかると思います。この回数を無限に増やしたとき、この分布は正規分布で近似できます。また、近似した分布に対して標準化を行うことで、標準正規分布として扱うこともできます(DS15,89参照)。

二項分布の確率分布の計算には、累乗や組合せの計算が用いられており、ベルヌーイ試行の回数が増えることでその計算量が爆発的に増えます。一方で、二項分布を正規分布に近似することによって、その計算コストを抑えることができます。

二項分布は記載したコイントスの例にとどまらず、汎用的な分布でありながら、試行回数が大きいときに正規分布で近似することができるという扱いやすい性質を持っています。

スキルを高めるための学習ポイント

- サンプルサイズが増えた二項分布は、正規分布に近似できることを覚えておきましょう。正規分布に近似できると、より簡単に確率に関する値を計算することができます。

スキルカテゴリ 科学的解析の基礎　サブカテゴリ 統計数理基礎　頻出

DS21 変数が量的、質的どちらの場合でも関係の強さを算出できる

DS18で説明した**ピアソンの積率相関**は、量的データに対して2つの変数の**線形関係**の強さを示しました。一方で、**スピアマンの順位相関**は質的データである順位データに対して2つの変数の**単調関係**を示します。単調関係とは、一方の変数が増加するときに、もう一方の変数が増加(減少)し続ける度合いです。係数が+1であれば単調増加であり、−1であれば単調減少です(DS18参照)。

下の2つの散布図を用いて、2つの相関係数を比較しましょう(DS33参照)。左の図では点が直線上に分布しています。右の図では、y=x^3のグラフ上に点が分布、左の図ではどちらの相関係数も+1となりますが、右の図ではデータが黒い点線で示したような厳密な線形関係ではないのでピアソンの積率相関は1を下回ります。しかし、y=x^3は単調増加であるため、スピアマンの順位相関は+1となります。このように、スピアマンの順位相関は、値の増加の幅を考慮せずに、単調関係のみ評価することができます。

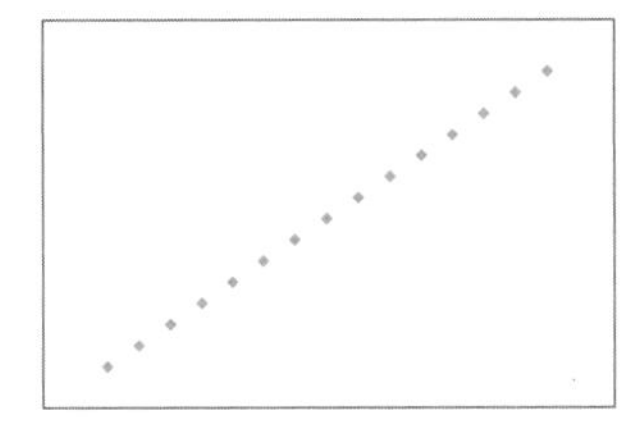

ピアソン=+1、スピアマン=+1

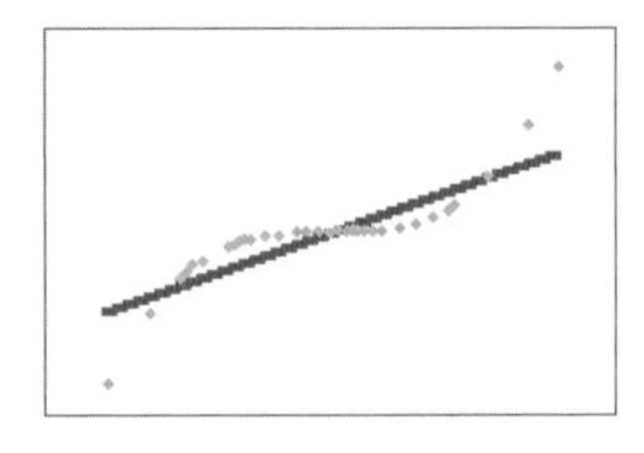

ピアソン=+0.851、スピアマン=+1

引　用：https://support.minitab.com/ja-jp/minitab/18/help-and-how-to/statistics/basic-statistics/supporting-topics/correlation-and-covariance/a-comparison-of-the-pearson-and-spearman-correlation-methods/

スピアマンの順位相関は、相関を計算したい2つの変数を順位に変換してからピアソンの積率相関を計算することで求めることができます。

● スキルを高めるための学習ポイント

- 対象となるデータの種類に応じて、ピアソンの積率相関とスピアマンの順位相関の違いを理解し、それぞれ計算できるようにしましょう。

スキルカテゴリ 科学的解析の基礎　サブカテゴリ 統計数理基礎　頻出

DS22 指数関数とlog関数の関係を理解し、片対数グラフ、両対数グラフ、対数化されていないグラフを適切に使いわけることができる

1. 指数と対数の関係

$2^3 = 8$ で考えてみましょう。これを対数で表現すると、$log_2 8 = 3$ です。指数と対数は以下のような関係になっています。

真数

$2^3 = 8$　　　$log_2 8 = 3$

底

指数(左)と対数(右)の関係

なお、底を2にした対数を2進対数、底を10にした対数を常用対数、底をe(ネイピア数)にした対数を自然対数とよび、数学分野で対数表記で底を省略する場合は自然対数であることが多いです。

2. 片対数グラフ

片対数グラフは、yとxが指数関数の関係にある際に使い勝手の良いグラフです。式で表すと、$y = a^x$ というyとxの関係です。わかりやすい例として、$y = 10 \times 10^x$ を、対数化されていないグラフで描くと左のようになり、片対数グラフで描くと右のようになります。

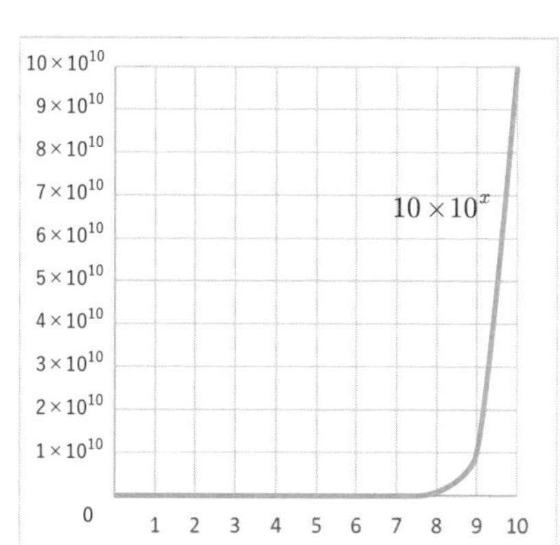

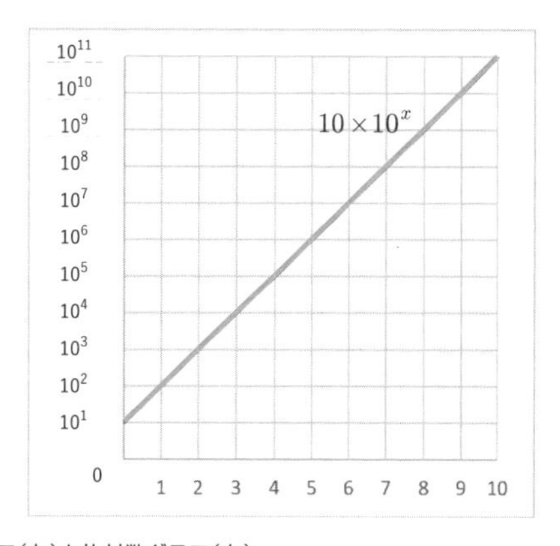

対数化されていないグラフ(左)と片対数グラフ(右)

片対数グラフで描くと直線で表現されるため、解釈しやすくなりました。切片は10、傾きはxが1増えるごとに10倍になっていることがわかります。片対数グラフで

は縦軸を$log_{10}(y)$にして描きます。実際にグラフを描いてみると右のようになります。

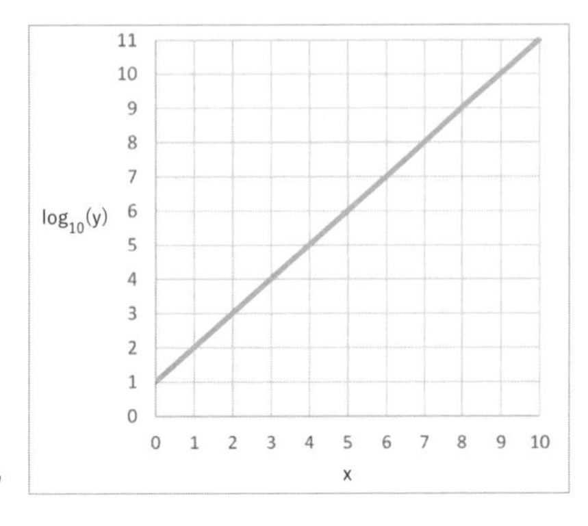

縦軸を$log_{10}(y)$にしたグラフ

直線になりました。元の式 $y = 10 \times 10^x$ を、底を10としてlogを取ってみます。

$$log_{10}(y) = log_{10}10^x + log_{10}10$$
$$log_{10}(y) = x + 1$$

切片は1、xが1増えるごとに$log_{10}(y)$が1増える直線の関係になっています。これを一般化すると、次のようになります。

$$y = 10^b \times 10^{ax}$$
$$log_{10}(y) = ax + b$$

指数関数 $y = B \times A^x$ を基準に考えると、A^xにかかっている係数Bが切片に関係しています。また、$A = 10^a$ なので、傾きから指数の底がわかります。

3. 両対数グラフ

両対数グラフは、yとxが累乗関数の関係にある際に使い勝手の良いグラフです。式で表すと、$y = x^a$というyとxの関係です。例えば、$y = 10 \times x^2$ を、対数化されていないグラフで描くと左のようになり、両対数グラフで描くと右のようになります。

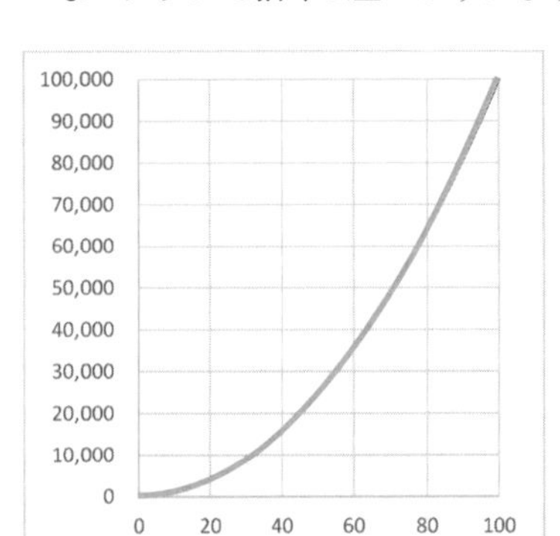

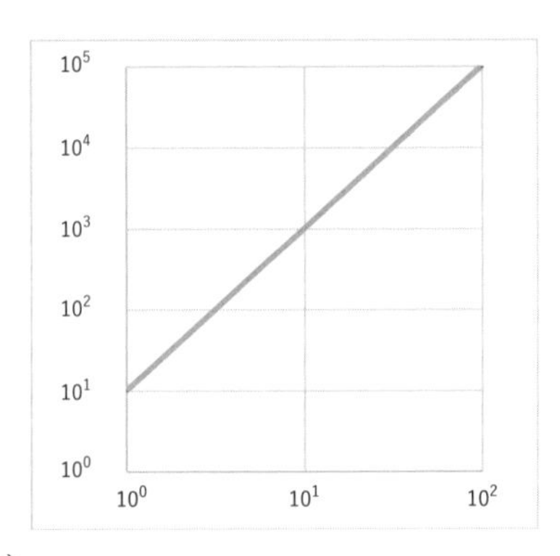

対数化されていないグラフ(左)と両対数グラフ(右)

底を10とする両対数グラフで描くと直線で表現されるため、解釈しやすくなりました。切片は10、傾きはxが10倍になるごとに100倍(10^2倍)になっていることがわかります。両対数グラフで描くことは縦軸を$log_{10}(y)$、横軸を$log_{10}(x)$にしたようなもので、実際にこのグラフを描いてみると次のようになります。

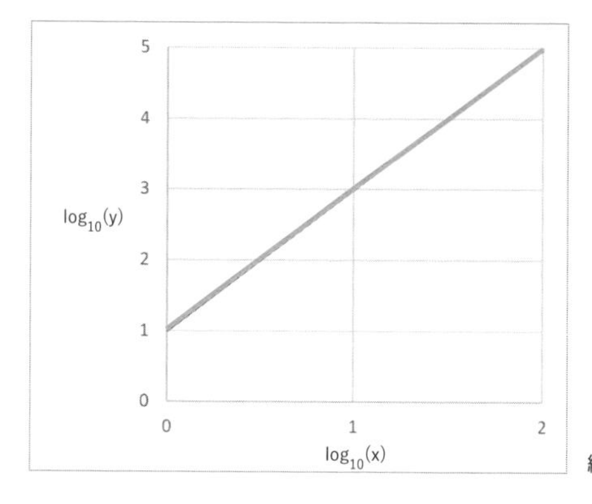

縦軸を$log_{10}(y)$、横軸を$log_{10}(x)$にしたグラフ

直線になりました。元の式 $y = 10 \times x^2$ を、底を10としたlogを取ってみます。

$$log_{10}(y) = log_{10}(x^2) + log_{10}10$$
$$log_{10}(y) = 2log_{10}(x) + 1$$

切片は1、$log_{10}(x)$が1増えるごとに$log_{10}(y)$が2増える直線の関係になっています。これを一般化すると、次のようになります。

$$y = 10^b \times x^a$$
$$log_{10}(y) = alog_{10}(x) + b$$

累乗関数$y = B \times x^a$を基準に考えると、x^aにかかっている係数Bが切片に関係しています。また、傾きaはべき数を示しています。

このように片対数グラフや両対数グラフは、その変数間の関係を見やすく示すために用いられますが、変数変換されていないグラフで表現されることが多いため、片対数グラフや両対数グラフであることを見分けることを意識しましょう。具体的には数字を入れて考えてみるとよいでしょう。

参考：Electrical Information「【片対数グラフと両対数グラフとは】『読み方』や『傾き』の意味などを解説！」
(https://detail-infomation.com/semi-log-plot-and-log-log-plot/)

● スキルを高めるための学習ポイント

- わからなくなったら、具体的な数字を入れて考えてみましょう。

DS23 ベイズの定理を説明できる

事象Aが起こったという条件の下で事象Bが起こる条件付き確率は、以下の式で計算できます(DS11参照)。

$$P(B|A) = \frac{P(B) \cdot P(A|B)}{P(A)}$$

$P(A)$：事象Aが起こる確率
$P(B)$：事象Bが起こる確率
$P(A|B)$：事象Bのもと事象Aが起こる確率

これを**ベイズの定理**といいます。$P(B|A)$は、Aが起こったという事実を知った後に計算できる確率であるため、**事後確率**と呼びます。また、$P(B)$を**事前確率**と呼びます。ベイズの定理は以下のようにも表現できます。

$$P(B|A) = \frac{P(B) \times P(A|B)}{P(B) \times P(A|B) + P(\bar{B}) \times P(A|\bar{B})}$$

$P(\bar{B})$：事象Bが起こらない確率
$P(A|\bar{B})$：事象Bが起こらないもと事象Aが起こる確率

ここではベイズの定理を用いて、迷惑メールについての確率計算をしてみましょう。事象をそれぞれ以下のように定義します。

A：メールに「お得」という文字が書かれてあるという事象
$\bar{A}$：メールに「お得」という文字が書かれてないという事象
B：迷惑メールであるという事象　$\bar{B}$：迷惑メールでないという事象

$P(B) = 1/4$　すべてのメールにおいて、あるメールが迷惑メールである確率
$P(\bar{B}) = 3/4$　すべてのメールにおいて、あるメールが迷惑メールでない確率
$P(A|B) = 4/5$　迷惑メールに「お得」と書かれてある条件付き確率
$P(A|\bar{B}) = 1/10$　迷惑メールではないが、「お得」と書かれてある条件付き確率

このとき、「お得」というメールが書かれてあるという条件の下で、事後的にそのメールが迷惑メールである確率$P(B|A)$は、以下のように計算できます。

$$P(B|A) = \frac{(\frac{1}{4} \times \frac{4}{5})}{(\frac{1}{4} \times \frac{4}{5} + \frac{3}{4} \times \frac{1}{10})} = \frac{8}{11}$$

スキルを高めるための学習ポイント

- 事前確率と事後確率(条件付き確率)の意味を理解し、ベイズの定理の数式を覚えましょう。
- ベイズの定理を用いて、事後確率(条件付き確率)を実際に計算できるようにしましょう。

DS28 分析、図表から直接的な意味合いを抽出できる（バラツキ、有意性、分布傾向、特異性、関連性、変曲点、関連度の高低など）

データ処理を施し、集計表・可視化を実行して得られた結果を報告する際には、データから読み取れる客観的な事実と、それがなぜ起きているのかの考察・仮説を記載します。ビジネスにおける課題解決のシーンではさらに、それに対して次にどのようなアクションをするかも提案していきます。

「直接的な意味合い」とは、集計表や図表から読み取れる客観的な事実のことです。下図は、東京都新型コロナウイルス感染症の発症日別陽性者数の時系列推移です(DS73参照)。グラフから読み取れる「直接的な意味合い」にはどのようなものがあるでしょうか。

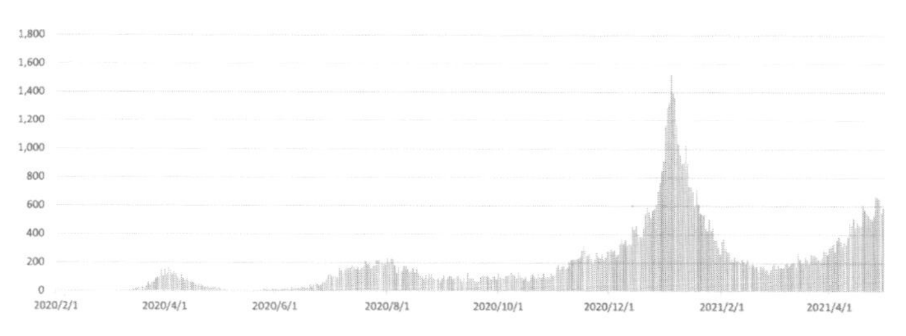

東京都における新型コロナウイルス新規陽性者数（東京都福祉保健局公開データより作成）

これを見ると、2020年の4月と8月、そして2021年1月と4月に、上昇のピークがあります。また、法則性としては、約4ヶ月ごとの周期性があるように見てとれます(DS73参照)。「直接的な意味合い」としての報告は、これらの事実を挙げるとよいでしょう。

ビジネスにおける課題解決のシーンにおいては、それらの「直接的な意味合い」からさらに、「なぜそれが起きているのか」を考察します。そして、検証する計画を立てて深掘りし、データに潜む事実を読み取っていきます。

深掘りを行うためには、考察して仮説を構築するスキルが求められます。そのためには、「直接的な意味合い」を正確に読み取り、網羅的に挙げることが第1歩となります(DS105,134参照)。

スキルを高めるための学習ポイント

- 集計表やグラフから読み取る事実として、どのようなものがあるかを理解しましょう。
- 直接な意味合いを抽出するのは、データの意味を理解し、正確にかつ網羅的に抽出するためであることをしっかり理解しましょう。

スキルカテゴリ 科学的解析の基礎　サブカテゴリ 洞察

DS29 想定に影響されず、数量的分析結果の数値を客観的に解釈できる

仮説検証型のデータサイエンスのプロジェクトでは、達成しようとする目的に対し、あらかじめいくつかの仮説を立てます。その仮説について集計・分析した結果から、さらなる仮説を立てて結論を導き出していくわけですが、想定と著しく異なる結果が導かれることもよくあります。想定と異なると、期待通りの結果が出るまであらゆる分析軸で繰り返し分析を実行したり、恣意的に結果を導き出したくなったりすることもあるでしょう。しかし、想定外の結果が出たときこそ冷静に数値を見る必要があります。そこには、価値ある情報が含まれていることも多いからです。

衣類から家具、食品など、あらゆるものを販売しているカタログ通販のケースを考えてみましょう。このケースでは、企業のデータを用い、購入頻度も購入総額も高い「ロイヤルカスタマ」と呼ばれる上位顧客がどのような顧客なのか、購入している商品にどのような傾向があるのかを分析しました。当初は、全体の会員のうち95%が女性であることから、ロイヤルカスタマもほとんどが女性であると想定していました。また、全体ではワンピースなどの洋服がよく購入されているので、ロイヤルカスタマも同じ傾向だと予想していました。しかし解析の結果、ロイヤルカスタマの半数が男性で、購入している商品は女性ものの下着や肌着などであることがわかったとします。

集計ミスを疑い確認しても、購入回数や購入額の閾値を見直しても、この傾向には変わりがありません。データは真実を示しており、客観的な事実として受け止めねばなりません。この想定外の結果を冷静に紐解くためには、「そもそも会員の男性がどのような方々なのか」ということを、数値で把握しようという発想が生まれます。そこで会員データを確認すると、その大半は決済方法をクレジットカードにしていました。クレジットカードは、名前と性別が一致しなければシステムでエラーが起こります。ロイヤルカスタマの半数を占める「男性」は、配偶者名義のクレジットカードを利用するために、性別を男性で登録した方々だったのです。

想定外の結果が出たときに、数値を冷静に見たうえで物事を多角的に考えることが、データサイエンティストとしての基本的な姿勢です(DS67参照)。また、そのようなときにこそ、発見やひらめきが生まれるということも忘れないようにしましょう。

● スキルを高めるための学習ポイント

- 常にデータドリブンに、冷静に分析結果を見ることの重要性を理解しましょう。
- 想定外の結果が得られたときに、その周辺のデータを洞察する意識を持ちましょう。

DS31 適切なデータ区間設定でヒストグラムを作成し、データのバラつき方を把握できる

ヒストグラムとは、データがとる値を複数の区間に分割し、各区間にはいるデータの数を棒グラフで示したものです。データの分布状況を視認する方法です。

例えば、48人分の50点満点の成績スコアがあったとします。平均点は40.4点、中央値は40点、標準偏差は6.1点です(DS12, 13参照)。しかし、これらの基本統計量だけを見ても細かい点が確認できません。また、48人分のデータを一つひとつ確認していては、全体の傾向がすぐには把握できません。そこでデータのばらつきを見るため、ヒストグラムを描きます。

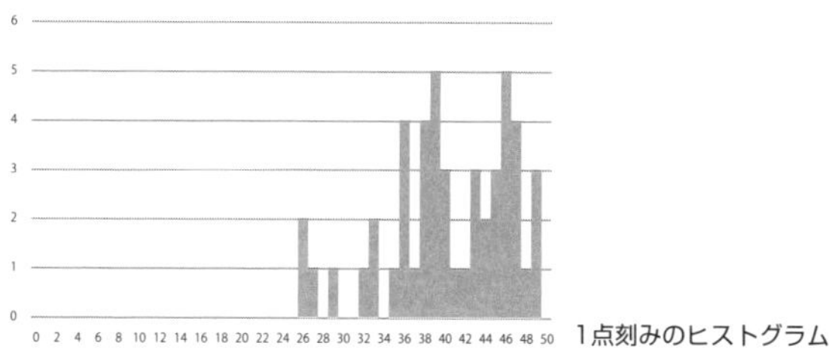

1点刻みのヒストグラム

このグラフの横軸は点数、縦軸は度数を表しています。グラフを見ると左半分にデータがないので、全員が半分以上の点数を取っていることがわかります。また、39点と46点に最も人数がいます。そこで次は、5点刻みのヒストグラムを描いてみます。

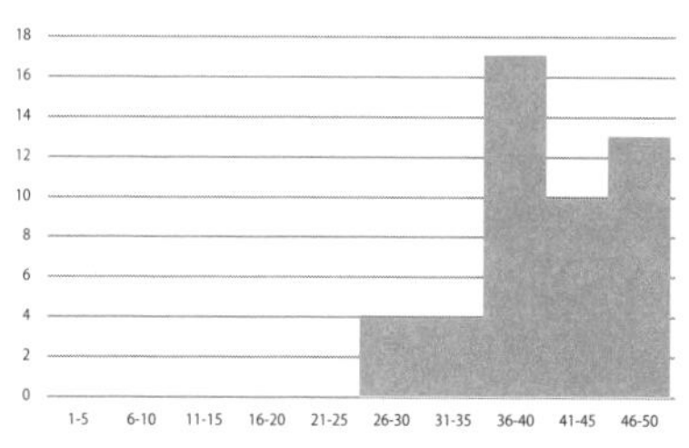

5点刻みのヒストグラム

すると、46～50点より36～40点の方がやや多いことがわかります。ヒストグラムは通常、各区間の幅が均等であるため、データのばらつきを確認するのに有効です。

スキルを高めるための学習ポイント

- ヒストグラムでできることと注意点を理解し、描けるようにしましょう。

DS32 適切な軸設定でクロス集計表を作成し、属性間のデータの偏りを把握できる

2つの因子(属性)をもつデータをかけ合わせて度数を集計したものを、**クロス集計表**といいます。

例えば、次のような92人の塾の生徒のデータがあったとします。このデータには学校(エリア)・クラスとその人のスコア(20点満点)が入っています。このデータの学校(エリア)・クラスごとの人数、平均スコアをクロス集計表で表します。

学生ID	学校 A校=1,B校=2	学校内 クラス(組)	点数
A20002035	2	1	13
A20002036	1	1	9
A20002037	2	1	9
A20002038	1	1	12
A20002039	1	1	14
A20002040	2	1	14
A20002041	2	1	14
A20002042	2	1	11
A20002043	1	1	10
A20002044	1	1	13

人数	クラス			総計
	1組	2組	3組	
A校(1)	12	14	18	44
B校(2)	18	17	13	48
総計	30	31	31	92

平均点数	クラス			平均
	1組	2組	3組	
A校(1)	11.8	10.6	13.3	12.0
B校(2)	11.5	12.1	12.8	12.1
平均	11.6	11.5	13.1	12.0

クロス集計表

左のクロス集計表は人数です。A校では3組、B校では1組と2組に人数が偏っていることがわかります。また右の平均スコアのクロス集計表では、A校の2組が他よりもやや低いことがわかります。このように、2つの属性を持つデータは、クロス集計表を使うことで素早く傾向をつかむことができます。Excelではピボットテーブルを使えば、簡単にクロス集計表を作成することができます。

スキルを高めるための学習ポイント

- クロス集計表でできることを理解しましょう。
- 2つの属性を持つデータからクロス集計表を作ってみましょう。

DS33　量的変数の散布図を描き、2変数の関係性を把握できる

2つの量的変数を持ついくつかのデータがあったとき、その関係性を一度に把握するために散布図を用います。例えば、以下に示す都道府県別の人口(2018年度)と面積のデータを利用して、各都道府県の状況を把握するために散布図を描いてみます。散布図の横軸は人口、縦軸は面積です。

都道府県名	人口	面積
北海道	5,286,000	83,456
青森県	1,263,000	9,607
岩手県	1,241,000	15,279
宮城県	2,316,000	7,286
秋田県	981,000	11,612
山形県	1,090,000	9,323
⋮	⋮	⋮

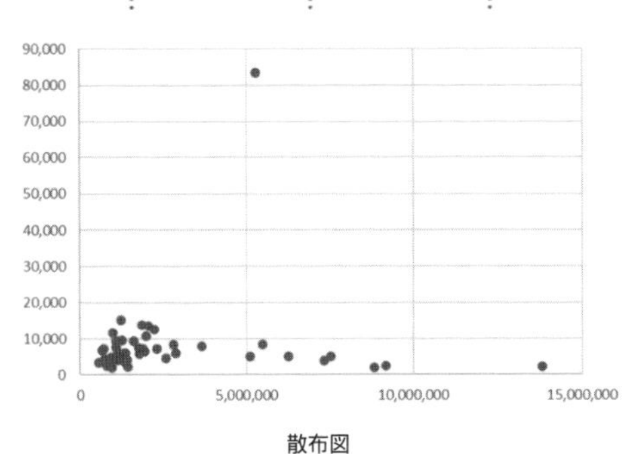

散布図

散布図を見ると、北海道は人口に対して面積が非常に大きいことがわかります。このような場合、北海道だけ外して再度散布図を書き直すことで、新たな特徴を見つけられる可能性もあります。

このように、散布図を使うことで都道府県ごとの人口と面積の関係性を一度に把握でき、特徴を見極めることができます。Excelでも簡単に散布図が作成できますので試してみましょう。

● スキルを高めるための学習ポイント

- 2つの量的変数を持つデータの関係を把握する方法を理解しましょう。
- 実際にExcelを使って散布図を作成してみましょう。

DS44 点推定と区間推定の違いを説明できる

統計学には、記述統計学と推測統計学があります。

記述統計学とは、特定の集団におけるデータを、表やグラフ、平均・分散・相関係数などの統計量から読み解いて考察するものです(DS18参照)。

一方、**推測統計学**とは無作為に集めたデータから母集団の特徴や情報を推測する統計学であり、視聴率や選挙の当選確率は推測統計学を使って出されたものです。

推測統計学は、母集団のサイズが非常に大きくすべてを調査するには費用や手間がかかるような場合に、無作為に抽出した標本(サンプル)を手がかりに母集団全体を推測するために用いられます。推定には点推定と区間推定があります。点推定は、平均値などのたった1つの値で推定結果を示すことです。例えば、標本の平均値を母集団の平均値(母平均)とする推定方法です(DS14参照)。1つの値であるため、点推定だけでは推定の誤差がわかりません。

一方、区間推定は、平均値などをある区間でもって推定する方法です。例えば、標本からある区間(A,B)を計算し、母集団も区間(A,B)に入っていると考える推定方法です。母集団の値が区間に収まる確率を**信頼度**、または信頼水準や信頼係数と呼びます。一般的に、信頼度の値としては、90%、95%、99%がよく用いられます。

信頼区間は、信頼度に応じた推定結果の区間です。例えば、母平均の99%信頼区間は(A,B)、視聴率の95%信頼区間は(A,B)というように表現します。信頼度が同じ場合、信頼区間(AとBの幅)が広いということは、真の値が対する確信があまり持てないということを、逆に信頼区間が狭いということは、推定の精度が高いことを意味します。

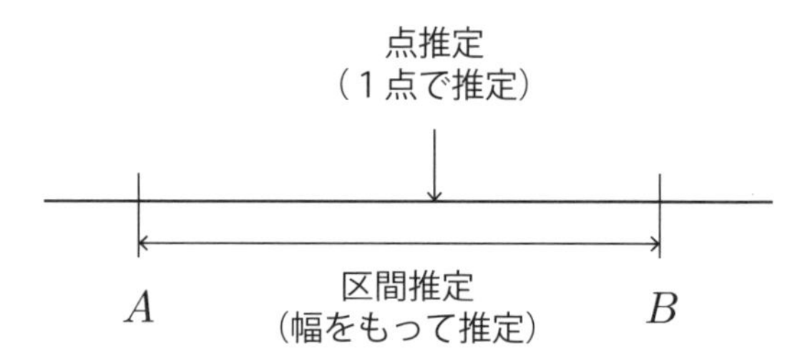

● スキルを高めるための学習ポイント

- 推測統計で使われる推定方法を挙げてみましょう。
- 2つの推定方法の例を挙げてみましょう。

DS45 統計的仮説検定において帰無仮説と対立仮説の違いを説明できる

検定とは、母集団の特性についての予測(仮説)が正しいか否かを標本データから判断する方法です。もし母集団の全データを持っている場合、結果は明確なので検定をする必要はありません。あくまでも入手できている標本データから、自分が立てた仮説の是非を検証する方法が検定です。

検定は以下の手順で進め、仮説が正しいことを検証します。

①主張を否定する仮説を考える
②主張したい仮説を考える
③否定したい仮説が正しいとしたら、とても珍しいことが起きたことを示す

例えば、ある数字(例えば3)の出現頻度に違和感があるさいころがあるとします。

まず、否定したい仮説を考えてみましょう。さいころの3の目が出る確率は本当ならば1/6ですので、①の否定したい仮説は「さいころの3の目が出る確率は1/6である」となります。この否定したい仮説のことを帰無仮説と呼びます。次に②の主張したい仮説は「さいころの3の目が出る確率は1/6ではない」ということになります。この主張したい仮説のことを対立仮説といいます。検定ではその後、①の帰無仮説が正しいという仮定のもとで得られた標本データから、その仮定がどれだけ正当でないかを確認する作業③に入ります。もし、その仮定が成立することが極めて珍しいと示せたら、帰無仮説を棄却し対立仮説を採択します。統計の言葉を使って、あらためて手順をまとめると次のようになります。

①帰無仮説を立てる
②対立仮説を立てる
③帰無仮説を棄却する

● スキルを高めるための学習ポイント

- 検定の手順・流れを理解しましょう。
- 帰無仮説、対立仮説とは何か理解しましょう。

スキルカテゴリ 科学的解析の基礎　サブカテゴリ 推定・検定

DS46 第1種の過誤、第2種の過誤、p値、有意水準の意味を説明できる

前の項目(DS45参照)で学んだ検定の手順のうち、ここでは「③帰無仮説を棄却する」という点を詳しく見ていきます。③は、次の手順にさらに細かく分解できます。

③-1 棄却する水準を決める
③-2 標本データを収集する
③-3 統計的仮説検定を行い、結果帰無仮説を棄却する(または棄却できなかった)

③-1の棄却する水準のことを**有意水準**といいます。有意とは、「その水準(確率)よりも小さいならば、偶然ではなく必然だという意味が有る」ということです。有意水準は慣例的に5%か1%が利用されます。

有意水準を超えていないか判断する指標がp値です。**p値**とは、帰無仮説が正しいという仮定の下で、標本データから計算した値よりも極端な統計値が観測される確率のことです。例えばp値が0.0482… (4.82…%)の場合、有意水準を5%とすると5%よりも小さいため、帰無仮説を棄却し対立仮説が採択されます。逆にp値が0.0621… (6.21…%)の場合、帰無仮説は棄却できないため、帰無仮説を受容します。

③-3統計的仮説検定は、あくまで確率的に判断するため、「過ち」を犯す危険があります。過ちは次の2種類に分類できます。

A. 帰無仮説が正しいにもかかわらず、それを棄却してしまう過ち
B. 帰無仮説が誤りにもかかわらず、それを棄却できない過ち

Aのことを**第1種の過誤**、Bのことを**第2種の過誤**と呼びます。特に第2種の過誤を犯す確率をβとすると、$1-\beta$のことを**検定力**と呼びます。検定力が低い状況で統計的仮説検定を行うことは、あまり適切ではなく、気をつけるようにしましょう。

● スキルを高めるための学習ポイント

- 統計的仮説検定において、基準となる有意水準を正しく理解し、有意水準とp値を比較することで帰無仮説を棄却する/採択する流れをつかみましょう。
- 第1種の過誤と第2種の過誤について理解しておきましょう。

DS47 片側検定と両側検定の違いを説明できる

検定とは、「帰無仮説が棄却される」ことで確率論的に主張の妥当性を正当化する方法ですが、帰無仮説の立て方によって、片側検定と両側検定に分類することができます(DS45参照)。

コインを投げて表裏をあてるゲームを行ったとき、「表が出やすいのでは？」と感じたとします。友達にそのことを伝え、納得してもらうために統計的仮説検定を行うことを考えてみましょう。帰無仮説は、「表裏の出る確率は等しい」です。では対立仮説は何になるでしょうか。「表裏の出る確率は等しくない」とすることもできますし、「表が出やすい」とすることもできます。この2つには大きな違いがあります。

まず、「表裏の出る確率は等しくない」は、「表の出る確率≠0.5」ということになります。一方で、「表が出やすい」というのは、「表の出る確率＞0.5」になります。ここでは、10回中何回表が出たかを確認する実験を100回行ったとします。グラフのx軸は表が出た回数、y軸は該当する頻度を表し、対象となる棄却域(有意水準を超えた領域)を色で示しています。

対立仮説を「表裏の出る確率は等しくない」としたときの棄却域は「表の出る確率≠0.5」ですので、左の図のように両側にあることになります。このような場合を、**両側検定**と呼びます。一方、対立仮説を「表が出やすい」としたときの棄却域は「表の出る確率＞0.5」ですので、右の図のように片側だけになります。このような場合を、**片側検定**と呼びます。

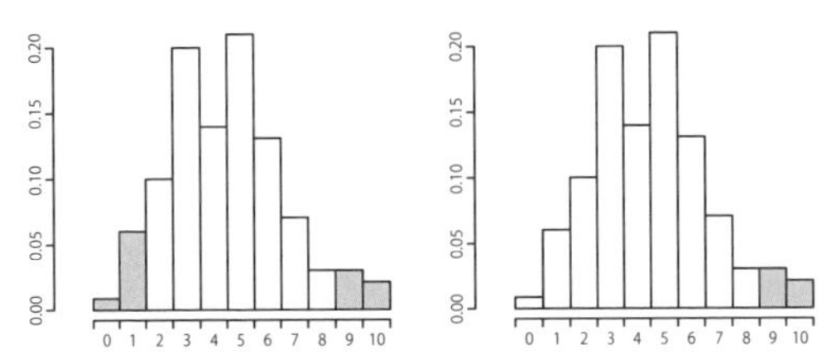

両側検定(左)と片側検定(右)

対立仮説の設定により検定結果は大きく変わります。設定した対立仮説を示すための統計的仮説検定が両側検定なのか、片側検定なのか見極める必要があります。

スキルを高めるための学習ポイント

- 片側検定と両側検定の違いを理解しましょう。
- 2種類の検定がそれぞれどのようなときに利用されるかを理解しましょう。

スキルカテゴリ 科学的解析の基礎　サブカテゴリ 推定・検定

DS48 検定する対象となるデータの対応の有無を考慮した上で適切な検定手法（t検定, z検定など）を選択し、適用できる

検定のなかでもポピュラーなものが、2群の平均値の差の検定です。そして、2群の平均値の差の検定には、母分散が既知か未知か、標本集合どうしに対応があるデータか対応がないデータかによって使う検定手法が違います。

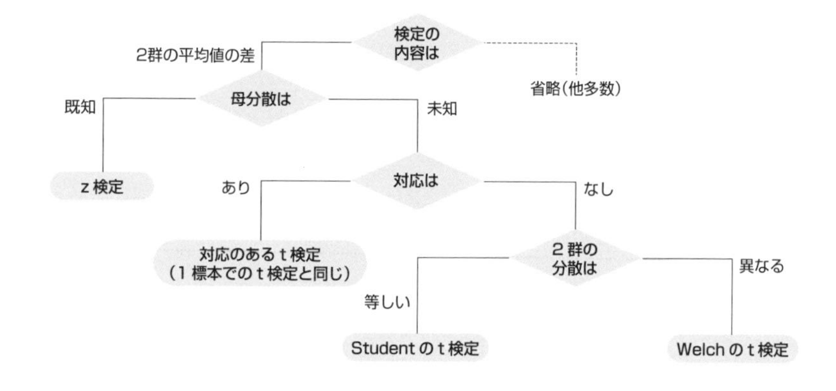

2群の平均値の差の検定

例えばダイエットプログラムに参加する前の体重と、参加した後の体重の差を見て、プログラムの効果を説明する場合を考えます。2つの体重のデータは測定対象が同じ人で、測定する時間が異なるだけですので、「対応があるデータ」となります。

一方、ある小学校のA組の平均点とB組の平均点に差があることを説明する場合を考えます。A組とB組は異なる対象から抽出されたデータですので、「対応がないデータ」となります。

まず「対応があるデータ」における2標本の検定です。これは対応するデータどうしの差（2群の差）が0かどうかについての検定ですので、1標本の検定と同じです。帰無仮説は、「ダイエットプログラム前後の体重は等しい（前後の体重の差は0である）」となります。対立仮説は、「ダイエットプログラムによって体重に差があった（前後の体重の差は0ではない）」とした場合は、両側検定になります（DS47参照）。一方、対立仮説を「ダイエットプログラムによって体重が減った（前後の体重の差は0よりも大きい）」としたときは、片側検定になります。

2つの母集団の母平均の差の検定にはt検定を用います。母集団は正規分布に従うと仮定し、検定統計量Tを求めます（DS19参照）。T値は次の式で求めることができます。

$$T=\frac{\bar{X}-\mu}{\sqrt{\frac{s^2}{n}}}$$

（$\bar{X}$：標本平均、μ：母平均（ここでは0）、s^2：不偏分散、n：標本のサンプルサイズ）

Tは自由度$n-1$のt分布に従うため、5%水準で見たとき、T値が棄却域に入っているかで棄却できるかどうかを判断します。

次に「対応がないデータ」における2標本の検定です。帰無仮説は、「A組とB組の平均点は等しい」となり、対立仮説は、「A組とB組の平均点には差がある」となります。この場合もt検定を用いますが、検定統計量Tの算出方法は対応があるデータの場合とは異なります。

$$T=\frac{\bar{X}_A-\bar{X}_B}{\sqrt{s^2\times\left(\frac{1}{n_A}+\frac{1}{n_B}\right)}}$$

（$\bar{X}_A$, $\bar{X}_B$：A組/B組の標本平均、s^2：不偏分散、n_A, n_B：A組/B組のサンプルサイズ）

ここで算出したTは自由度n_A+n_B-2のt分布に従うため、5%水準で見たとき、T値が棄却域に入っているかで棄却できるかどうかを判断します。対立仮説は、「A組とB組の平均点には差がある」つまり「平均点の差≠0」ですので、両側検定で行います。

このように対応があるデータと対応がないデータでは、同じt検定を行うにも検定統計量Tの求め方が異なることがわかります。

ここまで説明してきたt検定は**スチューデントのt検定**と呼ばれ、2つの母集団の分散が等しいことを前提にしています。もし2つの母集団の分散が異なる場合は、**ウェルチのt検定**を使います。そのため、t検定の前に、2つの母集団の分散が等分散であるかを調べる**F検定**が行われます。F検定は実験などの分析で使われる分散分析で使われる重要な検定になります（DS83参照）。

さらに、t検定は母分散が未知であることを前提としています。母分散が既知である場合は**z検定**を使います。

● スキルを高めるための学習ポイント

- 対応があるデータと、対応がないデータの違いを理解しましょう。
- （スチューデントの）t検定、ウェルチのt検定、F検定でできること、その前提条件を理解しましょう。

スキルカテゴリ 科学的解析の基礎　**サブカテゴリ** アソシエーション分析

DS51 条件Xと事象Yの関係性を信頼度、支持度、リフト値を用いて評価できる

データに潜むパターンを把握する方法として、条件と事象の共起性・関係性を把握することがしばしば行われます。

まず共起性を測るために共起頻度を把握します。共起頻度とは以下のベン図にあるように、両方の事象が起きている数を指します。

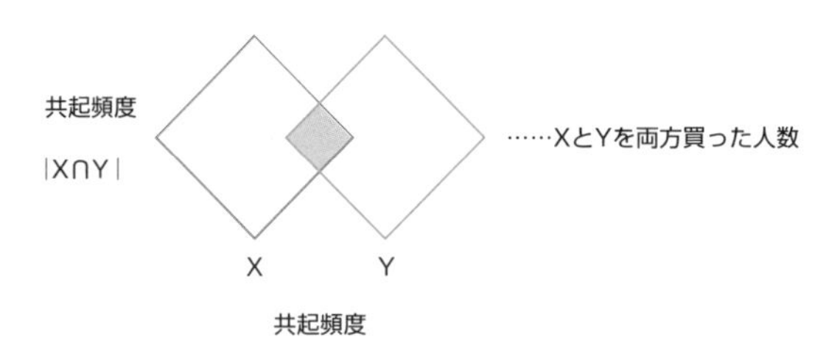

共起頻度

次に、信頼度(Confidence)、支持度(Support)、リフト値(Lift)を用いて関係性を把握します。

信頼度は、事象Xが起こったという条件下で、事象Yが起こる割合を表します。これは、事象同士の結びつきを表現する最も単純な手法です。次に支持度は、全事象の中で、事象Xと事象Yが同時に起こる回数、すなわち共起頻度の割合を表します。

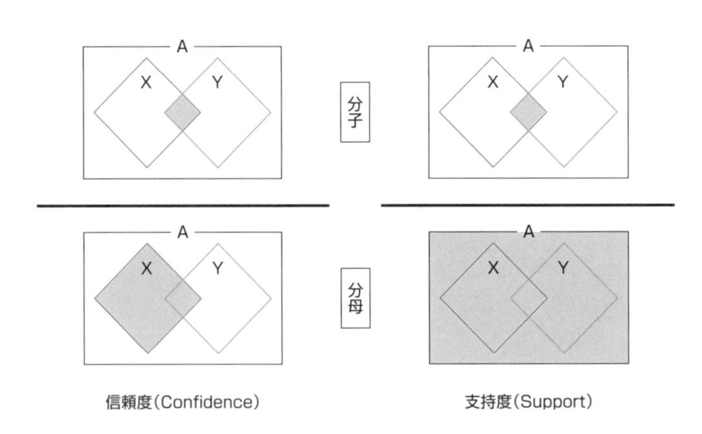

信頼度(Confidence)　支持度(Support)

リフト値は、事象Xが起こったという条件の下で事象Yも起こる確率を、事象Yが起こる確率で割った割合を表します。よって、リフト値は、「ある特定の条件(X)の下でYが起こる確率は、何も条件がない中でYが起こる確率よりどの程度高いか」を示していることがわかるでしょう。

リフト値など、ここで紹介した値は、**アソシエーション分析**と呼ばれる教師なしの機械学習の手法で用いられます。例えば、通販サイトにおける「Xを買った人は、Yも買っている」発見をもとにした**レコメンド**として用いられています。

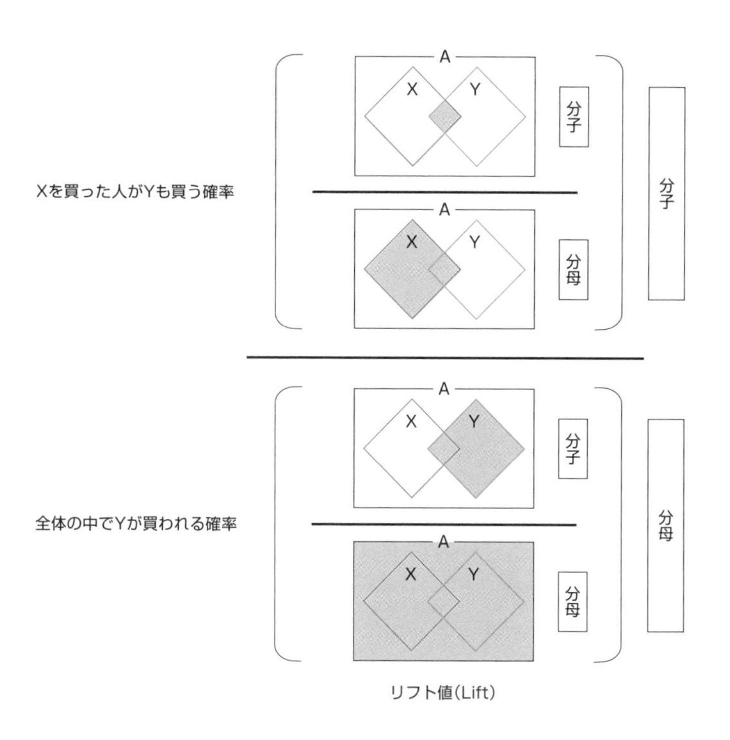

リフト値(Lift)

レコメンドと共起頻度の指標の大きな違いは、*X*と*Y*に方向性があることです。共起頻度の指標は、*X*と*Y*を入れ替えることができますが、レコメンドは、*X*と*Y*に方向性があります。例えばシリーズ物の書籍で、上巻を起点して下巻が共起するのは意味があるレコメンドです。しかし反対に、下巻を起点とすると、ルールとしてはどうでしょうか。事象としてはデータ上発生しますが、レコメンドのアルゴリズム上はフィルタリングしたほうがよいでしょう。

それぞれの値の計算方法と意味を把握し、データの取得背景も考慮することで、把握したルールの中から価値のあるルール(パターン)を見出すことができるようになります(DS67,72参照)。

スキルを高めるための学習ポイント

- 共起頻度と信頼度・支持度・リフト値の概念を理解しましょう。
- レコメンドに用いる場合、順番の考慮が必要なケースがあることを知っておきましょう。

ver.5新設
頻出

DS53　ある特定の処置に対して、その他の変数や外部の影響を除いた効果を測定するためには、処置群(実験群)と対照群に分けて比較・分析する必要があることを知っている

データサイエンスの世界では、特定の処置や施策が目的とする効果をもたらしているかを評価するために、処置群(実験群)と対照群による比較分析が広く用いられています。しかし、このアプローチを適切に実施することは、多くの緻密な計画と注意を要します。間違った実験計画の例を含めて、このプロセスの重要性を確認してみましょう。

正しい実験計画の例

考えられる具体例として、ある新しいオンライン教育ツールが学生の数学の成績に与える効果について調査する場合を挙げます。研究者は学生を二つのグループにランダムに割り当てます(ランダム割付)。一つは新しいツールを使用する処置群、もう一つは従来の学習方法を続ける対照群です。数ヶ月間の使用後、両グループの数学の成績を比較し、新しいツールの効果を評価します。この場合、ランダム化によって他の要因(例えば、学生の学習意欲や背景)が結果に与える影響を平均化し、ツール自体の効果をより正確に測定できます。ランダム割付は、群の総体として処置群と対照群の背景的要因の釣り合いをとるようにする意味があり、正しい実験計画のためには必須のステップだと理解する必要があります。

間違った実験計画の例

一方で、間違った実験計画の例としては、新しい食生活プログラムが健康に与える影響を評価する研究を考えてみましょう。研究者がプログラムに興味を示した人々を処置群とし、興味を示さなかった人々を対照群として選んだ場合、この計画には大きな問題があります。参加を希望した人々は、もともと健康に対する意識が高いか、何らかの変化を求めている可能性があり、これらの初期の差異が結果に影響を及ぼす可能性があります。このようなランダム化されていない割り当ては、プログラムの効果の正確な測定を困難にします。

実験の分析段階では、データの統計的処理を通じて、処置が有意な効果を持つかどうかを判断します。しかし、実験計画が不適切であれば、分析結果の解釈に誤りが生じる可能性があります。例えば、上記の食生活プログラムの研究では、プログラム参加者の健康が改善されたとしても、それはプログラムの効果ではなく、参加者の初期の動機や生活習慣の違いによるものかもしれません。

実験計画の課題には、選択バイアスや潜在的な交絡因子を管理することが含まれます。これらの課題に対処するためには、ランダム化された実験を行うことが基本です。これをランダム化比較実験と言います。しかし、実際には、全ての状況でランダム化実験を行うことは不可能または倫理的に許されない場合があります。そのような場合、傾向スコアマッチング、統計的調整、または因果推論のための高度な統計モデルなど、他の手法を用いてバイアスや交絡因子の影響を最小限に抑える試みが必要になります。

処置群と対照群を用いた比較分析は、処置や施策の効果を評価する際の強力なツールですが、その有効性は実験計画の適切さに大きく依存します。適切なランダム化プロセス、交絡因子の管理、そして厳密な分析手法の適用により、データサイエンティストは因果関係のより確かな推論を行うことができます。しかし、実験計画における誤りは結果の解釈を誤らせ、誤った結論に導く可能性があります。したがって、データサイエンスを学ぶ学生やフィールドで活動するプロフェッショナルは、科学的な厳密さと倫理的な配慮を持ってこれらの実験計画の原則を実践する責任があります。正確なデータと信頼性の高い分析を通じてのみ、真の因果関係の解明と、より良い意思決定を促進することが可能になります。

● スキルを高めるための学習ポイント

- 正しい効果検証を行えるようにするために、ランダム化比較実験の仕組みを理解しておきましょう。

スキルカテゴリ 科学的解析の基礎　サブカテゴリ 因果推論

DS54　ある変数が他の変数に与える影響（因果効果）を推定したい場合、その双方に影響を与える共変量（交絡因子）の考慮が重要であると理解している（喫煙の有無と疾病発症の双方に年齢が影響している場合など）

1. 交絡因子（共変量）

ある変数が他の変数に与える影響を知りたい場合、影響を受けると仮定する変数をアウトカム、影響を与えると仮定する変数を要因（介入変数、暴露因子）と呼びます。このとき、以下の条件を満たす因子を一般に交絡因子と呼びます。日本疫学会は、その条件を次のように定義しています。

1）アウトカムに影響を与える
2）要因と関連がある
3）要因とアウトカムの中間因子でない

出典：一般社団法人日本疫学会「疫学用語の基礎知識」(https://jeaweb.jp/glossary/glossary014.html)

中間因子とは、要因とアウトカムの中間に存在する因子を意味します。3）は、「要因が中間因子に影響し、中間因子がアウトカムに影響する」といった構造になっていないことが、交絡因子である条件の一つであることを意味しています。

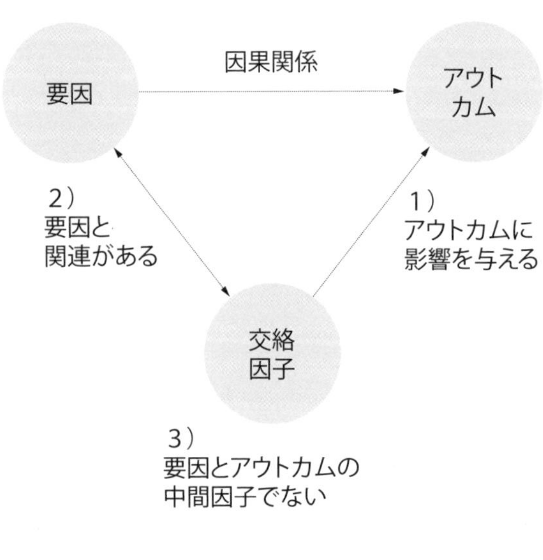

交絡因子の3つの条件

2. 交絡因子の考慮の重要性

こちらの説明も、日本疫学会の例を紹介します。

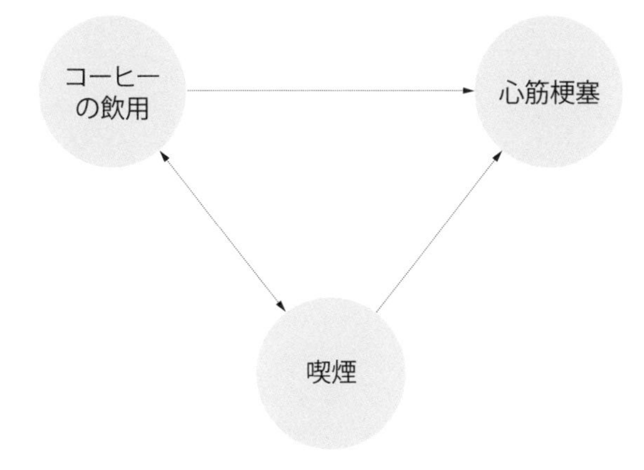

コーヒーの飲用と心筋梗塞の関連について、喫煙が交絡因子となった研究の例

前提として、心筋梗塞と喫煙に関連があることは自明とします。「コーヒーの飲用が心筋梗塞に影響を与える(因果効果がある)」と仮説を立て実験をしたとき、喫煙は、心筋梗塞に影響を与え(条件1)、コーヒーの飲用集団に喫煙者の割合が高く(条件2)、中間因子として、コーヒーの飲用によって喫煙者となり、結果的に心筋梗塞なるとは考えにくい(条件3)。この交絡因子である喫煙によって、コーヒーの飲用が心筋梗塞に影響を与える(因果効果がある)と誤認する可能性があります。

このように、因果を考察するにあたって、交絡因子がないかを十分に検討することは重要です。

参考:一般社団法人日本疫学会「疫学用語の基礎知識」(https://jeaweb.jp/glossary/glossary014.html)

● スキルを高めるための学習ポイント

- 相関と因果は異なることを常に念頭に置き、なぜ関連が見られたのかを考えるようにしましょう。
- 本当に因果関係があるのかを常に疑うクリティカルな態度を意識しましょう。

スキルカテゴリ 科学的解析の基礎　サブカテゴリ 因果推論

DS55 分析の対象を定める段階で選択バイアスが生じる可能性があることを理解している（途中離脱者の除外時、欠損データの除外時など）

選択バイアスとは、分析対象者として選ばれた人（グループ）と選ばれなかった人（グループ）の間に存在する特性の違いによって生じる系統的な誤差を意味し、選択バイアスが存在するとデータ入手時点ですでに歪みが発生していることになります。選択バイアスには、脱落バイアス、欠測データバイアス、自己選択バイアスなどがあります。以下にそれぞれ紹介します。

1. 脱落バイアス

時間的な追跡があるデータにおいて、途中にその対象者が離脱してしまった場合に生じるバイアスです。例えば、離脱の原因の多くが体調不良だった場合、健康な人のみが対象者として残ってしまい、分析に影響を与える可能性があります。

2. 欠測データバイアス

欠測を含むデータか否かによって、データ入手時点ですでに歪みが発生してしまうバイアスを指します。例えば、質問に回答してくれる人とそうでない人の間で質問内容に関して背景や傾向に違いがあるケースです。

3. 自己選択バイアス

治験などの被験者募集において、健康に自信がある人や疾患に関心が高い人が多く集まってしまうなど、参加者の意志が入り込み被験者集団の形成時点ですでに歪みが発生してしまうバイアスを指します。

スキルを高めるための学習ポイント

- ここで紹介した3つの選択バイアス以外にもさまざまな選択バイアスがあり、また選択バイアス以外のバイアスも存在しています。分析の対象とするデータを決める時点で、歪みが発生する恐れがあることそのものを正しく認識することが重要です。

スキルカテゴリ データの理解・検証　サブカテゴリ データ確認　頻出

DS61 単独のグラフに対して、集計ミスや記載ミスなどがないかチェックできる

データサイエンスのプロジェクトには、「データを集計して可視化→意味合いを考える→新たな仮説で別の切り口から集計して可視化」というサイクルを繰り返します。もしそこで集計仕様(どの変数をどのような条件で抽出し、値を求めるか)どおりに結果が出ていなければ、どのような分析を行っても価値創出にはつながりません。

1万人の会員がいる店舗で、ポイントカードのデータを集計しているケースを考えてみましょう。「会員ごとに直近のポイント獲得日を集計し、日別に描画したグラフ」として、以下を受け取りました。

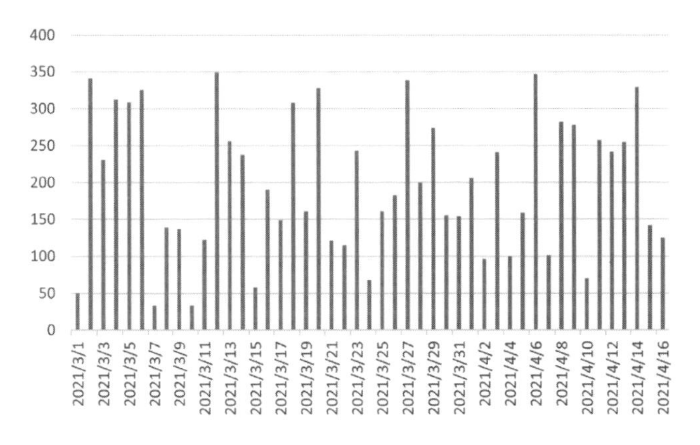

集計結果として最初に受け取ったグラフ

本来、直近のポイント獲得日を集計した場合、2回、3回と複数回獲得をしている顧客は日付がより新しい方に位置されるため、グラフは「獲得日」の最も新しい日付から古くなるにつれて人数が減っていく形状になることが想定できます。しかし、このグラフは人数が減っていません。

ここで「何かが誤っているのではないか」と気付いて確認すると、「顧客IDごとの直近の獲得日」ではなく、「獲得日ごとの顧客IDの数」を集計した結果であることがわかりました。つまり、可視化したことによって、集計仕様の誤りに気付くことができたというわけです。「顧客IDごとの直近の獲得日」で再集計した結果、グラフは次のように当初予定した結果に近い形状になりました。

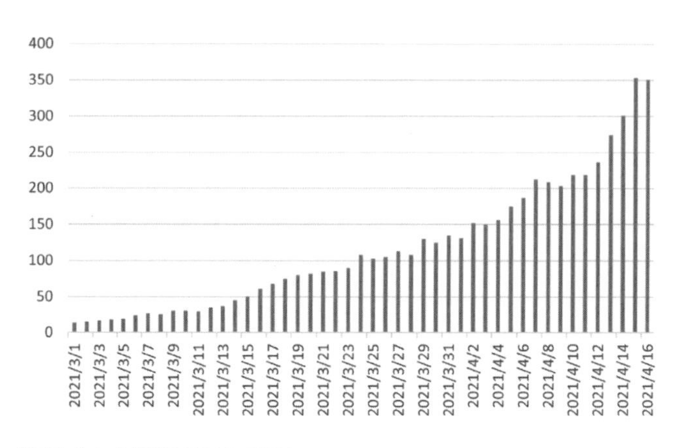

直近のポイント獲得日の正しいグラフ

このように集計ミスに気付くためにも、データを1件ずつ眺めるだけでなく、可視化することも重要です。そして、可視化した結果とそのデータの背景や商習慣、いわゆるビジネスドメインに関する知識を持っていることで、より一層集計ミスに気づくことが可能です。

一般的に集計ミスをしやすいケースを以下に挙げておきますので、参考にしてください。

・(先述したような)集計条件の間違い
・データの欠損や外れ値・異常値をそのまま集計(DS87参照)
・単位を間違えているデータが混在(他国の通貨単位や万円と百万円の混在など)
・排除すべきデータ重複を排除できていない
・データの結合方法を誤り、間違ったデータで集計している
・集計する日時がずれている(システムが記録している時間のズレ)
・データ収集元のシステムやセンサーの変更(BIZ88,DS67参照)
・集計するKPI(重要な業績指標)の数式を間違えている

スキルを高めるための学習ポイント

- 可視化されたグラフから、元となるデータセットのイメージを想起してみましょう。
- ありがちな集計ミスについて、どのようなものがあるかを調べたり周囲に聞いたりしてみましょう。

スキルカテゴリ データの理解・検証　サブカテゴリ データ確認　頻出

DS62 データ項目やデータの量・質について、指示のもと正しく検証し、結果を説明できる

データサイエンスのプロジェクトを実行する際、集められたデータ項目やデータの量、データの質がデータ分析を行うのに十分かどうかは、データ分析を行う前に見極めておく必要があります。このチェックを怠ると、その後の分析の時間を無駄にしかねません。分析用のデータが出揃ったら、以下のような観点でデータが揃っているか確認・検証することになります。

データ項目のチェック	・データ項目にダブりや抜け漏れがなく、揃っているか ・目的変数に対して説明変数の候補となりえるデータかどうか
データ量のチェック	・想定されていた件数のデータが用意されているか ・指定したとおりの期間のデータが揃っているか ・分析に必要な件数が十分揃っているかどうか （機械学習の実行時に十分な学習用／検証用に分割することができるか）（DS169参照）
データ質のチェック	・データに重複がないか ・データの偏りがないか（DS167参照） ・定義どおりのデータが格納されているか （文字型のカラムに数値型のデータが含まれていないかなど）（DS90参照） ・データ項目／カラムごとに欠損はないか、ある場合どの程度か ・サンプルごとの欠損率はどの程度か（DS87参照） ・異常値や外れ値の存在はどの程度か（DS87参照）

分析用データについてチェックする項目の例

この項目例にも挙がっているように、データ項目やデータ量は比較的簡単にチェックができ、かつ、チェック項目が多くないのに対して、データの質のチェックは項目数が多く、また、細かな集計やデータを見る作業が必要となります。

あらかじめ定めた分析目的に対して、十分データが集められているかを判断し、もしデータが不十分な場合は、データ項目や量・質のどの観点でデータが不十分かを説明したうえで、次のステップを検討することになります。一般的には収集したデータで対応するようにデータ加工を行うか、それでは不十分な場合はデータの再取得を依頼することになります。再取得する場合でも、この検証結果を説明することで、収集条件の設定ミスなどを防ぐことができるため、分析用データの事前チェックは重要な作業といえます。

スキルを高めるための学習ポイント

- 量・質が十分でないデータでは、価値ある分析ができないことを理解しましょう。
- 分析目的に即したデータであるかどうかのチェック事項を理解しましょう。

スキルカテゴリ データの理解・検証　サブカテゴリ 俯瞰・メタ思考

DS67 データが生み出される経緯・背景を考え、データを鵜呑みにはしないことの重要性を理解している

データサイエンティストが、世の中の出来事やビジネスで何が起きているかを読み解くには、何よりもデータが重要であり、データがなければ何も始まりません。そこで、集計・分析のためにデータを精力的に集めるわけですが、ただデータを闇雲に集めても、データが生み出された背景やデータが示す意味を理解していなければ、有意義な示唆を導き出すことができず、その行為自体が水泡に帰す可能性が高いです。

そこで収集したデータを分析する前に、データが生み出された背景を考え、ときにそのデータを鵜呑みにせず本当に正しいデータかどうかを確認することが重要です。

例えば、ウェブサイトのアクセスログ解析ツールで見られるアクセス数は本当に全件取得できているかどうか、もし全件ではなくサンプリングしているとしたら、どのような条件でサンプリングしているのかを把握していないと、正しい分析はできません(DS110,167,DE89参照)。また官公庁や自治体が提供するオープンデータは何を集計したものかを正確に把握していないと、間違った使い方や誤った示唆を導きかねません。これらの例は、データが生み出された背景をきちんと調べれば、解決できるものでしょう。

一方で、例えば残業時間の調査のために勤怠管理のデータを集計しようとした際に、出勤時間や退勤時間が1ヶ月間ずっと同じ時間の入力データで揃っていたら、規則正しい生活を送っている人でなければ、おそらく何かしらの理由でデータを修正しているのではないかと考えるのが自然でしょう。また、SNSのデータを分析すると複数の単語の頻出度合いが揃って突出していたとしましょう。それらの単語が人気になっていると考えることもできますが、まとまった文章がリツイートされただけと考えることもできます。

このように、データを分析する以前に分析対象となるデータにはどのような背景があり、どのような性質をもったものかを理解しておくことは、その後の分析の成果を大きく左右します。手元のデータを鵜呑みにせず、データの違和感に気付くために、データの取得元を調べるのはもちろんのこと、先述したようにデータを並べて俯瞰的に見てみることや、過去に類似する事象が起きていなかったかを考えてみることなどを行ってみましょう。

● スキルを高めるための学習ポイント

- 収集したデータが生み出された背景を常に考えるように心がけましょう。
- 収集したデータを鵜呑みにせず、違和感に気付けるよう、時にはデータを俯瞰的に見てみましょう。

DS70 どのような知見を得たいのか、目的に即して集計し、データから事実を把握できる

データサイエンスは試行錯誤、仮説検証の繰り返しです。目的を定め、アプローチを決め、データを収集し、解析し、その結果からさらなる仮説を定めてデータ収集や解析を繰り返し実行する、そのサイクルを繰り返し繰り返し実行することで、最終的な課題解決へと至ります(DS71参照)。そのようなサイクルの中では、切り口を変えてデータを集計することが何度も発生します。

「食事の宅配サービス」の分析を依頼されたAさんの立場で考えてみましょう。「常連顧客をもっと増やすための分析をしたい」と依頼されたAさんは、これを「常連顧客が購入している商品の特徴を把握すればよい」と解釈し、その集計を実行することにしました。

そこで、Aさんは、顧客IDごとの購入金額や購入頻度、直近の利用日、メニューごとの購入数や、配達員ごとの売上金額なども集計しました。一見、これらは必要な集計に思えます。また、このような課題のときに行う集計として、ごく一般的に行うものでもあります。

しかし「常連顧客とは何か」をまず定義するための集計を行わなければ、その他の集計結果も役に立ちません。さらには、データ集計にほとんどの時間を費やしてしまい、本来定めた目的を見失ってしまうということもしばしば起こります。そのような事態に陥りそうになっても、本来の分析目的や得たい結論に向かう集計が行えるかどうかは、データサイエンティストにとって非常に本質的なスキルです。多種多様なデータの組み合わせであっても、また、複雑な集計をしていたとしても、常に本来の目的に立ち返り必要な集計を見極めて実行する必要があります。そのためには、目的を正しく把握しておくことが求められます。

スキルを高めるための学習ポイント

- データ分析は目的ありきであることを理解しましょう。
- 目的によって集計仕様が変化することを理解しましょう。

スキルカテゴリ データの理解・検証　サブカテゴリ データ理解　頻出

DS71 データから事実を正しく浮き彫りにするために、集計の切り口や比較対象の設定が重要であることを理解している

データ分析において集計の切り口や比較対象を決めることは、データから価値を見出すために非常に重要なデータ分析のプロセスと言えます(DS105参照)。

Step1	Step2	Step3	Step4
データ確認 データ構造把握	データクレンジング データ加工／整形	**基本集計 (各種クロス集計)**	詳細分析(モデル作成、 機械学習の実行)

データ分析のプロセス

アパレル通販におけるデータ分析の例で考えてみましょう。「プロモーションが売上にどのように影響しているか？」を解き明かすという分析目的の場合、何と何を比較し、どのように集計すればよいでしょうか。

目的は「プロモーションによる影響」ですので、プロモーションに関する情報(いつ・どのような内容でプロモーションが実行されたか)が、集計の切り口としてまず挙げられるはずです。そのほかにも、性別や年代など顧客の属性、購入された商品カテゴリとプロモーションの関係、期間中のセールなども「売上に影響を与える要因」として考えられます。そうであれば、セールや商品カテゴリについての切り口も検討する必要があります。

ありとあらゆる比較軸・集計軸をすべて検討できればよいのですが、現実的にはそうはいきません。限られた時間の中で価値を見出し、意思決定・判断するには、「いかに仮説を立てられるか」という能力が問われます。さらには、仮説に対して集計の軸を適切に定める(あるがままではなくグルーピングするなど)スキルも分析者に求められます。

このように比較対象を設定するには、むやみに総当りにするのではなく、事前に仮説を立てておくことが大事です。そして、比較軸を洗い出すためには論理的思考が不可欠です。

● スキルを高めるための学習ポイント

- 集計においては「比較」が重要であり、比較軸は仮説から定めることを理解しましょう。
- 身近な集計結果から、どのような比較軸が使われているかを確認してみましょう。

スキルカテゴリ データの理解・検証　サブカテゴリ データ理解

DS72 普段業務で扱っているデータの発生トリガー・タイミング・頻度などを説明でき、また基本統計量や分布の形状を把握している

データ分析を実行する際、「分析しようとする課題に対する理解」は非常に重要です。そして課題の理解には「正しい現状認識」が求められます。正しい現状認識をするためには、日常的に自分自身が扱っているデータについて、「いつ・なにが・どのように起きるのか」を的確に、かつ定量的に把握することが役立ちます。

扱っているデータの基本統計量を絶えず観察することは、対象となる事象に何か変化が生じた場合にすぐに気付くことができ、その要因特定にもつながります。異常値や外れ値の発見もより早く行えるようになるでしょう(DS87参照)。さらには、類似する領域においての分析アプローチを検討する際にも、分布の状況やデータの振る舞い、適用している統計や機械学習の技法とその結果を参考にすることが可能になります。

例えば、物流拠点の出荷数の予測モデルを運用しているデータ解析部門に在籍しているとしましょう。その場合、次のようなことについてはいつでも答えられるだけの知識をつけておく必要があります。

- 日ごとの出荷数の平均や曜日ごとの平均
- どのような日に出荷数が増えるか(取引先でセールがあるなど)
- 貨物を管理するIDが発行されるタイミングや、その番号の発番ルール
- 採用している機械学習のモデル、インプットデータ、評価指標

これらの知識をつけていれば、特定の日に生じる異常値や外れ値がイベントによるものなのか、想定外の突発的な事象かといった理由を突き止めることができます。また、例えば管理IDが日付＋連番で発行されていることを知っていれば、日付が万一欠損していた場合でも、日付代わりに利用できる可能性があることにすぐに気付けるでしょう。インプットデータの基本統計量を把握していれば、そのインプットデータの変化にいち早く気付けるでしょうし、そのデータが機械学習モデルに利用されているかどうかまで知っていれば、影響範囲の特定も速やかに行えるでしょう。

データには、必ずその背景が存在します。データから何が起きているのか読み解けるまでデータについての理解を深めていきましょう。

スキルを高めるための学習ポイント

- 身近な事象のデータを収集し、継続的に観察するようにしましょう。
- 興味関心のある分野の1つについて基本統計量を答えられるようにしましょう。

スキルカテゴリ　データの理解・検証　　サブカテゴリ　データ理解

DS73　時系列データとは何か、その基礎的な扱いについて説明できる（時系列グラフによる周期性やトレンドの確認、移動平均、回帰や相関計算における注意点など）

時系列データとは、「時間の経過に従って記録されたデータ」です。気温や株価、商品の売上データは、時系列データとして有名なものです。時系列データの分析では、時間とデータの関係を理解するために、「トレンド」と「周期性」を捉える必要があります。

トレンドとは、細かな変動を除いた全体のデータの傾向です。トレンドを把握するための代表的な手法として移動平均があります。移動平均とは、一定期間の間隔を定め、その間隔内の平均値を連続して計算することで、長期的な変動を把握するというものです。間隔を広げるほど、より長期的な傾向を掴むことができる一方で、細かい傾向の変化をつかむことが難しくなります。

周期性とは、特定の変動パターンが一定の間隔で繰り返し出現することです。例えば、遊園地の1日ごとの来客数のデータがあるとき、休日である土曜日と日曜日は来客数が多いので、このデータは曜日単位での周期性を持つと言えます。周期性には、四季や天候、社会的慣習などさまざまな要因が考えられるため、その周期性が何によって起きているのか考える必要があります。

例えば、経済行動を把握するのに経済指標を目にすることがあるでしょう。この経済指標は、取得されたデータ（原数値）とともに、自然条件や月ごとの日数、休日数の違い、社会制度や習慣から由来した影響などの「季節変動」を除いたデータ（季節調整値）を見るのが一般的です。

周期性を認識せずに分析すると、誤った結論につながる関係性を示す可能性があるため注意が必要です。周期性を除去し純粋なトレンドを把握したいときは、先述の移動平均の間隔をその周期に合わせて設定するとよいでしょう。

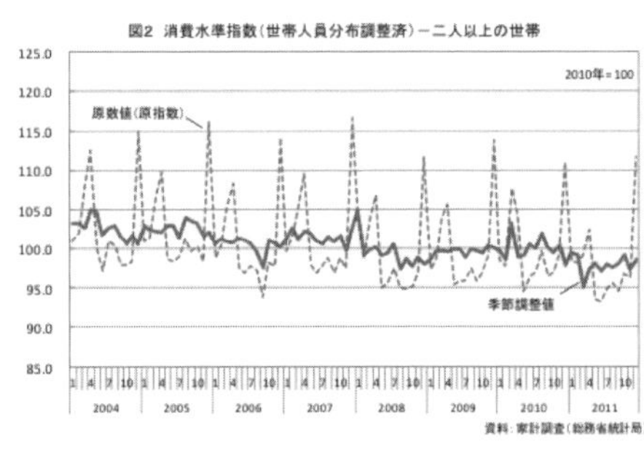

出典：http://www.stat.go.jp/naruhodo/15_episode/toukeigaku/kisetu.html

周期期間を特定するための分析方法として、自己相関分析や偏自己相関分析があります。自己相関分析は、時系列データにおける一連の観測値が、それ自体のラグ（過去時点のデータ）と、どの程度相関しているかを分析するものとなります。偏自己相関分析は、相関を見たいもの以外の影響（例えばt期と$t-k$期との関係を見たい場合に$t-k+1$、…、$t-1$期の影響)を取り除いて分析するものとなります。

最後に、時系列データ同士での回帰分析を行う場合の代表的な注意点である、見せかけの回帰を紹介します。例えば、以下のように$t-1$期の値に乱数が加わっての値が決まる2つのランダムウォークな変数があったとします。

$$x_t = x_{t-1} + \varepsilon_{1t},\ \varepsilon_{1t} \sim iid(0, {\sigma_1}^2)$$

$$y_t = y_{t-1} + \varepsilon_{2t},\ \varepsilon_{2t} \sim iid(0, {\sigma_2}^2)$$

この時、x_tとy_tは互いに独立なランダムウォークであるため無関係なはずですが、以下の回帰モデルを考えた場合に、x_tとy_tの間に有意な関係があるような結果が出てしまうことがあります。

$$y_t = \alpha + \beta x_t + \varepsilon_t$$

見せかけの回帰の対策として、ラグ変数を含めた回帰や、差分をとった回帰などがあります。

ラグ変数を含めた回帰：$y_t = \alpha + \beta_1 x_t + \beta_2 x_{t-1} + \beta_3 y_{t-1} + \varepsilon_t$

差分をとった回帰：$y_t - y_{t-1} = \alpha + \beta(x_t - x_{t-1}) + \varepsilon_t$

参考：沖本竜義『経済・ファイナンスデータの計量時系列分析』朝倉書店、2010

● スキルを高めるための学習ポイント

- 時系列データにはどのようなものがあるかを把握しましょう。
- トレンドや周期性を理解するための手法を押さえておきましょう。
- 時系列データ同士の回帰における注意点を理解しておきましょう。
- 世の中の一般的なイベントやカレンダー情報を分析で活用してみましょう。

スキルカテゴリ データ準備　サブカテゴリ サンプリング　頻出

DS82　標本誤差およびサンプリングバイアス、およびそれぞれの違いについて説明できる

母集団から標本を無作為に抽出すると、取り出した標本によって母数と呼ばれる母集団を特徴づける値が異なってしまいます。この標本によって得られる推計値と母集団から得られる値との差を標本誤差といい、推計値の正確さを表す指標です。

しかし母集団から得られる値はほとんどが未知の情報であり、また得られる標本によって推計値が異なるため、標本誤差を算出することはできません。標本誤差は直接的に算定できませんが、標準誤差という統計量を用いることで確率的に評価することができます。すなわち標準誤差が、標本調査結果の信頼性を示す値となります。

具体例として、一般的にイメージしやすいアンケートについて考えてみましょう。あるテレビ番組が人気かどうかをアンケートで調査したとします。アンケート回数は、費用の関係で1回のみとなりました。この1回を標本数やサンプル数といい、その1回のアンケート調査でとれる被験者の数をサンプルサイズといいます。今回はサンプルサイズを500としましょう(DS67,110,167,DE89参照)。

この1回の調査で取得したサンプルサイズ500のアンケートで全体(母集団)を推定する場合、500のアンケートの集計・平均・分散が、本当に全体を推定する代表値として妥当かどうかを現時点では保証できません。そこで、確率的にどの程度全体に対して誤差が存在しうるかを算出したものが標準誤差であり、この標準誤差を可能な限り小さくできれば、全体に近づいてくるということがいえます。標準誤差σ_xは、次の数式で求めることができます。なお数式内にある標準偏差は、DS13に記載があるので確認ください。

$$\sigma_x = \sqrt{\frac{\sigma^2}{n}}$$

(σ_x：標準誤差(標本平均の標準偏差)、σ：母集団の標準偏差、n：標本のサンプルサイズ)

具体例としてあげた500のアンケートを集計した結果をまとめるにしても、その結果が信頼に足るものかどうかを示すことの重要性と、標本誤差という指標について理解するようにしましょう。最近は、標準誤差を求められるホームページや、標準誤差を設定することで標本のサンプルサイズを算出してくれるホームページもあります。

以上のように、標本誤差は「正しい抽出方法により母集団の特徴が反映されると期待される標本で生じる誤差」といえます。一方、サンプリングバイアス(または単にバイアス)は、「不適切な抽出方法により母集団の特徴が反映されていないような標本

が抽出されること」となります。母集団の特徴がうまく反映されていない標本となるため、分析結果を母集団に当てはめて一般化するような際に問題が生じます。

例えば、サンプリングにより日本の世帯収入全体を把握したいとします。この場合、地域や職種、勤務先企業規模などにもとづく層化抽出が望ましいと考えられますが、仮に東京都丸の内の企業勤務者にサンプリングが偏った場合、「日本の世帯全体」という母集団の特徴を反映しないことは容易に想像できるかと思います。標本誤差については、サンプルサイズを増やすことで小さくしていくことが期待されますが、サンプリングバイアスは「偏り」であることから、同じ方針で標本抽出を行う限りサンプルサイズを大きくしても解消されることは期待されません。

なお、サンプリングバイアスは、DS55で紹介した選択バイアスの一種です。選択バイアスとは、分析の対象や条件に基づき決定される観測メカニズムによるバイアス、またはこれを無視して単純な推定を行うことにより生じる分析上のバイアスのことを指します。例えば、ECサイトで一定以上の購入をしてくれている顧客に対し、メールマガジンを送るような業務が行われているとします。ここで蓄積されたデータを使って、メールマガジンが購入に寄与する効果の分析を行うとします。このとき、「一定以上の購入をしてくれている」というメールマガジンの配信条件により、配信対象群はもともと購買意欲が高い顧客に偏ることになります。このような状況では、メールマガジン送付有無における購買の違いを単純に比較分析してしまうと、メールマガジンの効果に加えて「もともとの購入意欲」という効果が入りこむことになり、推定結果に偏り（バイアス）が発生します（DS55参照）。

参考：安井翔太著、株式会社ホクソエム監修『効果検証入門〜正しい比較のための因果推論/計量経済学の基礎』技術評論社、2020年
星野崇宏『調査観察データの統計科学―因果推論・選択バイアス・データ融合』岩波書店、2009年

スキルを高めるための学習ポイント

- 標本誤差とは、「標本によって得られる推計値の正確さを表すための指標」です。
- 標本のサンプルサイズが大きくなると標本誤差を測る標準誤差の値が小さくなり、信頼性が高くなることを覚えておきましょう。
- サンプリングバイアス（または単にバイアス）とは母集団の特徴が反映されないようなサンプリングによる偏りのことであり、そのサンプリング結果に基づく分析結果を母集団に当てはめて推定することには問題があることを覚えておきましょう。

スキルカテゴリ データ準備　サブカテゴリ サンプリング

DS83 実験計画法の基本的な3原則(局所管理化、反復、無作為化)について説明できる

実験計画法とは、1920年代に英国の統計学者R.A.フィッシャーが開発した統計手法の1つです。効率的にデータを取り、費用や時間をあまりかけずに解析し、「対象とした結果にどの要因が影響しているか」や「焦点を当てた要因をどのような水準に設定すれば、対象とした結果をどの程度よくできるか」といったことを検証する統計手法の総称で、品質管理や医療、マーケティングなど幅広い分野で活用されています。フィッシャーにより、実験計画法は以下の3原則に整理されています。

フィッシャーの3原則	内容
反復	いくつかの水準や処理(例：作物に対する肥料の量)などについて実験を繰り返す
無作為化	実験の時間や空間など、結果に影響をあたえると考えられる条件を無作為に入れ替える(例：肥料を与える場所を日当たりや時間などが無作為になるよう変える)
局所管理	実験の時間や空間など、結果に影響をあたえると考えられる条件を局所化して実験する(例：日当たりの良いところ、悪いところを局所化し、それぞれに対して肥料が多い場合と少ない場合を実験する)

フィッシャーによる実験計画法の3原則

このような3原則にもとづき、実験計画法では結果に影響を与える可能性のある因子(属性)と、その因子の条件(水準)のばらつきを比較可能な状態にして分析します。

基本的な分析方法として分散分析があげられます。これは、因子によるデータのばらつきと、実験誤差によるばらつきのどちらが大きいかを検定し、因子によるばらつきの方が大きければ母平均に差があるとする分析方法です(DS48参照)。

分散分析には、一元配置(因子が1つ)と多元配置(因子が2つ以上)といわれる分析方法があります。取り上げた因子の数が増加して、すべての水準の組み合わせでの試行が難しい場合には、実験回数を削減するために直交表を活用します。

例えば、ネット広告のバナーについて考えてみると、背景色2パターン、キャッチコピー2パターン、メインビジュアル2パターンが候補です。これらの組み合わせは2の3乗で8通りありますが、すべてを広告として掲載して比較することは効率的ではありません。そこで、任意の2因子を選ぶと「直交する」直交表を用いるのが効果的です。「直交する」とは、任意の2因子においてすべての水準の組み合わせが同じ回数出現(今回の場合は掲載)することを意味します。

例えば今回のネット広告のバナーの場合は、次の表のL4 (2^3)直交表を用いることで、どの任意の2因子を選んだとしても、(0,0),(0,1),(1,0),(1,1)がそれぞれ1回ずつ出現す

るようになり、実験回数を4回に削減できることがわかります。

No	因子1	因子2	因子3
1	0	0	0
2	0	1	1
3	1	0	1
4	1	1	0
水準数	2	2	2

L4 (2^3)直交表

さまざまな種類の直交表がありますが、因子間の交互作用を意識しながら、極力実験回数が少なくなるように選びます。その他の実験計画法には、最適計画やシミュレーション実験などもあります。

参考：栗原伸一・丸山敦史著、ジーグレイプ制作『統計学図鑑』オーム社、2017年

● スキルを高めるための学習ポイント

- 実験計画法の3原則について理解しておきましょう。
- 実験計画法の分散分析と直交表を用いた実験回数の削減方法を理解しておきましょう。
- 実験計画法がどのような分野で用いられるものかを把握しておきましょう。

スキルカテゴリ データ準備　　サブカテゴリ データクレンジング　　頻出

DS87 外れ値・異常値・欠損値とは何かを理解し、指示のもと適切に検出と除去・変換などの対応ができる

外れ値とは、文字通り「他のデータと比べて極端に離れた値」のことを指します。また、「外れ値の中で外れている理由が判明しているもの」を異常値と呼びます。このように、外れ値と異常値は異なる概念ですが、英語では両方ともoutlierといいます。

欠損値とは、分析に利用するデータにおいて「何らかの理由によりデータが記録されず、存在していない状態」のことです。欠測値、欠落値と呼ばれることもあり、英語ではmissing valueといいます。

外れ値の確認方法で、入門的で親しみやすい方法としては、標準偏差と平均を用いて、平均から±3σ(標準偏差の3倍)離れたものを確認する方法(±2σとする場合などもあります)、データのばらつきを表現した箱ひげ図と四分位数(四分位偏差)を用いた方法やクラスター分析を用いる方法などがあります(DS101,133参照)。

単変量で基本統計量を確認しているときには外れ値が認められない場合でも、二変量でデータどうしの関係性を確かめることで、初めて外れ値が把握できるケースもあります。このような場合は散布図から発見できることが多いです(DS33参照)。

分析者には「なぜそのようなデータが含まれているのか」を把握することが求められます。適切にデータ取得できなかったのか、適切に取得できていても記録された値が正しいのかなど、事象によって対処方法も異なります。データは何かが起こった結果であり、外れ値も異常値も「何かが起きた」という情報がデータに現れた結果と考えられます。

これは欠損値も同じです。「欠損が多く起きている」ということも有益な情報となります。システムにおけるバグやエラー、抽出やデータ化時の人的ミスなど「欠損が起きている状況」の把握は、新たな発見のきっかけとなることもあります。また欠損値については、欠損の多い変数やサンプルを除くか、補完することを検討する必要があります。「どのような情報が欠損しているのか」「欠損している情報は分析課題を解くために必要なのか」という視点が大切です。そして、補完で対処する場合は、代表値で補完する、類似データで補完する、欠損値を他の変数で予測して補完する(回帰分析の活用等)、などの方法があります(DS139参照)。

● スキルを高めるための学習ポイント

- 異常値と外れ値、欠損値の違いとその代表的な対処法をよく把握しておきましょう。
- 対処法の判断には、データの取得背景が重要であることを理解しておきましょう。

DS89　標準化とは何かを理解し、適切に標準化が行える

データの標準化とは、各データから平均値を引き、標準偏差で割ってデータを扱いやすくするデータ加工処理の方法です(DS13,14,15参照)。加工後のデータは、平均：0、分散(標準偏差)：1になります。

標準化の処理は、データの属性値によって変動する値の範囲が違っていて扱いづらい、属性どうしの比較がしにくいといった際に実行します。これは例えば、身長と体重のように単位の異なるデータを同時に扱う場合などです。解析の工程で異なる属性値を比較したり、重み付けして和をとるなどの操作があると、単位の小さなデータは値が小さく、大きなデータは値が大きいため、適切な比較ができません。そのため、標準化のデータ加工を行って尺度の統一を図ります。

標準化のようにデータを一定のルールに従って変形し、扱いやすくする加工処理は、スケーリング、尺度の変更などとも呼ばれ、標準化以外にも正規化が有名です。正規化は、データの最大値を1、最小値を0にする加工する処理で、最大値及び最小値が決まっている場合に有効な手法です。

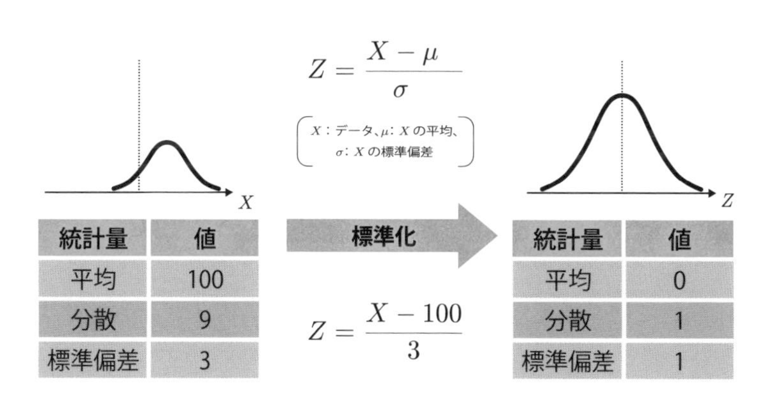

$Z = \frac{X - \mu}{\sigma}$
X：データ、μ：X の平均、
σ：X の標準偏差
X
Z
標準化
$Z = \frac{X - 100}{3}$
統計量 | 値
平均 | 100
分散 | 9
標準偏差 | 3
統計量 | 値
平均 | 0
分散 | 1
標準偏差 | 1

スキルを高めるための学習ポイント

- 標準化の加工方法を確認し、10行程度のデータを作って実際に計算をしてみましょう。
- 標準化と正規化の違いについて、実際にデータ加工を行い把握しておきましょう。
- どのようなときに標準化を実行するのか、いくつかのケースを知っておきましょう。

スキルカテゴリ データ準備　　サブカテゴリ データ加工

DS90 名義尺度の変数をダミー変数に変換できる

実際に分析するデータには、量的変数(間隔尺度・比例尺度)と質的変数(名義尺度・順序尺度)が混在しているケースが多くあります(DS17参照)。データとして質的変数の分類そのものが入力されている状態では、他の変数との関係性を把握したり、予測モデルの説明変数として扱ったりすることができません。

そこで、該当する／しないといった分類によって、値を0か1に変換します。この変換した変数をダミー変数といいます。分類が2(これをカテゴリー数といいます)である場合には、一方を1、他方を0と設定します。例えば、値として「子ども・成人」が入っている変数では、子ども：0、成人：1と変換します。このように変換することにより、機械学習や統計のモデリング時に、変数として扱うことができるようになります。

なお、このような変換は重回帰分析では慎重に行う必要があります(DS140参照)。例えば、売上を目的変数とする重回帰分析を考えてみましょう。「店舗立地」は駅前店・郊外店・住宅街店の3つがあります。以下に示した右側の表のように、駅前店に該当する／しない、郊外店に該当する／しないで、それぞれ0と1が入力されています。重回帰分析で、名義尺度である「店舗立地」のようなデータを説明変数とする場合、「属性水準数－1」個のダミー変数で表現することになります。3つの水準(駅前店、郊外店、住宅街店)に対して、「店舗立地：駅前店」と「店舗立地：郊外店」の2つで表現するのは、この考え方に基づいています。3つの水準の変数であれば、2つのダミー変数があれば必要十分であり、2つのダミー変数がともに0のときが「店舗立地：住宅街店」に対応することになります。

売上（万円）	駅徒歩（分）	店舗面積（㎡）	店舗立地
2,971	6	47	駅前店
4,423	9	57	駅前店
4,166	12	120	駅前店
3,612	15	64	郊外店
2,342	9	109	郊外店
1,986	11	53	郊外店
1,024	13	47	住宅街店
3,036	10	46	住宅街店
1,819	3	47	住宅街店
2,788	12	43	住宅街店
2,853	11	105	住宅街店

売上（万円）	駅徒歩（分）	店舗面積（㎡）	店舗立地_駅前店	店舗立地_郊外店	店舗立地_住宅街店
2,971	6	47	1	0	0
4,423	9	57	1	0	0
4,166	12	120	1	0	0
3,612	15	64	0	1	0
2,342	9	109	0	1	0
1,986	11	53	0	1	0
1,024	13	47	0	0	1
3,036	10	46	0	0	1
1,819	3	47	0	0	1
2,788	12	43	0	0	1
2,853	11	105	0	0	1

住宅街店のデータは説明変数としては取り扱わない
(駅前と郊外が0なら住宅街は1に決まることから、駅前と郊外が0なら自動的に住宅街は1に決まるため)

スキルを高めるための学習ポイント

- ダミー変数化するデータにはどのようなものが想定されるかを把握しましょう。
- ダミー化する際の注意点をチェックしておきましょう。

DS93 数値データの特徴量化(二値化／離散化、対数変換、スケーリング／正規化、交互作用特徴量の作成など)を行うことができる

商品の価格や企業の株価、電力使用量など、多くのデータは数値データで表されます。データ分析においては、一般的に数値データを扱うこととなります。しかし、数値データをそのまま扱うことの問題点として、以下などが考えられます。

- ・スケールが大きく異なる
- ・分布が歪んでいる
- ・外れ値が存在する
- ・変数間で非線形な関係がある

モデルに入力するための特徴量として特徴量エンジニアリングが必要になり、良い特徴量はデータの特徴を反映し、モデルの改善に役立てられます。以降には、特徴量エンジニアリングの方法をそれぞれ説明します。

二値化／離散化は、元の連続値としての数値データよりも業務的にカテゴリー化した方がデータとして扱いやすく、実務的観点から意味をもつ場合に実施されることが多い方法です。ある閾値を設けて二値・多値に分ける方法や、ビニングという区間ごとにグループ分けして等間隔や分位点で分割する方法があります。

対数変換はスケールが大きく異なる、分布が歪んでいる場合に実施されることがよくあります(DS22参照)。これにより、後の処理のしやすさのため、分布の形状を変えることが可能になります。対数変換を一般化したBox-Cox変換やYeo-Johnson変換も一緒に理解しておくとよいでしょう。

スケーリング／正規化は、データをある範囲におさめて説明変数間におけるスケール(桁数など)の違いがモデル全体の推定に悪影響を及ぼすこと減じたい場合に実施されることが多く、線形モデルやニューラルネットの入力として、標準化や正規化されたデータを入力することが一般的となります(DS89参照)。ただし、正規化はデータの最小値/最大値を使用するため、場合によっては外れ値の悪影響を受けやすいデメリットがあるため、標準化の方がよく使用されます。

交互作用特徴量の作成は、変数間に線形では見えない関係がある場合に実施されることがよくあります。しらみつぶし的に単純に作成すると変数の組み合わせパターンが多くなってしまうため、業務的な理解をした上で必要な特徴量のみ作成するようにしましょう。

● スキルを高めるための学習ポイント

- 数値データを扱う際の問題点と変換方法を理解しましょう。
- さまざまなデータ(株価、電力使用量など)に対する適切な変換方法を考えてみましょう。

スキルカテゴリ データ可視化　サブカテゴリ 方向性定義　頻出

DS101 データの性質を理解するために、データを可視化し眺めて考えることの重要性を理解している

ここまでさまざまなデータの可視化(視覚化)の技術や手法を紹介してきましたが、なぜデータを可視化するかというと、数値情報だけでは捉えられない現象やデータ間の関係性・変化をグラフや図を用いて把握しやすくするためです。

可視化によって初めて特徴や法則性、関係性が把握できるケースはよくあります。例えば、データの代表値である平均値・中央値・最頻値や散布度である分散・標準偏差を求めてみたが、特に違和感がなかったとしましょう(DS12,13参照)。しかし、DS87でも記載したとおり、2変量をx軸とy軸で組み合わせた散布図で可視化することで、外れ値の可能性が見出せることもあります(DS33参照)。

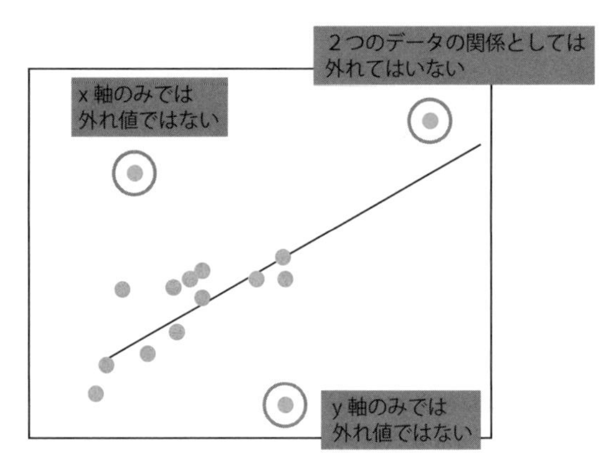

可視化によって見えるデータ間の関係性の一例

可視化した結果を眺めることで、「なぜそのような分布になっているのか」「この分布の法則性の背後に何が潜んでいるか」といったデータの性質を理解するための手助けになります。データから起こっている事象を把握するために、数値情報と同様に可視化して眺めることの重要性とメリットを十分に理解しましょう。

● スキルを高めるための学習ポイント

- 文字や数値の情報だけで構成されたレポートと、可視化されたグラフや集計表を用いたレポートの違いを比べてみましょう。
- 可視化された情報から「何が言えるか」を考える習慣をつけましょう。

スキルカテゴリ データ可視化　　サブカテゴリ 方向性定義

DS102 可視化における目的の広がりについて概略を説明できる（単に現場の作業支援する場合から、ビッグデータ中の要素間の関連性をダイナミックに表示する場合など）

データ化とは、何かしらの事象を伝達・解釈・処理しやすいように符号化することと言い換えることができます。そうすると「データを読む」とは、データ化とは逆方向に、データから事象を解釈することを意味します。データ可視化は、この「データから事象を解釈する」行為を助けるものです。

データ可視化は、その目的に応じて3種類に分けることができます。

1. 探索目的
「何が起こっているのか」現実を理解する、「何が原因なのか」仮説を立てることを目的とした可視化です。データ分析の初期で「問いを立てる」「仮説を立てる」際に利用します。

2. 検証目的
立てた仮説に対する検証や、実行した行動の成果評価を目的とした可視化です。PoC(Proof of Concept)での検証結果を評価する際や、ローンチ後のパフォーマンスモニタリングの際などに利用します。

3. 伝達目的
メッセージを伝えるための可視化です。例えば、分析請負者がクライアント向けの分析レポート、プレゼン資料を作成する際、営業管理において、営業員に対するBIツールでのビューを作成する際、BtoCでの渋滞情報の表示や駅のデジタルサイネージなどの表示を検討する際などに利用します(DE105参照)。

データ可視化は手段であり目的ではありませんので、「何が目的なのか」「その目的を達成するにはどんなデータ可視化が有効か」という順で考えましょう。

スキルを高めるための学習ポイント

- データ可視化における、探索・検証・伝達の3つの目的と、その例について押さえておきましょう。

スキルカテゴリ データ可視化　サブカテゴリ 軸出し　頻出

DS105 散布図などの軸出しにおいて、目的やデータに応じて縦軸・横軸の候補を適切に洗い出せる

散布図やクロス集計の2軸のチャートでは縦軸と横軸の関連を可視化できます(DS32, 33参照)。縦軸と横軸の取り方は、目的変数がある場合とない場合で異なりますが、いずれも目的をベースに考えることが大事です。

1. 目的変数がある場合

「何を目的とした可視化なのか」「その目的を表現する数値指標は何が適切か」の解が縦軸の候補になります。この場合、縦軸(y)を目的変数とし、「yと関連が高いと考えられる要因は何か」の仮説を横軸(x)の候補として考えます。

例えば、「電力消費量が何に強く関連するか把握する」ことを目的とした可視化を考えてみましょう。縦軸(y)の目的変数は電力消費量です。横軸(x)の候補は、気温、日射量、湿度などが挙げられます。さらに細かく見ると、平均気温、最高気温、最低気温のいずれが影響が大きいか比べることも考えられます。

2. 目的変数がない場合

2つの異なる評価軸でデータを分類したい場合が該当します。「何を目的とした可視化なのか」「その目的にふさわしい分類軸は何か」という仮説から、縦軸・横軸の候補を考えます。

例えば、「営業員によって営業活動の方法が違うことを確認する」ことを目的とした可視化を考えてみましょう。ここでは、顧客への訪問回数を横軸、訪問時の平均滞在時間を縦軸に取ってみます。

そうすると、①訪問回数も平均滞在時間も多い営業員、②訪問回数は多いが1回の滞在時間は短い営業員、③訪問回数は少ないが1回の滞在時間は長い営業員、④両方少ない営業員と分類できます。

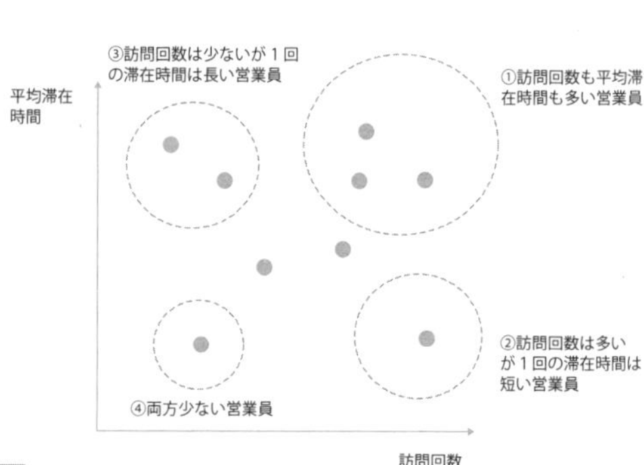

● スキルを高めるための学習ポイント

- 軸の洗い出しでは、目的変数の有無で適切な軸が異なることを理解しましょう。
- 目的にふさわしい軸を洗い出すために、論理的思考力や仮説力を鍛えましょう。

DS106 積み上げ縦棒グラフでの属性の選択など、目的やデータに応じて適切な層化(比較軸)の候補を出せる

データ可視化における層化とは、比較して可視化したい分類別に分けることをいいます。比較軸を用いて適切に層化できれば、比較対象の差を見比べることができるようになります。「どのような属性で分けると差がくっきり浮かび上がるか」「その属性での差を見ることで何がわかるのか」といった仮説が、層化する際の比較軸の候補になります。

層化の候補を考える際には、属性の種類(時間帯別、工程別、材料別など)と粒度(時間帯別のなかでも、月単位、日単位、時間単位など)の観点があります。

1. 種類の観点

例えば、「不良品の発生要因を探索する」ことを目的とした層化を考えてみましょう。この場合の層化の候補は、時間帯別、作業員別、工程別、機械別、材料別などが考えられます。このように、種類の観点は「特にどこに問題があるか」を絞り込む際などに重要です。

2. 粒度の観点

例えば、「商品別の売上を確認する」ことを目的とした層化を考えてみましょう。ここでは商品の分類として、洗濯機・冷蔵庫といった商品カテゴリ別、ドラム式・縦型といった商品タイプ別、最後に個別の品番別の3つの粒度があるとします。もし、個別の品番が全部で100種類あるとしたとき、品番別で可視化すると読み取りづらい可視化になってしまう恐れがあります。さらに、層化を用いた段階的な詳細化が有効です。例えば、最初に商品カテゴリ別(洗濯機・冷蔵庫など)で層化し、次に洗濯機についてさらに詳細化した商品タイプ別(ドラム式・縦型式など)で層化すると段階的に可視化でき、前述したような読み取りづらさを解消できます。

このように仮説を立てて層化し、データを可視化してみると、実際に思ったような差が見えないケースも存在します。そのような場合は、比較軸を変更しながら適切な層化を探し出していくことになります。なお、この作業はグラフを簡単に作れる可視化ツールなどを用いて行うことが一般的です(DS122, DE106参照)。

● スキルを高めるための学習ポイント

- データ可視化における層化の候補である、種類や粒度の観点を覚えておきましょう。
- 層化の候補となる仮説を立てて、可視化ツールを使って検証していくプロセスを覚えておき、実践してみましょう。

スキルカテゴリ データ可視化　　**サブカテゴリ** データ加工

DS110 サンプリングやアンサンブル平均によって適量にデータ量を減らすことができる

データの概要を把握し、特徴をつかむためには、可視化して捉えることが不可欠です。しかし、データの全件あるいは膨大なデータをそのまま可視化しても、特徴を捉えられないケースもあります。そのような場合、データの持つ特性を保持したまま、その件数を減らして可視化することで、データが持つ顕著な特徴を把握できるようになります。

その方法として、層別に可視化する方法が挙げられます。層に分けることで、膨大なデータであっても特徴を捉え、比較がしやすくなります。それでも特徴が把握できないほどデータが膨大である場合は、データのサンプリングを検討します。サンプリングの方法には、ランダムサンプリングや層別サンプリングなどさまざまな方法がありますが、母集団の特性、分布を損なわないように注意する必要があります(DS67,167,DE89参照)。

次にアンサンブル平均です。平均には時間平均とアンサンブル平均があります。時間平均は、ある時間帯の変化を平均した代表値です。それに対してアンサンブル平均は、同一条件下におけるデータの集合平均です。例えば、近隣する20箇所の同一時間、同一条件下で測定した20個の気温データを平均し、その一帯の測定時における平均気温とするのがアンサンブル平均です。時間変化を伴うような空間データは、時間属性を平均化しないアンサンブル平均を用いて、データ量を減らした可視化によって、時間によるデータの特性が顕著になることがあります。

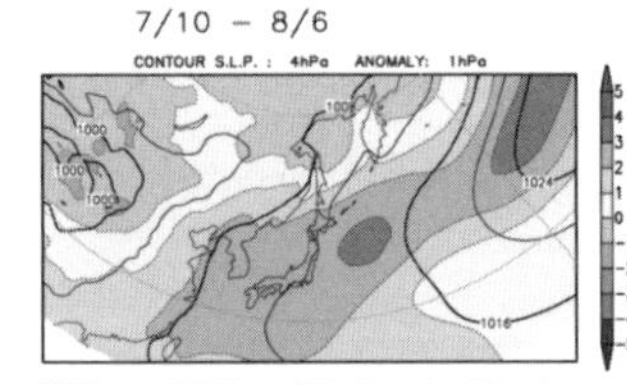

※ 等値線は、28日間平均地上気圧を示し、その間隔は4hPa。
※ 塗りつぶしは、28日間平均地上気圧平年偏差を示し、その間隔は右の凡例(単位hPa)に従っている。

アンサンブル平均の例

引用：気象庁「アンサンブル平均による予測図」(https://www.data.jma.go.jp/gmd/risk/probability/map_k1.html)

スキルを高めるための学習ポイント

- データ量の多いデータセットを用い、全件での可視化とデータを削減しての可視化を試してみましょう。
- 可視化のためのデータ削減にどのような方法があるか把握しておきましょう。

DS111 読み取りたい特徴を効果的に可視化するために、統計量を使ってデータを加工できる

生データをそのまま可視化すると、煩雑なだけで特徴や傾向をつかみづらいことがあります。これは特に、データ量が多い場合に顕著です。そこで、生データをそのまま可視化するのではなく、統計量を算出したうえで可視化することでデータの特性を読み取りやすくなることがあります。

1. 平均とデータのばらつきの可視化

たとえば、ある学校のクラスごとの体重データを可視化するケースを考えてみましょう。生データをそのまま可視化すると以下のようになります(データは架空のものです)。

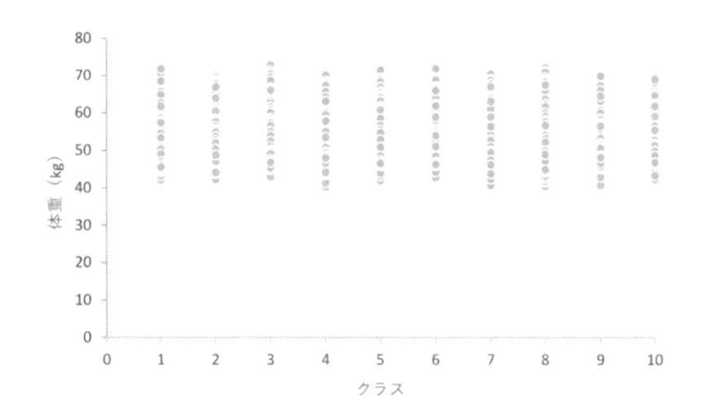

生データをそのまま可視化した場合

これでは、「40～70kgあたりでばらついている」以上のことは読み取りづらいでしょう。そこで、箱ひげ図で可視化してみます(DS133参照)。

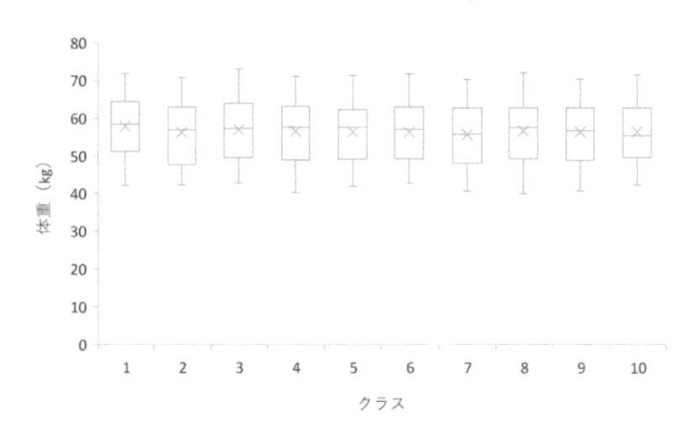

箱ひげ図で可視化した場合

こうすることで、生データをそのまま可視化するのと比べ、特徴を明示化し比較しやすくなると思います。

2. 相関の可視化（DS122,124,140参照）

もう一例、コンビニの立地条件を可視化するケースを考えてみましょう。生データをそのまま可視化すると次のようになります（データは架空のものです）。

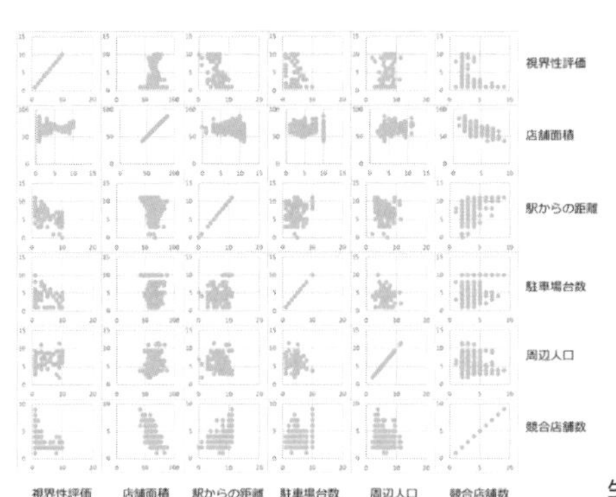

生データをそのまま可視化した場合

情報が多すぎて、よくわかりません。そこで、各条件の関連が見たいのであれば、相関だけを可視化してみましょう。

	視界性評価	店舗面積	駅からの距離	駐車場台数	周辺人口	競合店舗数
視界性評価		0.30	-0.66	-0.32	0.38	-0.40
店舗面積	0.30		-0.21	-0.12	0.28	-0.62
駅からの距離	-0.66	-0.21		0.44	-0.24	0.50
駐車場台数	-0.32	-0.12	0.44		-0.38	0.43
周辺人口	0.38	0.28	-0.24	-0.38		-0.36
競合店舗数	-0.40	-0.62	0.50	0.43	-0.36	

相関だけ可視化した場合

このように、可視化前に、読み取りたい特徴に合わせたデータ加工で情報量を減らし、代表的な特徴量で視認化したほうが良いケースもあります。

● スキルを高めるための学習ポイント

- 統計量を比較する可視化では、平均を比べたい、ばらつきを比べたい、関連を比べたい場合などが該当します。

DS118 データ解析部門以外の方に、データの意味を可視化して伝える重要性を理解している

ビジネスにおけるデータ分析の結果は、分析担当者にとどめていても成果にはつながりにくく、広く利用者に伝える必要があります。その際、データを正しく伝えることは当然ですし、誇張は避けるべきですが、それらに加え、分析担当者以外の方にわかりやすく伝え、行動や成果創出につなげられるかが大事なポイントです(DS120参照)。

一般的にみるとデータ分析結果を正しく伝えるには、ここまで紹介したように数式や統計量、さまざまな指標が登場しますが、それが必ずしも多くの方に伝わる方法とは限りません。そこで、正しさを担保しつつ、いかにわかりやすく、そして行動につなげてもらえるように伝えるかもデータ可視化の重要な役目であり、「サイン」と表現しています。

そこで、サインの特徴を「わかりやすさ」と「行動につなげる」という2つの観点から解説していきます。

まず、「わかりやすさ」です。事例として、高速道路の渋滞を表示するディスプレイをイメージしてください。渋滞がどの場所から何km発生と表示されることが多いですが、これは多くの人に渋滞の規模を正しく伝えるための表示です。一方で、自動車を運転している個人にとっては、目的地までの時間が何時間かかるとカーナビがシミュレーションした結果を表示してくれた方がわかりやすいでしょう。このように、見ている相手が求めているものにあわせてデータを加工・表示する可視化が、「わかりやすさ」です。

次に、「行動につなげる」についてです。我々は信号を見て青だと進み、赤だと止まるというように行動を変えます。このような行動につながる可視化は、ビジネスや社会で大きな成果を生みます。例えば、あるヘアカット専門店は店頭に青・黄・赤の三色灯を設置し、待ち時間を色で表現します。これは、単に赤だと待ち時間が長いということを示しているだけでなく、「カット時間よりも長く待つことになるので、時間を改めて来店したほうがよいかもしれない」という行動変化を促すサインとも読み取れます。このように可視化は工夫次第で、「行動につなげる」ことが可能です。

いずれの可視化も、見る相手を意識して、どのように伝えるとよいかを工夫したものです。相手を意識するという点を心がけるようにしましょう。

● スキルを高めるための学習ポイント

- 身近なデータ可視化の工夫を探してみましょう。
- 自分でデータ可視化をするならどのように表示するかを考えてみましょう。

スキルカテゴリ データ可視化　　**サブカテゴリ** 表現・実装技法

DS119 情報提示の相手や場に応じて適切な情報濃度を判断できる（データインク比など）

データインク比は、「データインク比＝データインク/総インク」で表現されます。**データインク**とは、情報量を持つインクで、その要素がなくなるとチャートのメッセージが変わってしまう、失われてしまうインクのことです。現代においては、インクをピクセルと読み替えて考えていただいたほうがわかりやすいでしょう。

データインク比は、チャートジャンクと呼ばれるグラフの過剰なビジュアル表現を減らす基本方針として捉えておくとよいでしょう。なお、データインク比は、0～1の値を取り、1に近いほどよいチャートといえます。ただし、過剰に1にすることにこだわりすぎると、かえってうまくアピールできない可能性も出てくるので注意が必要です。

データ濃度は、「データ濃度＝画面上のデータポイントの数/データを表示するディスプレイの面積」で表現されます。画面の単位面積当たりの情報量を示し、値が高いほどよいグラフと見る指標です。ただし、データインク比と同様、過剰に高めることにこだわりすぎると、かえって何がメッセージか伝わりにくくなります。

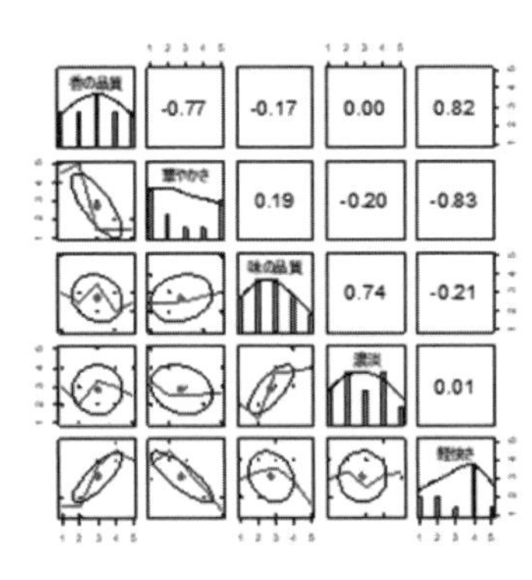

データ濃度が高い例

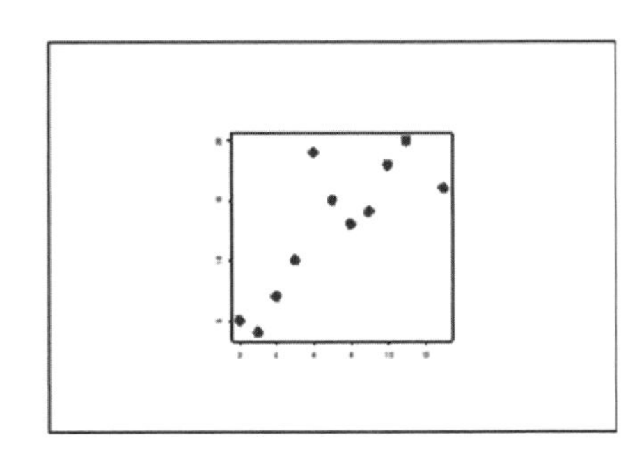
データ濃度が低い例

出典：Edward R. Tufte, The Visual Display of Quantitative Information, Graphics Press, 2001

● スキルを高めるための学習ポイント

- 身近にあるチャートに対し、データインク比の視点で良いチャートか、改善の余地のあるチャートかを評価してみましょう。

DS120 不必要な誇張をしないための軸表現の基礎を理解できている（コラムチャートのY軸の基準点は「0」からを原則とし軸を切らないなど）

不必要な誇張とは、自らが言いたいことを正当化するために恣意的に行う表現や、むやみに過剰なデザインで注目を集めようとする表現を指します。先述したチャートジャンクもまさに不必要な誇張といえます（DS119参照）。不必要な誇張の代表的な事例は、以下のようなものが挙げられます。

- y軸が0から始まっていない、系列間の差を誇張した棒グラフ
- 軸だしが不適切で関係性がつかみにくい散布図
- 単位の異なる2つ以上のグラフを1つにまとめる際、まとめる縦軸（もしくは横軸）の目盛りがお互いに連動していないグラフ
- 不必要な3D化
- 時間間隔が不均一な時系列グラフ（以下のグラフを参照）
- 2つの円グラフでの絶対量の比較
- 絶対値が大きな意味を持つ際の割合グラフでの比較
- 増加を誤認させるための累積グラフ

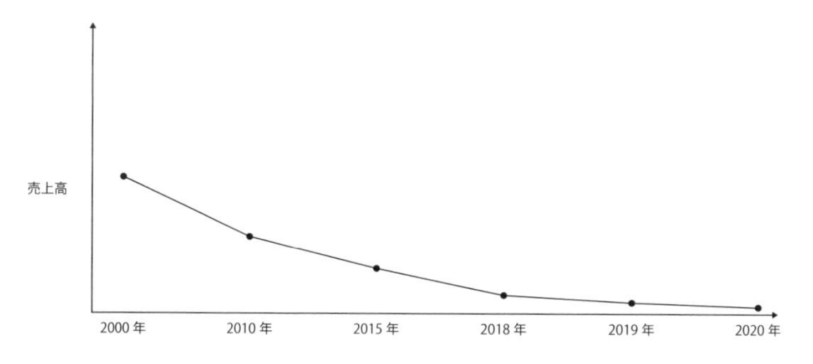

時間間隔が不均等な時系列グラフ
（本来減少幅は一定にもかかわらず、なだらかな変化のように見せている）

スキルを高めるための学習ポイント

- 不必要な誇張がされたグラフの例は多数ありますので、検索して探してみましょう。
- 普段からグラフに触れる際に、作成者が出すメッセージに対し「本当にそうだろうか？」という目で見る習慣をつけましょう。

DS121 強調表現がもたらす効果と、明らかに不適切な強調表現を理解している（計量データに対しては位置やサイズ表現が色表現よりも効果的など）

データ可視化での表現方法には位置、長さ、大きさ、色、形といったさまざまな種類があります。以下の表に主な用途を記載します。量的変数をそのまま表現する際には色表現を使うよりも、位置（座標・距離）やサイズなどの表現方法のほうが伝わりやすい、というように、表現したいことに合わせて表現方法を選択できるようになりましょう。

分類	例	量を表現する	順序を表現する	カテゴリを表現する	関係性を表現する
位置（座標・距離）		○	○	○	○
太さ		○	○		○
長さ		○	○		
大きさ	●●●	○	○		
濃淡	■■■	○	○		
角度	／／／	○	○		
色	■□■			○	
形	●■▲			○	
ラベル	A　B　C	○	○	○	○

● スキルを高めるための学習ポイント

- 具体的にどの強調表現が、何を表現する際に使われているか、多数の事例に触れてみましょう。

DS122 1～3次元の比較において目的(比較、構成、分布、変化など)に応じ、BIツール、スプレッドシートなどを用いて図表化できる

図表化できるチャートにはそれぞれ、受け入れ可能な定量属性数と定性属性数が決まっています。代表的なチャートの属性数を以下に挙げます(DS31,33,105,DE106参照)。

・ヒストグラム	定量：1	
・円グラフ	定量：1	定性：1
・棒グラフ	定量：1	定性：1
・折れ線グラフ	定量：1	定性：1
・散布図	定量：2	
・バブルチャート	定量：3	

さらに色分けやグラフを複数にすると、以下のように拡張できます。

・棒グラフ・折れ線グラフの色分け	定量：1	定性：n(≧2)
・散布図の色分け	定量：2	定性：n(≧2)
・散布図行列(DS124参照)	定量：n(≧3)	

また、もともと多次元に対応した以下のようなグラフやチャートも存在します。

・平行座標プロット(DS124参照)
・レーダーチャート(DE106参照)
・スロープグラフ

このように、グラフが持つ属性数と目的を照らし合わせて、BIツールやスプレッドシートなどを用いて意図を持って図表化するようにしましょう(DE106参照)。

参考：「ネットワーク時代のビジュアライゼーション 矢崎裕一」
(https://speakerdeck.com/n1n9/netutowakushi-dai-falsedetabiziyuaraizesiyon)

スキルを高めるための学習ポイント

- 公開されているさまざまなチャートカタログを参照してみましょう。
- 目的と表現したい属性数から、どのチャートが最適かを選べるようにしましょう。

スキルカテゴリ データ可視化　　**サブカテゴリ** 表現・実装技法

DS123 ｜ 端的に図表の変化をアニメーションで可視化できる（人口動態のヒストグラムが経年変化する様子を表現するなど）

データは適切に可視化することにより、その特徴をより正確に把握することができます。さらに、その変化の示し方に時間や場所などに応じて変化する「動き」を加えて可視化することで、データを多次元的に、そして顕著に捉えることが可能になります。

下図は、日本における性別ごとの年齢分布を表したグラフで、1975年から、順に1990年、2010年とグラフ画像を並べています。このようにグラフを並べるだけでも、データが示す変化について把握することができますが、さらに1年ごとに描画して、「パラパラ漫画」のように時間の経過とともに動きを与えてみたらどうでしょう。動きがあることにより、よりその変化の過程が顕著に把握できます（DS31参照）。

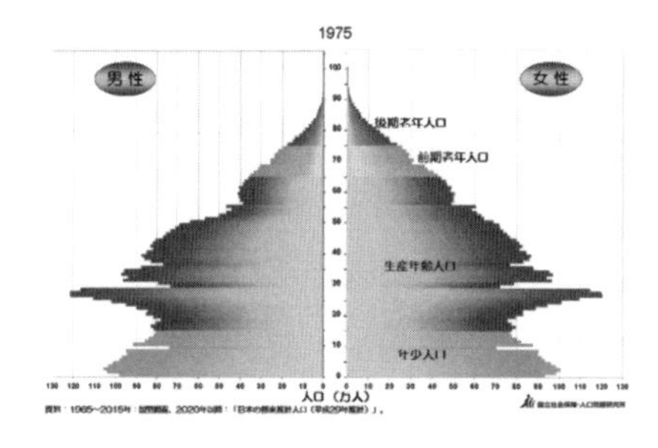

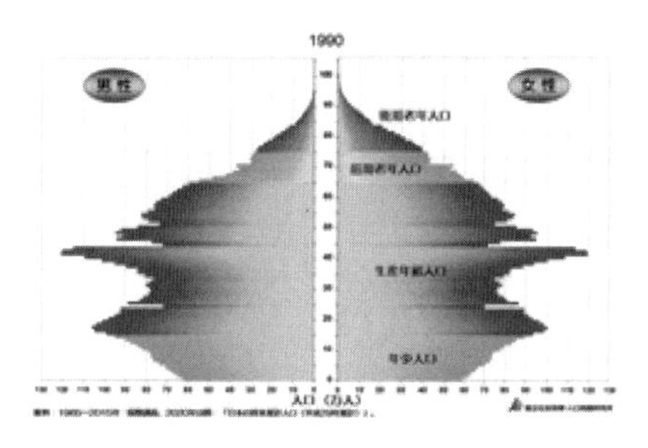

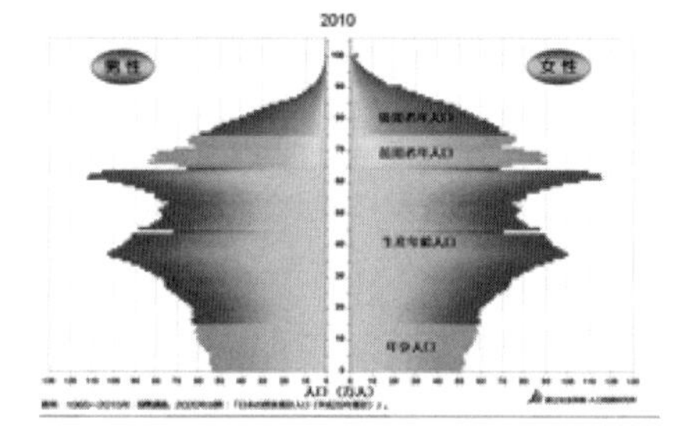

出典：国立社会保障・人口問題研究所「人口ピラミッドの推移」
(http://www.ipss.go.jp/site-ad/TopPageData/Pyramid_a.html)

経年による変化（時系列データ）や、地理情報・位置情報などは、このように動きを描画することで変化の特徴を把握できることが多くあります（DS73参照）。特に、属性変数が3つ以上の可視化ではアニメーションを用いた可視化は有効です。

● スキルを高めるための学習ポイント

- 動きを付けた可視化が、データの特徴を捉えるうえで有効なことを理解しましょう。

スキルカテゴリ データ可視化　　サブカテゴリ 表現・実装技法

DS124 1～3次元の図表を拡張した多変量の比較を適切に可視化できる（平行座標、散布図行列、テーブルレンズ、ヒートマップなど）

データの可視化は、単変量・2変量で行うだけでなく、いくつものデータを多次元で捉えてみることで、その関係性をより正確に把握できるようになることがあります。

3次元の情報を2次元に付加する可視化の方法はいくつかあります。ここでは、「平行座標プロット」「散布図行列」「ヒートマップ」の例を紹介します。

1. 平行座標プロット

高次元のデータセットを視覚化する方法であり、n変量データの表示では、垂直な等間隔のn本の平行線で構成される背景が描画されます。折れ線グラフとよく似ていますが、折れ線グラフは横軸の順番に意味があるのに対し、平行座標プロットでは横軸に変数が並ぶだけで、通常は順番に意味はありません。

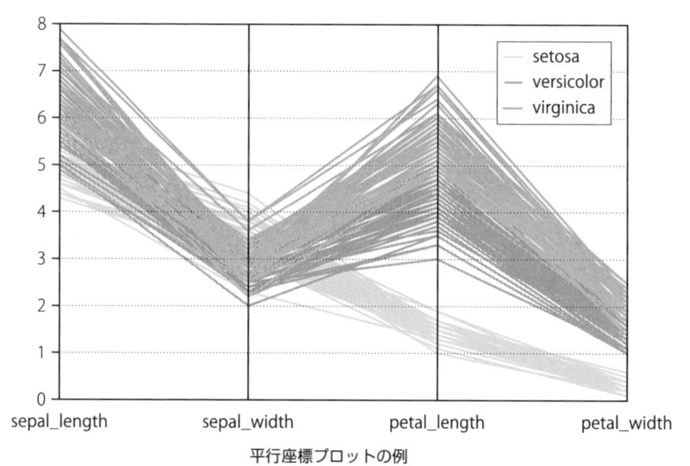

平行座標プロットの例
出典：https://www.python-graph-gallery.com/parallel-plot/

2. 散布図行列

複数の散布図をグリッド（行列）に整列して表示したものです（DS33参照）。これによって、分析を実行する際に、データセット内の複数の変数の関係性を同時に把握することが可能になります。

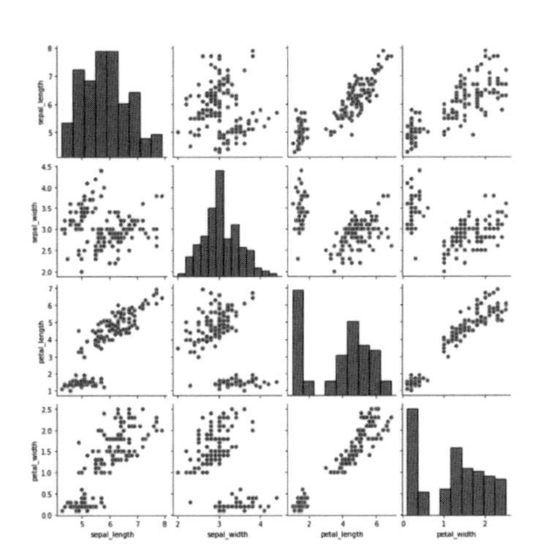

散布図行列の例
出典：https://www.python-graph-gallery.com/correlogram/

3. ヒートマップ

ヒートマップは、2次元データの個々の値の大きさなどの情報を色や濃淡などで表した視覚化の方法です。地図上にプロットすると、その地理上の情報も連動して考慮させることができます。他にも視線が集まる画面上の場所や体の部位ごとの体温の違いをわかりやすく表示するなど、さまざまな場面で活用されています。

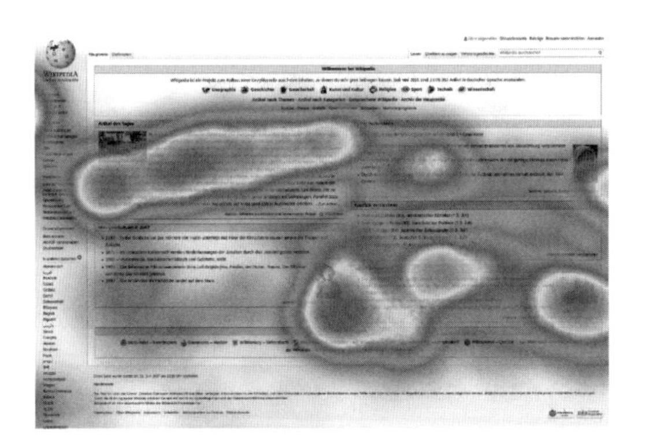

ヒートマップの例
出典：https://commons.wikimedia.org/wiki/File:Eyetracking_heat_map_Wikipedia.jpg

● スキルを高めるための学習ポイント

- 3次元の情報を2次元に付加する可視化の方法を把握しましょう。
- それぞれの可視化方法がどのような場面で活用されているかを調べてみましょう。

DS133 外れ値を見出すための適切な表現手法を選択できる

外れ値についてはDS87やDS101で既出ですが、データ分析や可視化で漏れなく発見し、かつ慎重に扱う必要があるテーマですので、ここでは外れ値を見出すための方法を紹介します。

可視化によって外れ値やデータのばらつきを見出す方法はDS101で紹介した散布図以外にも、以下の左図にあるヒストグラムによる可視化や以下の右図にある箱ひげ図と四分位数(四分位偏差)を用いた可視化、他にクラスター分析を用いる方法などがあります(DS87,228参照)。

箱ひげ図と四分位数(四分位偏差)についてもう少し解説すると、まず四分位偏差とは、四分位範囲と呼ばれる「第3四分位数－第1四分位数」を2で割った値、つまり中心付近のデータがどのくらい散らばっているかを把握できる値です。箱ひげ図は、箱の下限を第1四分位(25%点)、箱の上限を第3四分位(75%点)とし、ひげの下限を「第1四分位数-3×四分位偏差(下側境界点)」より大きい最小値、ひげの上限を「第3四分位数+3×四分位偏差(上側境界点)」より小さい最大値とするグラフです。箱ひげ図では、ひげの両端に入らないデータを外れ値として扱います。

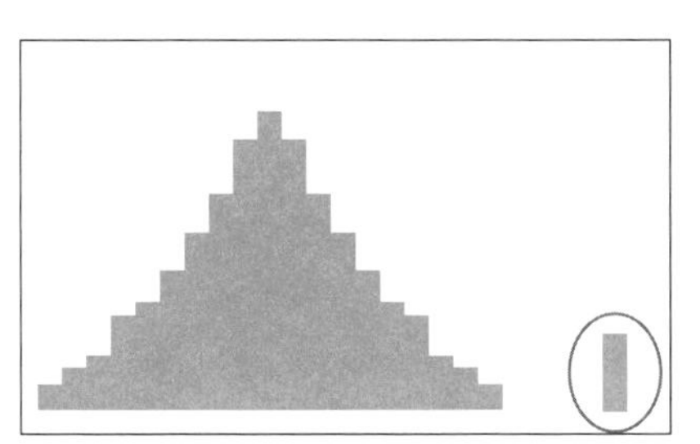

ヒストグラムと外れ値の例

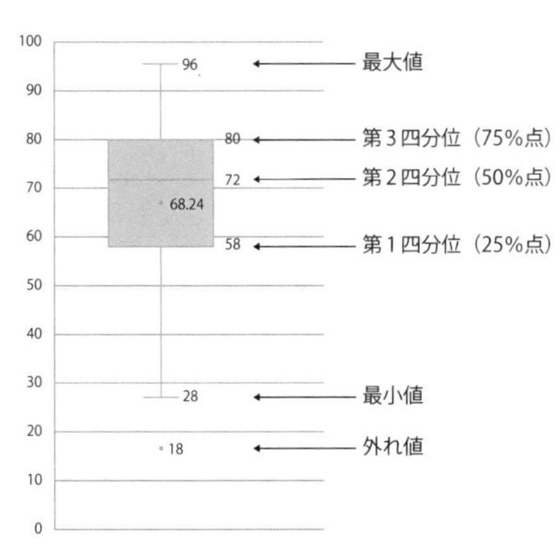

箱ひげ図と外れ値の例

※下側境界点は「第1四分位数－3×四分位偏差＝58－3×11＝25」となり、箱ひげ図における最小値は「25より大きい最小値」です。28はこれを満たすので、ひげの下限となります。一方で、18は25より小さいので、外れ値となります。

● スキルを高めるための学習ポイント

● 外れ値の可視化手法にどのようなものがあるかを把握しましょう。

スキルカテゴリ データ可視化　サブカテゴリ 意味抽出　頻出

DS134 データの可視化における基本的な視点を挙げることができる(特異点、相違性、傾向性、関連性を見出すなど)

データは可視化して終わりではなく、そこからの意味抽出が重要です。同じ可視化でも、適切な意味抽出ができるかどうかで成果が異なります。

データ可視化における基本的な視点は、目的や軸だしの際のポイントとも重複しますが、特異点や相違性、傾向性、関連性を見出すなどが挙げられます。

しかし、データ可視化の視点について唯一の正解といえる定義はありません。そこで、ここではFinancial Times Visual Vocabularyを引用して、主要な視点をご紹介します。

1. 差

基準との差、要素間の差(比較)を見ます。差を見ることをもう少し細かくすると、順位を確認したり、量的な比較をしたり、特異的な差を見つけたりします。

2. 相関

2つ以上の変数の間の関係性を見ます。全体的な視点では関係性を見つけ、局所的な視点では関係性から外れた特異値を見つけることにも使います(DS16参照)。

3. 分布

ある集団のデータの内部での分布を見ます。集団内でのデータの偏り、中心性、特異値を見ます(DS19参照)。

4. 変化

時間やプロセスでの変化を見ます。変化の傾向を見たり、突発的な変化点を見つけたりするのに使います。

5. 構成

内訳を見ます。構成要素ごとの占める割合を確認するのに使います。

出典:「2版) Visual Vocabulary日本語版20180308204452_Data」
(https://github.com/ft-interactive/chart-doctor/blob/master/visual-vocabulary/Visual-vocabulary-JP.pdf)

● スキルを高めるための学習ポイント

- 表現したいことに応じたチャートの分類を理解しましょう。

DS139 単回帰分析において最小二乗法、回帰係数、標準誤差、決定係数を理解し、モデルを構築できる

回帰分析とは、1つの変数からモデルを直線で表現できると仮定して別の変数を予測する手法です。予測に用いる変数を説明変数(独立変数)、予測する変数を目的変数(従属変数)と呼び、説明変数が1つの場合を単回帰分析、説明変数が複数ある場合を重回帰分析といいます(DS140参照)。

例えば、身長から体重を予測する場合、身長が説明変数、体重が目的変数となり、y(体重)$=a\times x$(身長)$+b$のデータの形で、説明変数と目的変数の関係性を表現します。

単回帰分析：$y=a\times x+b$

このとき、目的変数を予測するには、実測値と予測した結果の誤差が小さくなることが望ましいでしょう。その誤差(の二乗和)を最小にするa, bを探す方法を最小二乗法と呼びます。また、そこで算出されたaを傾き、bを切片、そしてaとbを回帰係数と呼びます。

最小二乗法とは「誤差の二乗の和を最小にする」手法で、直線から各値の長さを1辺とした正方形の面積の総和が最小になるような直線を探します。

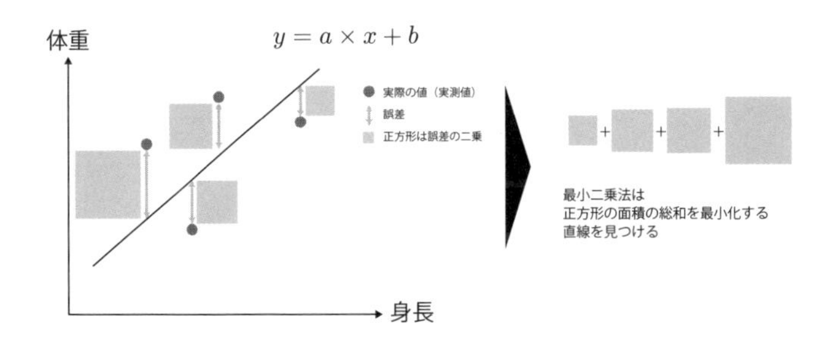

また、推定した回帰係数のばらつきを表す指標として標準誤差があり、説明変数の分散から計算することができます(DS82参照)。 回帰係数の妥当性をはかる際は、標準誤差や、p値などの統計量も確認するようにしましょう(DS46参照)。

スキルを高めるための学習ポイント

- 最小二乗法の計算式、回帰係数の求め方、標準誤差の計算方法を理解しておきましょう。
- モデルの誤差の評価、回帰係数の評価の違いを確認しておきましょう。

スキルカテゴリ モデル化　　サブカテゴリ 回帰・分類

DS140 重回帰分析において偏回帰係数と標準偏回帰係数、重相関係数、自由度調整済み決定係数について説明できる

DS139では、単回帰分析と呼ばれる、1つの説明変数と目的変数の関係を直線で表現できると仮定して目的変数を予測する手法を紹介しました。ここでは単回帰分析を拡張し、複数の説明変数から目的変数を予測する手法である**重回帰分析**を紹介します。例えば、身長と腹囲と胸囲から体重を予測する場合、身長、腹囲、胸囲が説明変数、体重が目的変数となり、y(体重)$=a_1x_1$(身長)$+a_2x_2$(腹囲)$+a_3x_3$(胸囲)$+b_0$の形で説明変数と目的変数の関係性を表現します。

重回帰分析：$y=a_1x_1+a_2x_2+a_3x_3+\cdots+b_0$

$a_1 \sim a_3$やb_0を**偏回帰係数**と呼びます。一般には、それぞれの説明変数の単位や大きさが統一されていないため、偏回帰係数の大きさを比較するだけでは説明変数の目的変数に対する影響度を公平に比較することができません。これに対し、目的変数と各説明変数を平均0、標準偏差1に標準化してから実行した重回帰分析から得られる回帰係数を**標準偏回帰係数**と呼びます。標準偏回帰係数を用いると、各説明変数の目的変数に対する影響度を直接比較できるようになります(DS89参照)。

目的変数の実測値と予測値の相関係数を**重相関係数**と呼び、0から1の値をとります(DS18参照)。重相関係数は1に近いほど相関が高く、推定された回帰式の当てはまりが良い(予測精度が高い)ことを意味します。この重相関係数を2乗した値が決定係数R^2で、y_iを実測値、$\widehat{y_i}$を予測値、$\overline{y}$を平均値とした場合に以下の式で表されます。

$$R^2 = 1 - \frac{\sum (y_i - \widehat{y_i})^2}{\sum (y_i - \overline{y})^2}$$

ここで、決定係数には説明変数の数が多いほど1に近づくという性質があります。しかし、重回帰分析において説明変数が多いことは通常良いことではありません(必要以上にモデルを複雑なものとすることになりかねません)。この点を考慮し、説明変数の数が異なるモデル同士を公平に比較できるよう、重回帰分析では自由度調整済み決定係数で当てはまりの良さを判断します。**自由度調整済み決定係数**は、nをデータ数、kを説明変数の数として次の式で定義されます。

$$
adjusted\ R^2 = 1 - \frac{\dfrac{\sum (y_i - \widehat{y_i})^2}{n-k-1}}{\dfrac{\sum (y_i - \overline{y})^2}{n-1}}
$$

最後に本スキルの範囲を超えますが、実務で使用する際は**多重共線性**(multicollinearity)に注意する必要があります。多重共線性とは、説明変数間で強い相関がある場合、相関の強い説明変数同士がそれぞれ目的変数に同じように影響力を行使することで、標準偏回帰係数が正しく評価できなくなる現象です。なお多重共線性は、偏回帰係数の符号と散布図行列や相関行列を用いた手法や主成分分析などで発見することができます(DS13,89参照)。

参考：BellCurve 統計Web「27-5. 決定係数と重相関係数」(https://bellcurve.jp/statistics/course/9706.html)

● スキルを高めるための学習ポイント

- 偏回帰係数、標準偏回帰係数の違いを理解しておきましょう。
- 重相関係数の計算式と意味(値の取りうる範囲と解釈)を確認しておきましょう。
- 重回帰では決定係数に対して自由度による調整が必要となることを理解しておきましょう。

スキルカテゴリ モデル化　サブカテゴリ 回帰・分類

DS141 線形回帰分析とロジスティック回帰分析のそれぞれが予測する対象の違いを理解し、適切に使い分けられる

まず線形回帰からおさらいしましょう。次の図のように線形回帰では、説明変数x（今回の場合は気温）から、目的変数y（今回の場合は売上）の値を予測します。

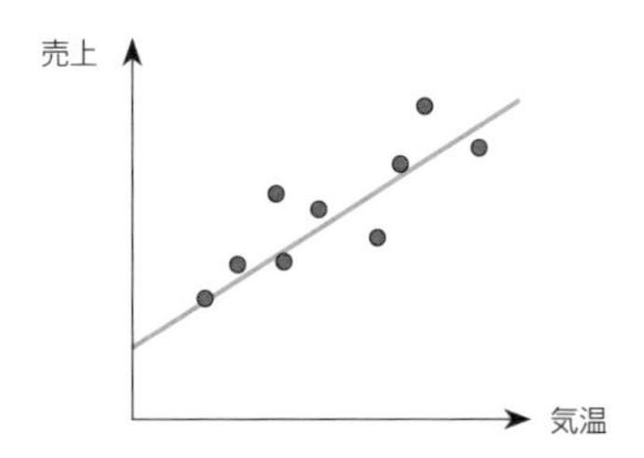

今回のyは売上という連続的な数値でしたが、yが売上ではなく、「購入したか/しなかったか」といった0/1の2値を予測したい場合もあり得ます。その場合に線形回帰をしようとすると、図のようになります。

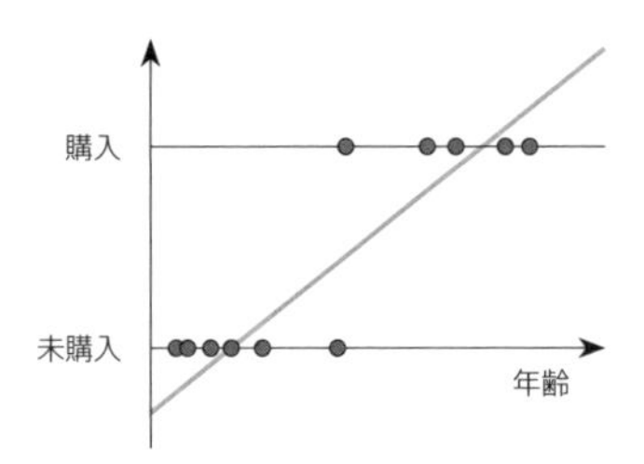

一応の予測ができているように色線は見えますが、0未満や1より大きな値をとることがあり、0か1かを予測するためには望ましくないことがわかります。この状況に対応するのがロジスティック回帰分析です。ロジスティック回帰分析は、0（上記例では未購入）あるいは1（上記例では購入）の生じる確率をシグモイド関数で表現したモデルであり（通常は1の生じる確率を表現）、0/1の2値の予測に対応した分析手法です。ロジスティック回帰分析で予測すると右の図のようになります。図中zは購入(=1)または非購入(=0)を示す変数を示します。

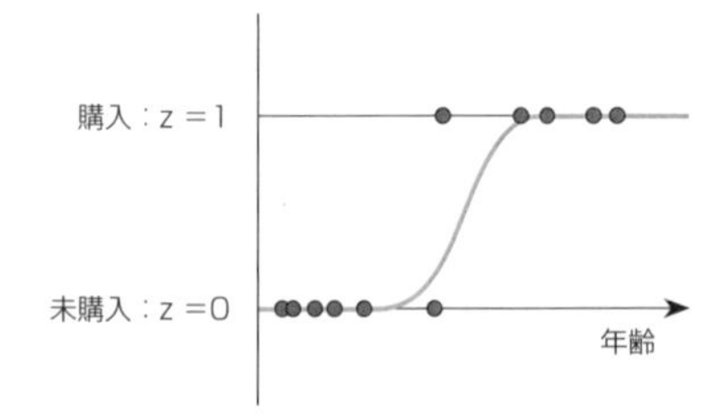

シグモイド関数は以下の式で表されます。

$$\varsigma_a(y) = \frac{1}{1+e^{-ay}}$$

回帰構造をシグモイド関数に適用するためには、以下のように式を立てます。

$$c = ax+b$$

$$p = Pr(z=1) = \frac{1}{1+e^{-c}}$$

$Pr(z=1)$は1が生じる確率を意味し、zは0か1しかとらないため、$Pr(z=1)+Pr(z=0)=1$となります。よって、以下の式が成り立つことがわかります。

$$1-p = 1-Pr(z=1) = \frac{e^{-c}}{1+e^{-c}}$$

さらに、pと$1-p$の比をとって(自然)対数をとると以下の式が成立します。

$$log\left(\frac{p}{1-p}\right) = log\left(\frac{1}{e^{-c}}\right) = log(e^c) = ax+b$$

このようにすることで、説明変数xと発生確率pの関係式を導出できました。なお、$p/1-p$ は**オッズ**と呼ばれる統計的な尺度で、この式は、オッズの対数が、xの線形関数であることを示しています。

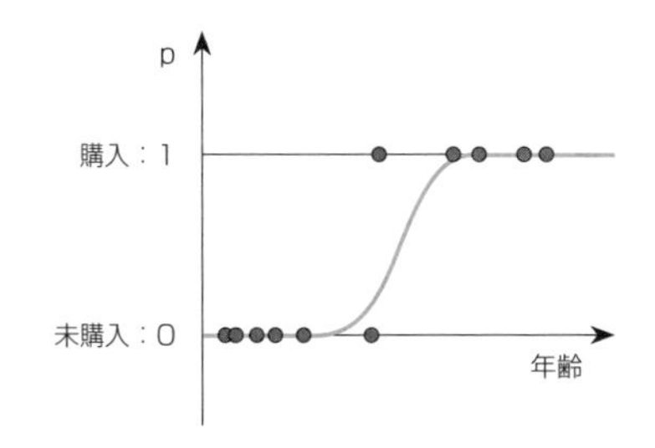

二つの群のオッズの比を**オッズ比**といい、ある群での事象の起こりやすさを他の群と比較したものになります。

スキルを高めるための学習ポイント

- まずは線形回帰を理解しましょう。そのうえで、目的変数が0/1のような2値の場合に、ロジスティック回帰分析がどのように線形回帰を応用して適応しているかを理解しましょう。

スキルカテゴリ モデル化　サブカテゴリ 統計的評価

DS153 ROC曲線、AUC（Area under the curve）、を用いてモデルの精度を評価できる

2値分類問題の評価について考えます。分類問題とは、入力データを指定したグループに分ける問題で、機械学習でよく扱われます(DS161,227参照)。その中でも2つのグループに分ける問題を、2値分類問題と呼びます。例えば、動物の写真から犬の写真のみを抽出したい場合、犬か犬以外かのいずれかのグループに分ける2値分類問題といえます。

2値分類問題では、グループ分けがどの程度成功しているかで評価します。これを、機械学習で構築したモデルの精度評価と呼びます。評価をするために、先ほどの犬と犬以外の2値分類問題で用語を定義します。まずグループのラベルとして、犬の場合を「正例」、犬以外の場合を「負例」とします。

次に、真陽性率(TPR)と偽陽性率(FPR)という二つの指標を使います。

TPR（True Positive Rate：真陽性率）＝TP ／ (TP＋FN)
　実績値が正例のうち、予測値も正例であった割合
　例）犬の写真を機械学習モデルが「犬」と予測した割合

FPR（False Positive Rate：偽陽性率）＝FP ／ (FP＋TN)
　実績値が負例のうち、予測値が正例であった割合
　例）犬以外の写真を機械学習モデルが「犬」と予測した割合

※TP,FP,FN,TN は、DS154 を参照

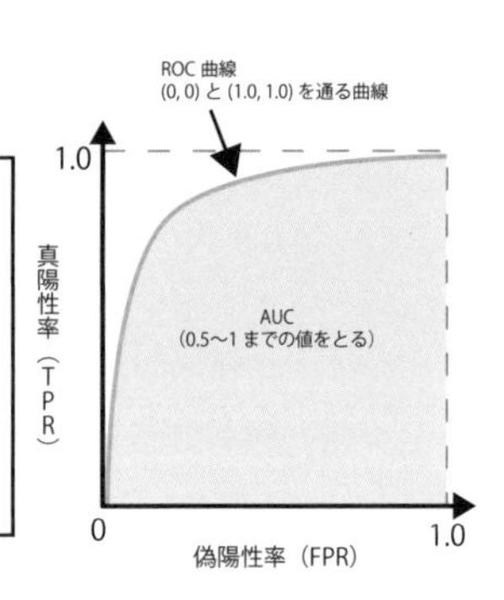

2値分類問題では、ROC(Receiver Operating Characteristic)曲線やAUC(Area Under the Curve)でモデルの精度評価を行います。ROC曲線は、モデルが予測値を正例と判別する閾値を1から0に細かく変化させたとき、各閾値での偽陽性率(FPR)と真陽性率(TPR)をx軸とy軸にプロットして描きます。このROC曲線の下側の面積がROC曲線のAUC(Area Under the Curve)です。なお、モデルの精度が100%の場合、ROC曲線は図の(0, 1)を通り、AUCは1.0になります。

● スキルを高めるための学習ポイント

- ROC曲線とAUCの違いを理解しましょう。
- AUCの性質を具体例で確認しておきましょう。

DS154 混同行列(正誤分布のクロス表)、Accuracy、Precision、Recall、F値、特異度といった評価尺度を理解し、精度を評価できる

ここでは、分類問題(2値/多値)の評価について解説します。まず、各レコードが正例か負例であるかを予測する、2値分類問題の評価方法について解説します。

一般的な評価方法として、混同行列(正誤分布のクロス表)を用いた評価があります。実測値と予測値の組み合わせは以下の4つのパターンに分けられます。

- ・TP (True Positive、真陽性):予測値を正例として、その予測が正しい場合
- ・TN (True Negative、真陰性):予測値を負例として、その予測が正しい場合
- ・FP (False Positive、偽陽性):予測値を正例として、その予測が誤りの場合
- ・FN (False Negative、偽陰性):予測値を負例として、その予測が誤りの場合

以下のように混同行列のイメージで覚えるとよいでしょう。この混同行列を使用してさまざまな評価指標を計算することができます。

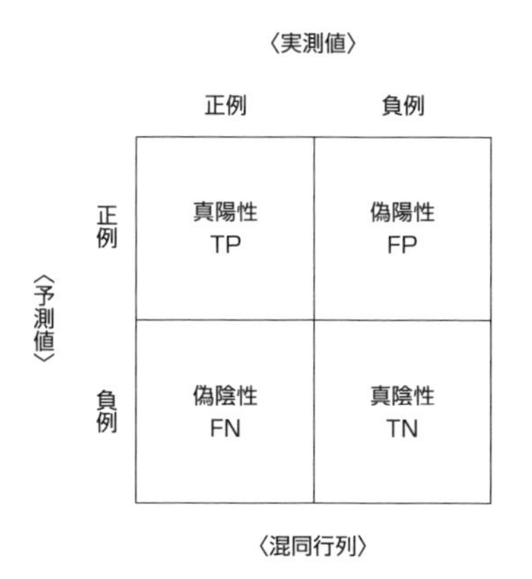

$$Accuracy = \frac{TP + TN}{TP + TN + FP + FN}$$

$$Precision = \frac{TP}{TP + FP}$$

$$Recall = \frac{TP}{TP + FN}$$

$$F\text{値} = \frac{2 \cdot Recall \cdot Precision}{Recall + Precision}$$

混同行列と各指標

一番簡単なのは、Accuracy（正解率）で、正解のレコード数をすべてのレコード数で割ることで求められます。しかし、正例と負例が不均衡なデータの場合は、モデルの性能を評価しづらい側面があります。

他には、Precision（適合率）とRecall（再現率）、F値などがあります。Precisionは、正例と予測したレコードのうち実測値が正例の割合を指し、これを正例のPrecisionといいます。負例のPrecisionは、負例と予測したレコードのうち実測値が負例の割合を指しますので、正例と負例でそれぞれPrecisionが計算できることに注意しましょう。

Recallは実測値が正例のレコードのうち正例と予測された割合を指し、これを正例のRecallといいます。PrecisionとRecallはトレードオフの関係があり、両方を同時に最大化することは困難です。誤検知を少なくしたい場合はPrecisionを重視し、見逃しを少なくしたい場合はRecallを重視します。また、負例のRecallは特異度(Specificity)とも呼ばれます。特異度は負例を取りこぼしなく予測できているかを表すものであり、$TN/(TN+FP)$で計算することができます。

F値はPrecisionとRecallの調和平均であり、バランスを重視した指標となります。

なお、多値分類の評価については、macro平均、micro平均、重み付き平均などがあります。macro平均はクラスごとに評価指標(Accuracyなど)を計算した後に平均する方法でクラスごとのウェイトは均等になります。そのため、不均衡データの場合は、各クラスに重みをつけた重み付き平均を用いることがあります。micro平均は全予測(すべてのレコード数)のうち、正しく予測できた割合を指すためAccuracyと同義で、不均衡データの場合はモデルの評価がしにくい側面があります。

評価指標のそれぞれの特徴を理解して、ビジネスの特性に合わせた評価指標を選定するようにしましょう。

● スキルを高めるための学習ポイント

- 混同行列、Accuracy、Precision、Recall、F値、特異度の違いを理解しましょう。
- TP、TN、FP、FNの用語と意味、違いを覚えておきましょう。
- PrecisionとRecallがトレードオフの関係にあることを具体例で確認しておきましょう。

DS155 RMSE(Root Mean Squared Error)、MAE(Mean Absolute Error)、MAPE(Mean Absolute Percentage Error)、決定係数といった評価尺度を理解し、精度を評価できる

ここでは、回帰分析の評価について考えてみましょう。単回帰分析、重回帰分析において、最小二乗法を用いて実測値と予測値の残差の二乗和を最小化すると解説しました(DS139,140参照)。ただし、回帰モデルの評価において、必ずしもパラメータを定めるための関数である目的関数と評価指標を一致させなくてもかまいません。評価指標はビジネスの特性に合わせて、柔軟に変更することも可能です。

回帰モデルの評価指標としては、誤差を測るRMSE(Root Mean Squared Error：平均平方二乗誤差)やMAE(Mean Absolute Error：平均絶対誤差)、誤差率を測るMAPE(Mean Absolute Percentage Error)、モデルの当てはまりの良さを測る決定係数などがあります。

RMSEは誤差の平方二乗平均なので、予測を大きく外すとRMSEの値が大きくなります。したがって大きく外すことが許容できない問題設定に有用です。事前に外れ値を除いておかないと外れ値に大きく影響を受けたモデルができる可能性があるため、外れ値の除去は必要になります(DS87,164参照)。

一方、MAEは誤差の二乗ではなく絶対値の平均なので、外れ値の影響を受けにくい性質があります。MAPEは実測値と予測値の誤差率で評価するため、RMSEやMAEに比べて、スケールが異なるデータの誤差を比較しやすくなります。決定係数は、1から「誤差の二乗和」を「実測値－平均値の二乗和」で割った値を引いたものになり、モデルの当てはまりの良さを示しています。

さまざまな評価指標の違いを理解し、ビジネスの特性に合わせた評価指標を選択できるようにしましょう。

$$RMSE = \sqrt{\frac{1}{N}\sum_{i=1}^{N}(y_i - \widehat{y_i})^2}$$

$$MAE = \frac{1}{N}\sum_{i=1}^{N}|y_i - \widehat{y_i}|$$

N：データ件数

$i = 1, 2, \cdots, N$：i番目のデータ

y_i：i番目の実測値

$\widehat{y_i}$：i番目の予測値

$\overline{y}$：実測値の平均値

RMSEとMAE

$$MAPE = \frac{100}{N}\sum_{i=1}^{N}\left|\frac{\widehat{y_i} - y_i}{y_i}\right|$$

MAPE

$$R^2 = 1 - \frac{\sum_{i=1}^{N}(y_i - \widehat{y_i})^2}{\sum_{i=1}^{N}(y_i - \overline{y})^2}$$

決定係数

また、RMSLE (Root Mean Squared Logarithmic Error)などもよく使用されますので、確認しておきましょう。

スキルを高めるための学習ポイント

- 目的関数と評価指標の違いを理解しましょう。
- RMSE、MAE、MAPE、決定係数などの評価指標の、計算式や特徴の違いを理解しましょう。

DS161 機械学習の手法を3つ以上知っており、概要を説明できる

機械学習は大きく分けると、教師あり学習、教師なし学習、強化学習に分類することができます(DS163,227参照)。

教師あり学習では、教師となるデータを用意し、特徴量(説明変数)と目的変数の関係性をモデルにより学習します。目的変数がカテゴリ値などの質的変数を予測することを分類、連続値である量的変数を予測することを回帰と呼びます(DS140参照)。商品の需要予測や不動産の価格推定など、ドメインに応じた問題を解決するのに役立ちます。

実務では、指示の元で教師データとなる目的変数と特徴量を選定し、データセットを構築することになります。また、指示の元で、使用する学習アルゴリズムを選定し、データセットを学習した後に、学習モデルの評価を行うことになります。分類や回帰の手法としては、線形回帰やロジスティック回帰、k近傍法、サポートベクターマシン、ニューラルネットワーク、決定木、ランダムフォレスト、勾配ブースティングなどが使用されます。

教師なし学習では、先述したような教師データがない学習の手法のことを指します。例えば、クラスタリングを用いて顧客セグメントを構築し、セグメントごとの施策を実行することで、企業の営業戦略に関する問題などを解決するのに役立ちます。クラスタリングにおいては、指示の元で、分類対象と分類方法を決め、分類に用いられる距離を定義し、距離を測定してクラスタリングしていきます。クラスタリングの手法としては、階層型と非階層型に分けることができ、非階層型にはk-means法などがあります(DS228参照)。

強化学習は、与えられた環境の中で報酬が最大になるようにエージェントが行動を繰り返すことでモデルを構築します。自動運転のエージェント構築、囲碁や将棋などのゲームエージェント構築などに使用され、シミュレーションの問題を解決するのに役立ちます。学習の仕方としては、方策反復法と価値反復法に分けることができ、Alpha Goに採用されている深層学習と組み合わせたDeep Q-Network (DQN)などがあります。

● スキルを高めるための学習ポイント

- 教師あり学習、教師なし学習の代表的な手法とその概要(長所・短所)、活用シーンを整理しておきましょう。
- 教師あり学習、教師なし学習の設定項目(教師データ、特徴量、アルゴリズムなど)を確認しましょう。

スキルカテゴリ モデル化　　サブカテゴリ 機械学習

DS162 機械学習のモデルを使用したことがあり、どのような問題を解決できるか理解している（回帰・分類、クラスター分析の用途など）

機械学習の解析手法はDS182で解説していますが、一般的に解析手法にはそれぞれメリット・デメリットが存在し、また、どのようなときにどの手法がよいかは明確になっていない部分もあるため、さまざまな手法を試した上で良い結果を示す手法を採用するのが一般的です。

そこで、機械学習モデルの構築指示を受けたとき、ただ言われたとおり解析手法を使用してモデルを構築するだけでなく、どのような問題解決に取り組んでいるかわかっていれば、取り組みの全体像とその指示の位置づけをより正確に理解でき、その作業のゴールや次にやるべきこと、もっと良いやり方がないかを考えることもできるようになります。機械学習の解析手法を使えるだけでなく、その先にある解決すべき問題まで見据えて作業を進めましょう。

さて、機械学習の解析手法を使用して解決できるタスクは多数存在しますが、ここでは大きく分類した中で、比較的よく用いられる代表的な4つの問題を紹介します。

1つ目は、分類問題です。写真内にいる動物の認識や手書き文字の解読などが代表的な事例です。判別したい分類を定めると、未知のデータに対してその分類のうち、どれに一番近いかを判別してくれます。

2つ目は、予測問題です。販売量予測や来客数予測などが代表的な事例です。さまざまな条件における過去の結果データから、関係性や傾向を学習し、近い将来の結果を予測してくれます。

3つ目は、クラスタリングです。例えばマーケティングではターゲットを絞るために顧客データから顧客層のグループ化するのにクラスタリングを用います。大量のデータから、機械が自動的に似た者どうしをグループ化してくれます(DS228参照)。

4つ目は、異常検知です。設備異常の迅速な検出や、サイバー攻撃の検知などが代表的な事例です。大量のデータからこれまでにないパターンや振る舞いを検出してくれます。

ここでは代表的な4つの問題を紹介しましたが、他にも時系列予測やレコメンドなどもありますので、興味のある方は調べてみましょう(DS73,170参照)。

スキルを高めるための学習ポイント

- 機械学習で解決する代表的なタスクのタイプを覚えておきましょう。
- 機械学習の手法を分類して理解し、身近な問題がどのタイプに当てはまるか考えてみましょう。

DS163 「教師あり学習」「教師なし学習」の違いを理解している

教師あり学習や教師なし学習の手法についてはDS161やDS227でも触れてきているため、ここでは両者の違いを解説していきます。

教師あり学習は、特徴量(説明変数)とターゲットにしたい正解(目的変数)をセットにしたデータをコンピューターに学習させる手法です。教師あり学習は、回帰(DS139,140参照)や分類(DS227参照)でよく用いられます。実際にデータをコンピューターに学習させるには、機械学習アルゴリズムと呼ばれる計算手順を用意しますが、教師あり学習では、正解データを付与したデータ(教師データ)をコンピューターに学習させることで、コンピューターはその正解傾向を捉え未知の説明変数に対する予測や判別を行います。

このことから、教師データが十分に用意できていない状況では、コンピューターの学習は進まず、良い予測精度や判別精度を得ることはできません(DS154参照)。また、付与した正解データが誤っている状況でも同様の結果となります。よって教師あり学習では、コンピューターが学習する十分な量の正確な教師データを準備することが重要です。しかしビジネスの現場では、教師データを十分に用意できず、教師あり学習を断念することもあります。これは、教師データを用意する作業、すなわち正解データを付与する作業に多大な時間やコストを要することが一つの理由であり、今日では教師データを生成するさまざまな工夫が検討されています(DS166参照)。

一方で教師なし学習は、正解を付与することなく指定した特徴量だけでコンピューターがデータ間の関係や特徴を発見する手法です。データを複数のグループに自動で分割するクラスタリングや、特徴量を合成してデータの次元を削減する主成分分析などがあります(DS4,228参照)。他に、アソシエーション分析や深層学習を使ったGAN(敵対的生成ネットワーク)なども教師なし学習としてよく取り上げられます。教師なし学習では唯一の正解があるわけではなく、どの特徴量を選ぶかによって結果が異なるため、探索的に結果を解釈し妥当性を判断しなければなりません。一方で、教師あり学習で述べたような教師データを整備せずともよい点は魅力的な手法とも言えます。

どちらが良い悪いということではなく、分析データの整備状況やどのような状況で利用するかなどを総合的に判断し選択するようにしましょう。

スキルを高めるための学習ポイント

- 教師あり学習と教師なし学習の違い、それぞれの目的と注意点を説明できるようにしておきましょう。

スキルカテゴリ モデル化　サブカテゴリ 機械学習　頻出

DS164 過学習とは何か、それがもたらす問題について説明できる

機械学習の**過学習**とは、学習の回数が増えるにつれて、**訓練データの誤差**(training error)が減少するのに対し、未知のデータに対する予測誤差である**汎化誤差**(test error)が増加する状態を指します(DS169参照)。**オーバーフィッティング**や**過剰適合**とも呼ばれます。

過学習が起きる原因としては、訓練データ数に比べて、モデルが複雑で自由度が高い(説明変数が多すぎる)ときに発生し、未知のデータを安定して予測できない事態などが生じます。

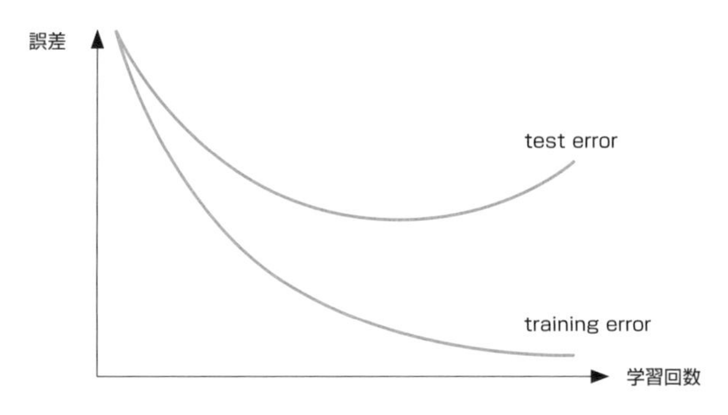

過学習時の訓練データの誤差(training error)と汎化誤差(test error)のイメージ

過学習を抑制するためには、訓練データ数を増やす、単純なモデルに変更する、正則化する(モデルの複雑さが増すことに対する罰則をかけ、複雑さを抑える)、学習方法として交差検証法を用いる、学習の早期打ち切り(early stopping)をするなどの方法があります。また、むやみに説明変数を増やしすぎると過学習が発生するので、必要な説明変数に絞ってモデルを構築するのもポイントになります。

この項目で求められているスキルの範囲を超えますが、過学習の反対の状態を、**未学習**や**アンダーフィッティング**、**過少適合**と呼びます。これは、訓練データにも未知のデータにも適合しない状態を指します。

スキルを高めるための学習ポイント

- 過学習とはどのような状態か説明できるようにしましょう。
- 過学習の原因と対処法を理解しておきましょう。
- 過学習と未学習を混同して使用しないようにしましょう。

DS165 次元の呪いとは何か、その問題について説明できる

一般的に変数や特徴量を増やすことで、モデルの説明力は高まると言われています。一方で、扱うデータの次元(変数や特徴量の数)が増えると、指数関数的に計算量が増加し、解決したい問題の解決を阻む要因となります。このデメリットを次元の呪いと呼びます。

機械学習では、データの次元が大きくなりすぎると、そのデータで表現できる組み合わせが指数関数的に大きくなってしまい、分類問題では過学習を発生させることにつながります(DS164参照)。クラスタリングでは、先述したように、距離を比較するのが難しくなり、想定したクラスターを作成するのが困難になります(DS228参照)。

機械学習における次元の呪いを抑制するには、特徴量の中から必要なものを選ぶ特徴量選択、データが持つ情報をできるだけ保持したまま低次元に圧縮する次元圧縮などを行う必要があります(DS4参照)。また、教師あり学習においては、次元の呪いで発生する問題(過学習など)を回避するテクニック(正則化など)があります(DS163参照)。ただし、教師なし学習においては次元の呪いを回避するのは難しいため、次元の呪いを理解した上で、最初からむやみに次元を増やしすぎないことがポイントになります。

スキルを高めるための学習ポイント

- 次元の呪いとは何か説明できるようにしておきましょう。
- 次元の呪いによって発生する問題と対処法を理解しておきましょう。

スキルカテゴリ モデル化　　サブカテゴリ 機械学習

DS166 教師あり学習におけるアノテーションの必要性を説明できる

教師あり学習で精度の高い機械学習モデルを構築するためには、教師データと呼ばれる正解に相当する出力データをもった訓練データが大量に必要となります(DS154,161,163,169,227参照)。コンペティションなどでは、あらかじめ教師データが与えられている状況が多いですが、実ビジネスでは、利用可能な教師データが不足する場面が多々あります。そこで、正解に相当する出力値のついていない教師なしデータに対して、正解を付与して教師データを作る**アノテーション**を行う必要があります。

例えば、機械学習モデルを用いて開発した**チャットボット**の回答精度を上げるために、そのテキストに含まれる単語の中で回答精度の向上に重要と判断した単語を意味付けする**タグ付け**と呼ばれるアノテーションを行います。また、画像や映像の分析では、例えばその画像に写っている机や電車などの物体をタグ付けするアノテーションや、色や感情などの属性をタグ付けするアノテーションに加え、画像の範囲を特定する4点の座標を指定する**バウンディングボックス**と呼ばれるアノテーションなどが行われます。

アノテーションは、人手で行う方法と**半教師あり学習**、**アクティブラーニング**などがあります。人手で行う場合は、事前にアノテーションの観点を決めて複数人で行うことで、品質の高い教師データの量産を目指します。一方で、半教師あり学習では、すべてのデータに対してアノテーションを行うわけではなく、一部の正解を付与した教師データと大量の教師なしデータを組み合わせることで、教師なしデータに対する推論結果を得て、機械学習モデルによる半自動的なアノテーションを行います。また、アクティブラーニングは、一部の正解を付与した教師データで機械学習モデルを構築し、残りの大量の教師なしデータの中から機械学習モデルの学習に効果的なデータを抽出し、そのデータに対して人が正解を付与し教師データを増やしていく方法です。人が行うアノテーションの作業を効率的に行える方法といえます。

スキルを高めるための学習ポイント

- アノテーションの目的と方法を理解しておきましょう。
- 半教師あり学習とアクティブラーニングなどの用語を理解しておきましょう。

DS167 観測されたデータにバイアスが含まれる場合や、学習した予測モデルが少数派のデータをノイズと認識してしまった場合などに、モデルの出力が差別的な振る舞いをしてしまうリスクを理解している

機械学習では、偏ったデータを学習すること等により、モデルの出力が意図せず差別的な振る舞いをしてしまうことがあります。ここではそのような例を2つ紹介します。

履歴書情報を入力し、採用するか否かを出力する機械学習モデルを考えます。このとき、過去に多くの男性を採用していた企業のデータをもとにモデルを学習すると、男性に対して不当に高いスコアを出力するモデルとなってしまう可能性があります。

次に、顔認証を行うモデルを考えます。このとき、一部の人種の件数が極端に少ないデータをもとにモデルを学習すると、件数の少ないデータがノイズとして扱われ、顔認証精度が著しく低くなってしまう可能性があります。

このように、バイアスが入った状態でのモデルの出力結果のことを、このスキル項目では「モデルの出力が差別的な振る舞いをしている」と表現しています。

なお、これらの差別的な振る舞いは特徴量から性別や人種、国籍などのセンシティブ属性を取り除いたとしても、センシティブ属性に相関のある他の特徴量から間接的に学習を行う可能性があることも知られています。

よって、学習の段階で特徴量からセンシティブ属性を除いたり、層化抽出を行ってデータの偏りの緩和を行うとともに、モデル検証時に、センシティブ属性ごとの予測値の分布や精度を確認し、結果として差別的な振る舞いとなっていないかを検証することが重要となります。

スキルを高めるための学習ポイント

- データに偏りがある場合に起こる問題について理解しておきましょう。
- データに偏りが発生するものとして、どのような状況があるか考えてみましょう。
- モデルの出力結果が差別的な振る舞いをしていないかを確認するポイントについて理解しておきましょう。

スキルカテゴリ モデル化　**サブカテゴリ** 機械学習

DS168 機械学習における大域的(global)な説明(モデル単位の各変数の寄与度など)と局所的(local)な説明(予測するレコード単位の各変数の寄与度など)の違いを理解している

機械学習によって構築したモデルの説明責任や精度改善のために、そのモデルの解釈性が求められることが増えつつあります。総務省は、AIの研究開発の原則の1つとして「透明性の原則」を謳っており、「AIネットワークシステムの動作の説明可能性及び検証可能性を確保すること。」としています。ここで言われる説明可能性の確保の方法については、現在「大域的(global)な説明」と「局所的(local)な説明」の2つに分類することができます。

大域的な説明は、学習済みのモデルがどのようにして予測するかをモデル単位で説明する方法を指します。例えば、回帰分析を例に挙げましょう(DS140参照)。ビールの売上を気温などのさまざまな変数で説明できれば、その結果気温が1度上がると売上がいくら上がるということを説明できます。一方で、多くの機械学習のモデルはその複雑性によって精度向上を可能としてきたため、モデル単位でどのように予測しているかを説明することが難しいものも存在します。

そこで局所的な説明が用いられることがあります。局所的な説明とは、機械学習で構築した複雑なモデルへの特定の入力で得られた予測結果やその予測プロセスを根拠に説明する方法です。モデルそのものの可読性ではなく、ある特定の入力に対して機械学習モデルがどのように判断したかを示すことで、その説明に変えます。例えば、犬と猫の画像を識別するモデルがあった場合、ある犬の写真を入れて正しく犬と識別したときに、どこを特徴として捉えたかを実際に使った写真を用いて説明します。あくまで一例にすぎないため、それだけで十分な説明になる保証はないですが、複雑な機械学習モデルを解釈するための方法の一つとされています。また局所的な説明は、機械学習の判断が偏っている場合、その原因を明らかにするのにも用いられることがあります。

機械学習の解釈については、ここ数年で特に注目を集めるようになった議論のため、今後あらゆる手法が提案され、見解が述べられる分野です。最新の状況を継続的に確認するようにしましょう。

参考：Christoph Molnar「Interpretable Machine Learning」
https://hacarus.github.io/interpretable-ml-book-ja

● スキルを高めるための学習ポイント

- 大域的な説明と局所的な説明の違いを理解しておきましょう。
- 機械学習の説明性が必要な理由を理解しておきましょう。

DS169 ホールドアウト法、交差検証（クロスバリデーション）法の仕組みを理解し、訓練データ、パラメータチューニング用の検証データ、テストデータを作成できる

機械学習とは、コンピュータがデータから規則性や判断基準を見出し、その結果を用いて分類や予測を行う仕組みです(DS161,227参照)。 コンピュータがデータから規則性や判断基準を見出すことを「学習」と呼び、学習によって得られる数式を「機械学習モデル」と呼びます。

コンピュータが受け取ったデータを、構築した機械学習モデルに入力すると何かしらの予測や判断が出力されます。この機械学習モデルを実際の業務に適用するには、モデルの出力結果がどの程度正解に近いかを示す「精度」を確認する必要があります。特に未知のデータに対する精度は重要であり、未知のデータにも高い精度で出力できる性質・能力のことを「汎化性能」といいます。

汎化性能を高める手法の一つに、データを分割して学習に用いるデータを生成する方法があり、代表的なものにホールドアウト法と交差検証法(クロスバリデーション)があります。

ホールドアウト法は、まずデータセットを2つまたは3つにランダム分割します。3つに分割する場合は、「訓練データ：検証データ：テストデータ＝7：2：1」等の比率で分割します。テストデータを別途用意する場合は、訓練データと検証データにランダム分割します。生成した訓練データで機械学習モデルを構築し、検証データで(モデルまたはビジネスの)評価指標が最大化するようにパラメータチューニングを行い、そして、テストデータを用いてモデルの**汎化性能**を確認します。

データセットに偏りがなく、ランダムに分割しても同じく偏りがでない場合はホールドアウト法でもよいですが、検証データやテストデータに偏りがあったり、データが少なすぎたりすると適切な評価が行えず、モデルの精度が向上しない問題が起きます(DS164参照)。

そこで、**交差検証法**では、あらかじめテストデータを除外したデータセットをランダムにk個のブロックに分割し、そのうち1個を検証データ、残りのk-1個を訓練データとして精度を評価します。これをk回繰り返し平均化するのが、**k-fold交差検証法**です。テストデータ以外の全データが1度は検証データとして使用され、異なるデータで複数回(k回)検証を繰り返すことで、特定のデータのみに適合したモデルになることを防ぐことができます。

スキルを高めるための学習ポイント

- ホールドアウト法と交差検証法の仕組みと違いを理解しましょう。
- 訓練データ、検証データ、テストデータのそれぞれの意味と違いを理解しましょう。

スキルカテゴリ モデル化　　サブカテゴリ 機械学習

DS170 時系列データの場合は、時間軸で訓練データとテストデータに分割する理由を理解している

時間の経過とともに発生する現象の変化を記録したデータを時系列データと呼びます(DS219参照)。例えば、日々の株価の変動や気候の変化、IoTデバイスによって記録された身体の各種計測データなど、数多くの時系列データが存在します。時系列データは、時間の経過に応じて記録内容に季節や曜日など周期性や長期的なトレンドが見受けられ、そのデータの構造自体も変化することが知られています。

このようなデータを使って機械学習のモデルを構築するとき、単純にデータをランダムに分割してホールドアウト法や交差検証法を行うと、検証データと同じ期間のデータでモデルを学習できてしまい、モデルの性能を過大評価することになります(DS169参照)。 これは、時系列データが時間的に近いレコードほどデータの傾向も似ているという性質があるためです。

そこでこのようなデータを学習するときには、時系列データに対応したホールドアウト法、時系列データに対応した交差検証法の考え方が必要です。基本的な考え方としては、データを時系列に沿って分割した上で、「訓練データは検証データより未来のデータを含めないようにする」ことです。

実務においては、あらかじめデータを可視化し、基本的なデータの構造や時系列の変化の特性を見極めた上で、訓練データ・検証データ・テストデータの分割方法(時系列データの場合は期間)を定めるようにしましょう。

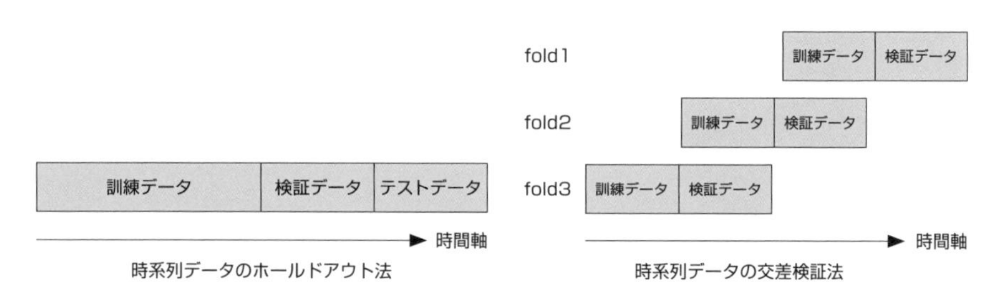

時系列データの分割方法(例)

スキルを高めるための学習ポイント

- 時間の経過とともにデータの構造が変わっていくデータ(時系列データ)の具体例を考えてみましょう。
- 時系列データに対応したホールドアウト法、時系列データに対応した交差検証法の考え方を確認しておきましょう。

DS171 機械学習モデルは、データ構成の変化(データドリフト)により学習完了後から精度が劣化していくため、運用時は精度をモニタリングする必要があることを理解している

機械学習モデルは、データ構成の変化により、学習完了後から精度が劣化していきます。このデータ構成の変化として、コンセプトドリフトやデータドリフトなどがあります。

コンセプトドリフトは、目的変数の概念が変化する場合に発生します。例えば、不正検知において、新たな不正パターンが登場した場合などが考えられます。学習済モデルにおいてはこの新たな不正パターンは学習できていないので、モデルの再学習をしなければ精度は劣化していくでしょう。

データドリフトは、モデルの特徴量の分布が学習時から変化した場合に発生します。季節性による変化、人間の嗜好、トレンドの変化など原因はさまざまですが、時間の変化とともに発生することが多いでしょう。特に金融データなどは日々時系列でデータ傾向が変化していくことが前提となるデータのため、直近データのモデルへの取り込みが必要になるでしょう。

これらのデータ構成の変化によるモデルの精度劣化を防ぐために、データドリフトの検知、モデル精度の監視が、運用時には必要となることが多いです。これらはMLOps(Machine Learning Operations)において運用上欠かせない要素であり、モデル精度が劣化していることを確認したら関係者にアラートで通知するなどの仕組みが必要になるでしょう(DE161参照)。

主要なクラウドプラットフォームではこれらの機能は用意されていますが、実務的には、変化を察知したらモデルを素早く改善できる仕組みの方が重要です。単純に再学習すれば改善するのか、特徴量の見直しが必要か(長期の移動平均を使用していたが、短期の移動平均に変更するかどうかなど)など、改善のパターンを検討し、機械学習のパイプラインとしてどこまで自動化できるかをモデル運用前に整理しておきましょう。

スキルを高めるための学習ポイント

- コンセプトドリフトやデータドリフトの意味、発生原因を理解しましょう。
- MLOpsや機械学習パイプラインについて調べてみましょう。

スキルカテゴリ モデル化　**サブカテゴリ** 機械学習　頻出

DS172 ニューラルネットワークの基本的な考え方を理解し、入力層、隠れ層、出力層の概要と、活性化関数の重要性を理解している

基本的構造を持つニューラルネットワークは、入力層、中間層、出力層からなるパーセプトロンと呼ばれる構造を有する学習モデルです。一つのパーセプトロンは以下の図のように、入力値に対して重み付け総和を計算する部分と、出力値を決定する活性化関数とから構成されます。図中のbはバイアスを表し、線形回帰の切片に相当します。このようなパーセプトロンを組み合わせたものがニューラルネットワークとなります。

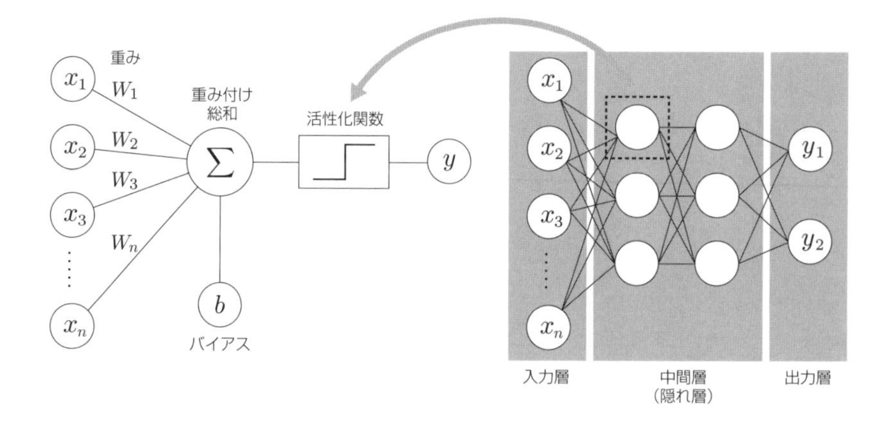

ニューラルネットワークとパーセプトロン

なお、中間層は複数構成させることができ、これを多層にしたものが深層学習(ディープラーニング)となります。

入力層には数値データの特徴量がインプットされ、欠損値を扱うことはできません。また、特徴量のスケールが揃っていないと学習がうまく進まないため、標準化などした上で入力する必要があります。

中間層では、前の層の値と重みを掛け合わせた和をとり、ReLU(正規化線形関数)などの活性化関数を適用します。ReLUは入力が0以下なら0、0を超える場合はy＝xとなるような関数であり、後述の勾配消失問題を解決するために都合が良いことから中間層で採用されることが多くなっています(その他、0以下の入力に対して若干の出力を行う Leaky ReLUなどもあります)。また、交互作用が作成され、特徴量間の非線形な関係性を自動的に反映できるようになります。

出力層では、前の層の値と重みを掛け合わせた和をとり、タスクに合わせた活性化関数を適用します。回帰であれば恒等関数、二値分類であればシグモイド関数、

多値分類であればソフトマックス関数が適用されます。

ニューラルネットワークの学習は、出力層から得られた予測値と実測値(教師データ)との差を誤差とし、誤差の操作を損失関数として求め、損失関数を最小化するように学習します。損失関数の値をもとに重みとバイアスを更新し、更新された重みとバイアスを用いて再び予測し、損失関数の最小化を行うよう重みの更新を繰り返す誤差逆伝播法が用いられることが特徴です。

各層の重みを更新しながら誤差を最小化していくために、勾配(損失関数を重みで微分した値)が用いられます。出力層から入力層に向けて勾配が掛け合わされていくことで、各層の勾配で小さい値が続くと、入力層付近の勾配は0になり、学習がうまく進まなくなってしまいます。これが勾配消失問題であり、浅い層のニューラルネットワークではあまり深刻な問題ではありませんが、対策として中間層の活性化関数にはReLUが使用されるのが一般的です。

スキルを高めるための学習ポイント

- ニューラルネットワークの誤差逆伝播法を理解しましょう。
- 活性化関数の種類と使用されるタスクを覚えましょう。

スキルカテゴリ モデル化　サブカテゴリ 機械学習

DS173 決定木をベースとしたアンサンブル学習(Random Forest、勾配ブースティング[Gradient Boosting Decision Tree：GBDT]、その派生形であるXGBoost、LightGBMなど)による分析を、ライブラリを使って実行でき、変数の寄与度を正しく解釈できる

決定木は、ある特徴量が閾値以上か否かで境界を分割していく手法で、境界面は非線形(格子状に垂直)になります。汎化性能(予測能力)が低いことが経験的に知られているため、ランダムフォレストや勾配ブースティングなどのアンサンブル学習モデルを使用するのが一般的です。

複数のモデルを組み合わせ、汎化性能を向上させる手法をアンサンブル学習と呼びます。ランダムフォレストは、データの一部をサンプリングしたデータ(特徴量もサンプリングする)でそれぞれ学習し、その多数決(平均)を予測値とするモデルです。勾配ブースティングは、現状のモデルの残差(予測値と実測値の差)を予測し、それらを足し合わせた値(最初の予測値＋残差の和)が教師データに近づくように学習します。勾配ブースティングにサンプリングや正則化などの改善をしたモデルが、XGBoostやLightGBMです。

これらのモデルはパラメータ数が多く、ライブラリを使用する際は値の設定に注意する必要があります。例えば、「max_depth」は木の深さを意味し、大きな値を設定するほど、深さが増し、分割ルールが増えるため、過学習を起こす場合がよくあります。そのため、モデルの仕組みだけでなく、パラメータの特性を理解しながらモデルを実行する必要があるでしょう。また、決定木系のモデルはインプットデータの欠損値の補完やスケーリングなどの前処理をする必要がないことから、分析の初手で使用されることが多いのも特徴です。

結果の解釈としては、特徴量ごとに分割に使用された回数や目的関数の改善の寄与度を集計することで、各特徴量の重要度(Importance)を計算することができます。精度を向上させる局面では、分割に使用された回数よりも目的関数の改善の寄与度を確認する方がよいでしょう。

● スキルを高めるための学習ポイント

- 各アンサンブルモデルの仕組みとパラメータの特性を理解しましょう。
- 実際にライブラリを使用してアンサンブルモデルを実行してみましょう。

DS174 連合学習では、データは共有せず、モデルのパラメータを共有して複数のモデルを統合していることを理解している

モデルの学習では、通常多くのデータを集めることで精度の向上が期待できます。しかし、個人情報保護の観点などから、生データが使えない場面も少なくありません。このような状況では、加工済みデータのみしか使えないことや、そもそもデータ利用が許可されない場合もあります。

このような問題を解決するため、プライバシー強化技術(PETs)と呼ばれる、個人情報保護上の問題を生じさせずに実行可能なさまざまな分析技術が開発されています。ここで紹介する連合学習はそのような技術のうちの一つです。

具体的には、通常の分析では「データを集めて、集めたデータを元にモデルを構築」(下図左)しますが、連合学習では「それぞれのデータを元にモデルを構築し、モデルのパラメータを集めて1つに統合し、モデルを構築」(下図右)します。

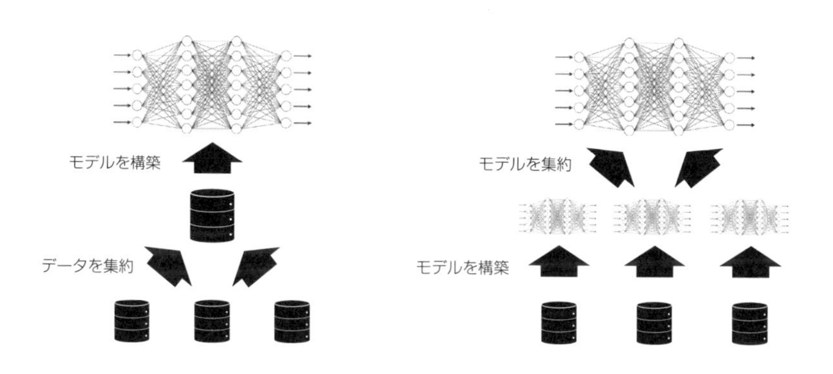

連合学習は、製薬会社が協力して創薬する際に利用したり、スマートフォン内部で使用するAIを強化したりするのに利用されています。

スキルを高めるための学習ポイント

- 連合学習が個人情報保護上の問題への対策のために開発された技術であることを理解しましょう。
- 連合学習は、データそのものを集めてモデルを構築するのではなく、各データで構築したモデルのパラメータを集めるという方法であることを知っておきましょう。

スキルカテゴリ モデル化　サブカテゴリ 機械学習　ver.5新設 頻出

DS175 モデルの予測性能を改善するためには、モデルの改善よりもデータの質と量を向上させる方が効果的な場合があることを理解している

予測能力の高いモデルを構築するためには、利用するデータ、モデル構築手法の両面から検討しなければなりません。

データの改善方法としては、以下の視点が特に重要です。

- **データの量**:一般的に、大量のデータを使用することで、モデルはより多様なパターンを学習し、より正確な予測を行うことができます。
- **データの質**:データクレンジングにより、不完全、誤った、欠損しているデータを取り除くことで、データの品質が改善し、モデルの予測能力を向上させることができます。しかし、クレンジングには限界があるため、取得段階からデータの品質を高める計画を立てておくことも重要です。

モデル構築手法の改善方法としては、以下が代表的です。

- **アルゴリズムの選択**:適切な機械学習アルゴリズムの選択と、そのハイパーパラメータのチューニングは、モデルに基づく予測精度の向上に大きく影響します。
- **特徴量エンジニアリング**:データの傾向から有用な特徴量を定義できれば、モデルがよりデータの傾向を捉えられるようになります。

初学者が初めてモデルを構築する場合、利用するデータを与件として、モデルの構築手法を工夫していかにモデルの予測性能を表す指標を向上させるか、ということがメインのテーマになる傾向にあるため、モデルの構築手法だけに注意が行きがちになります。また、現在は多くのデータ分析のコンペティションがあり、与えられたデータでどれだけの予測性能を出せるか、ということが評価の基準になることも、モデル構築手法に注目が集まる理由かもしれません。

しかし、実際の業務でモデルを構築する場合、モデル構築手法を工夫するよりもデータを増やしたりデータの質を見直したりする方が効果的である場面が多くあります。また少ない偏ったデータや質の悪いデータの状態で、高度かつ複雑なモデル構築手法を採用すると、そのような問題のあるデータの特徴をより忠実にモデルに反映するようになり、かえって状況が悪化することすらあります。そのため、この観点でもデータと構築手法のバランスが重要です。

スキルを高めるための学習ポイント

- モデルを改善する場合、モデルの構築手法に注目が行きがちですが、データを増やしたり、データの質を見直したりすることが実務上は重要である、ということを理解して、業務において実践しましょう。

DS201 深層学習(ディープラーニング)モデルの活用による主なメリットを理解している(特徴量抽出が可能になるなど)

ニューラルネットワークの層を深くすることでモデルの表現力を豊かにし、勾配消失の問題をある程度解消したモデルのことを深層学習と呼びます(DS172参照)。

深層学習は主にテキスト、画像、音声などの非構造化データに対して適用されることが多く、層を深くすることで、さまざまな特徴抽出が可能になります。深層学習においては、人間が特徴量を定義する必要がなく、モデルが大量の訓練データから特徴量を自動的に抽出します。2012年にGoogleが、深層学習を用いて、猫と教えることなく猫を認識することに成功した出来事が有名です。これは大量の猫の画像データを教師なし学習で学習し、猫の画像に強く反応するニューロンを抽出することで、猫を認識できるようになったということです。

また、深層学習はこれらの表現力豊かな特徴量を学習することが可能なため、人間の認識精度を超えることが多々あります。ILSVRC (ImageNet Large Scale Visual Recognition Challenge)という画像認識の世界大会において、2015年にMicrosoftが人間の目の精度を超える深層学習モデルを開発したことで技術的なブレイクスルーが起こりました。2020年にはOpenAIがGPT-3を発表して、内容的に自然な文章生成が可能になり、自然言語処理分野でも新たなブレイクスルーも起こっています。このように深層学習の歴史と発展を辿ってみると、深層学習のメリットを理解することができるでしょう。

深層学習モデルは学習済モデルとして公開されているものもあるので、モデルをダウンロードしてそのまま使用することもできますし、重みの一部を取り出して別のタスクとして転移学習等に活用することも可能になります。モデルの活用方法の自由度が高いのもメリットのひとつといえるでしょう。

● スキルを高めるための学習ポイント

- 深層学習では、人間が特徴量を定義することなく、大量の訓練データからモデルが特徴量を自動的に抽出できます。
- 他にも深層学習には、人間の認識精度を超える、モデルの再活用が可能であるといったメリットがあります。深層学習の適用事例から考えるとわかりやすいでしょう。
- 深層学習のメリットだけでなく、デメリットについても調べて整理しておきましょう。

DS202 データサイエンスやAIの分野におけるモダリティの意味を説明できる（データがどのような形式や方法で得られるか、など）

データサイエンスやAIで対象とするデータには様々な種類がありますが、分析の際にはその種類にかかわらず同じようにアルゴリズムを適用できるよう、最終的にテンソル(ベクトル、行列を一般化したもの)と呼ばれる数値の集まりにしています。

例えば、画像、音声、テキストというそれぞれ異なる情報に対しては、下記のような処理によりテンソルにして、データ分析に利用しています。

画像：ピクセル(画像を細かく分割したときの1つの区画)ごとに色を表す数値に変換
音声：一定の時間ごとに音の振幅を数値に変換
テキスト：文を単語に区切り単語の出現状況を数値に変換

しかし、このように数値変換したデータであっても、データの作り方、数値の持つ意味が異なるデータ同士の場合は、両者を併せて取り扱うことが難しくなります。

この画像や音声、テキストなどの種類をモダリティといいます。モダリティという言葉の定義には様々な立場があり、データサイエンスやAIの業界ではやや特殊な用いられ方をしている用語です。そのため、明確な定義や解説を与えることは難しく、ここではモダリティについての一つの考え方を紹介するにとどめます。

一般的には、人間が知覚する際の感覚器や処理経路が異なるものは異なるモダリティであると言われることが多いです。このことからも、数値、言語、画像、音声はすべて別のモダリティだと言えます。また、人間が直接知覚することはありませんが、ネットワーク・グラフのデータなど、また別のモダリティを表すと考えられるデータもあります。つまり、データ分析上、単純に併せることができず、異なった取り扱いをする必要のあるデータの違いがデータサイエンスやAIにおけるモダリティとなります。

モダリティが異なれば、計算機上でのデータ処理の手法も異なることが一般的となります。一方、近年では、その障壁を乗り越え、複数のモダリティを同時に扱えるマルチモーダルモデルが盛んに開発されています。この潮流は、大規模言語モデルの登場以降に激しく加速しました。マルチモーダルモデルでは、テキストで指示して画像を生成するモデルを始めとして、多様なモダリティをつなぐモデルが開発されています。

スキルを高めるための学習ポイント

- モダリティが異なるデータは処理方法が異なることを理解しましょう。
- どのようなマルチモーダルモデルがあるか調査してみましょう。

スキルカテゴリ モデル化　　サブカテゴリ 時系列分析

DS219 時系列分析を行う際にもつべき視点を理解している（長期トレンド、季節成分、周期性、ノイズ、定常性など）

時間による変化から、さまざまなことを読み取ることができます。ここでは主な時系列変化を見る際の観点について紹介します。

1. トレンド（傾向変動）

長期的な変化傾向のことをトレンドといいます。例えば以下は、気温の経年変化です。年ごとの上下はありますが、長期的には上昇傾向であることが見てわかります。大きな変化の傾向を捉えるトレンドの視点は、時系列分析を行う際の重要な視点のひとつです。

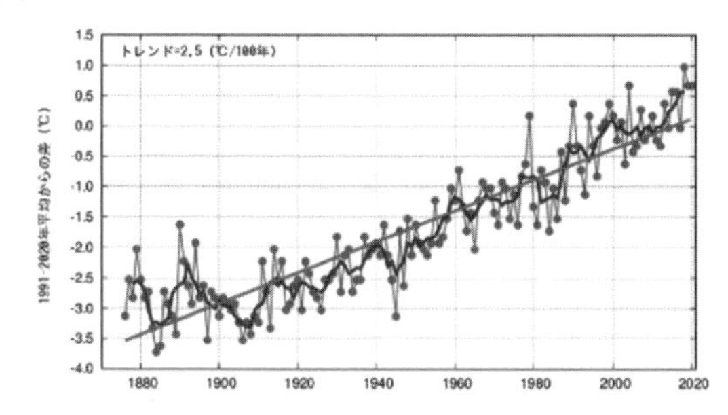

ある地点の年平均気温偏差（例）
出典：気象庁「長期変化傾向（トレンド）の解説」（http://www.data.jma.go.jp/cpdinfo/temp/trend.html）

2. 季節成分

月や四半期、1年など一定の間隔で繰り返される変動要因を季節成分、そしてこのような変動を季節変動といいます。例えば以下は、過去10年の日平均気温です。夏は高く冬は低い、1年ごとの周期性が見られます。気象条件や季節に影響を受ける商品・サービスを分析する際には必須の視点で、時系列分析を行う上で重要な視点のひとつです。

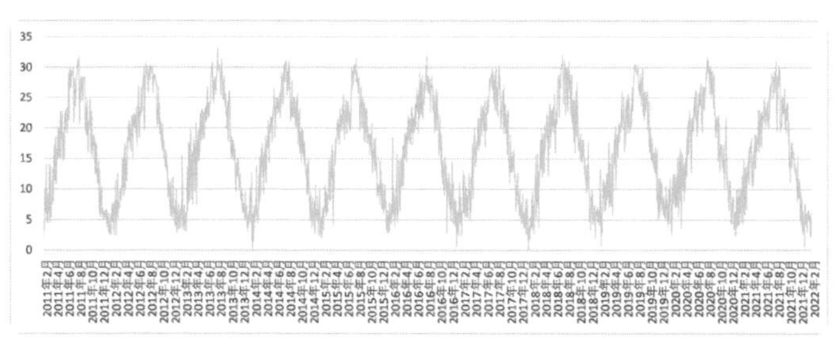

出典：気象庁「過去の気象データ・ダウンロード」（https://www.data.jma.go.jp/gmd/risk/obsdl/）

3. 周期性(循環変動)

季節変動以外の周期変動を**周期性**(循環変動)といいます。例えば、景気動向指数の変動にみられるような好況・不況の繰り返しなどがあります。

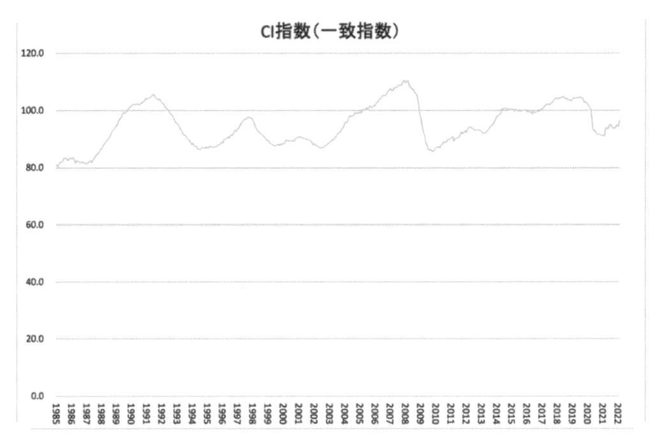

景気循環グラフ
内閣府「景気動向指数(速報、改訂値)(月次)結果」より作成 (https://www.esri.cao.go.jp/jp/stat/di/di.html)

4. 短期的変動・外れ値

基となる時系列データから傾向変動や季節変動を除去して残った変動を**短期的変動**と呼びます。短期的変動は、隣り合う時点間の階差をとるなどして抽出することになります。以下は、先ほどの過去10年の日平均気温の前日との気温差(階差)をグラフにしたものです。季節成分が除去され、短期的変動を見ることができます。ばらつきの変化や急激な変化による**外れ値**を見つけられます。ばらつきの分析の視点は、時系列分析を行う際の重要な視点のひとつです。

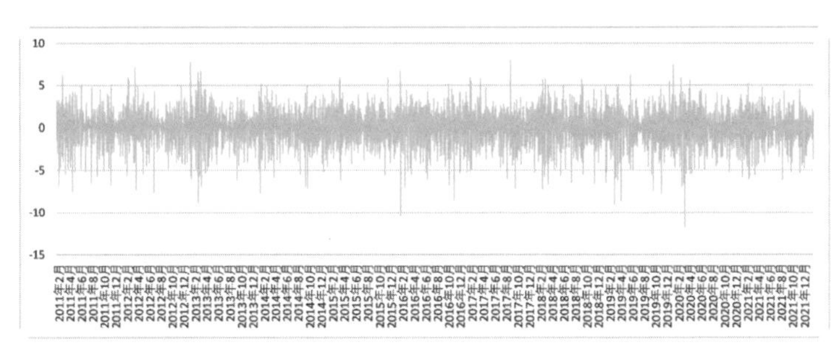

出典：気象庁「過去の気象データ・ダウンロード」(https://www.data.jma.go.jp/gmd/risk/obsdl/)

5. ノイズ(不規則変動)

取り出したい情報以外の不要な情報をノイズ(不規則変動)といいます。取り出したい情報が基準となるため、こういうデータがノイズである、という定義はありません。例として、先の日平均気温の季節変動と短期的変動の場合を以下に示します。

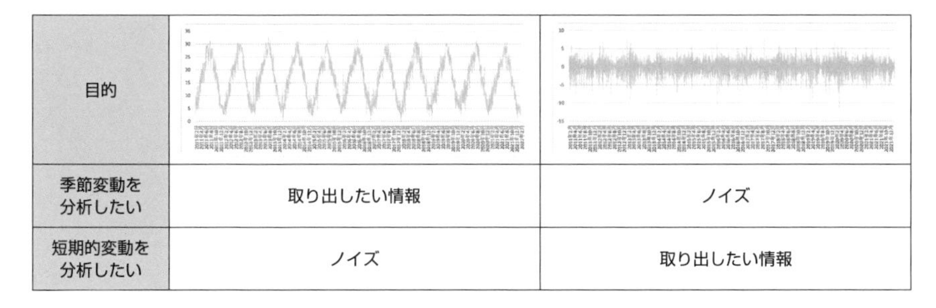

目的	(季節変動のグラフ)	(短期的変動のグラフ)
季節変動を分析したい	取り出したい情報	ノイズ
短期的変動を分析したい	ノイズ	取り出したい情報

参考:北川源四郎「4-4 時系列データ解析」
(http://www.mi.u-tokyo.ac.jp/consortium2/pdf/4-4_literacy_level_note.pdf)
AVILEN AI Trend「BASIC STUDY」(https://ai-trend.jp/basic-study/)

6. 定常性

時間の経過に伴って、平均と自己共分散が一定な時系列データを定常過程に従う時系列データといい、これ以外の時系列データを非定常過程に従う時系列データといいます。非定常過程に従う時系列データを、定常性を満たすようにデータを変換(差分変換や対数差分変換など)することで、統計的時系列モデル(ARMAモデルなど)を適用することが可能になります。ただし、どのような時系列データでも定常性を仮定して分析できるということではないことに注意が必要です。

● スキルを高めるための学習ポイント

- まずは視点の種類を覚えるようにしましょう。覚えたのち、さらに学びを深めたい方は、どのようにその成分を抽出するか、移動平均、階差、季節調整などについて調べてみましょう。

DS227 教師なし学習のグループ化(クラスター分析)と教師あり学習の分類(判別)モデルの違いを説明できる

機械学習とは、「データから規則性や判断基準を学習し、それに基づき未知のものを予測、判断する技術」のことです。人工知能に関する分析技術の1つで、人により多少の解釈の違いがあります。データ分析と同義で使われることもあります。

データをいくつかのグループに分けるための手法は、教師あり学習と教師なし学習に分類することができます。ここでいう教師とは、入力・出力値を含んだ訓練データ(training data)のことです(DS166参照)。スキルの説明文とは用語の登場順が異なりますが、まずは「教師」のイメージをつかんでいただくために、教師あり学習から説明します。

教師あり学習は、出力に関するデータである教師データを既知の情報として学習に利用し、未知の情報に対応できるモデルを構築することです。例えば、ある画像が猫か鳥かを判断するために、画像に「猫」「鳥」とラベルを付けてコンピュータに学習をさせます。コンピュータは学習に基づき、新しく入力された画像が「猫」か「鳥」かを分類します(教師あり学習の場合は、グルーピングではなく分類や判別と呼ばれることが一般的です)。教師あり学習の分類(判別)手法には、ロジスティック回帰、サポートベクターマシン、決定木(分類)などがあります。

次に教師なし学習です。教師あり学習とは違い、教師がない、つまり正解に相当する出力値がないため教師なし学習と呼ばれています。教師なし学習によるデータのグループ分けでは、各データの近しさ(距離や類似度)に基づいてデータを行われます(教師なしのグルーピングはクラスタリングとも呼ばれます)。代表的な手法としては、デンドログラム(樹形図)を作成する階層クラスタリングや、k-means法(k平均法)などによる非階層クラスタリングがあげられます。(DS228,229参照)。ちなみに、教師なし学習にはデータのグループ化だけではなく、情報の要約などの手法も含まれます(DS165参照)。

● スキルを高めるための学習ポイント

- 機械学習とは何かを理解しましょう。
- 機械学習の分類に何があり、それぞれの分類にはどのような特徴があるか、具体的な例と分析手法を説明できるようにしましょう。

DS228 階層クラスター分析と非階層クラスター分析の違いを説明できる

クラスターとは、ある特徴が似ている群れや集団を指す言葉です。前の項目(DS227)でも出てきましたが、グループに分けることをクラスタリングといいます。このクラスターを作る方法、つまり似たものどうしをまとめる手法がクラスター分析です。クラスター分析は、事前に分類の基準が決まっておらず、分類のための情報も明示的には与えられていないので、教師なし学習の分類方法です。分類方法には、階層クラスター分析と非階層クラスター分析という2つの方法があります。

まず、階層クラスター分析です。階層化するというのは、似ているものどうしを順番に纏めていく方法です。クラスター分析ではデータが持つ特性の差を距離で表し、距離が小さいものを似ていると判断しています。次の左の図は、A～Eの距離を表した図です。そして、距離が小さいものから順にトーナメント表のようにまとめていくと、以下の右の図のようなデンドログラム(樹形図)と呼ばれる図を作ることができます。

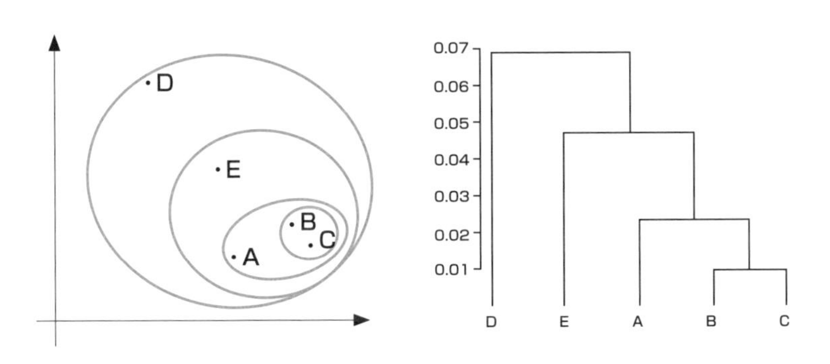

階層クラスターとデンドログラムのイメージ

デンドログラムの高さは距離を表しています。2つのデータ間の距離の測定方法には、ユークリッド距離、マンハッタン距離、マハラノビス距離など代表的なものでも複数あります。また、クラスター間の距離の測定方法にも、ウォード法、群平均法、最短距離法、重心法、メディアン法などいくつかあります。それぞれの特性を知ったうえで最適な距離の測定方法を選びクラスタリングを行うことが重要です。

階層クラスター分析のメリットは説明のしやすさです。樹形図などで具体的に分類の方法を説明することができ、相手の理解を得やすいです。一方デメリットは、分類の対象が非常に多い場合、計算量が多くなり時間がかかることです。

次に非階層クラスター分析です。文字の通り階層構造を作らないで分類する分析方法です。非階層クラスター分析の特徴は、あらかじめクラスターの数を指定しておく点です。指定されたクラスターの数にデータを分けていくため、すべてのデータどうしの距離を測定する階層クラスター分析よりも計算量が少なく、短時間で結果を出すことができます。次の図は非階層クラスターの結果イメージです。決められた分け方の方法によって、データを3つに分けています。

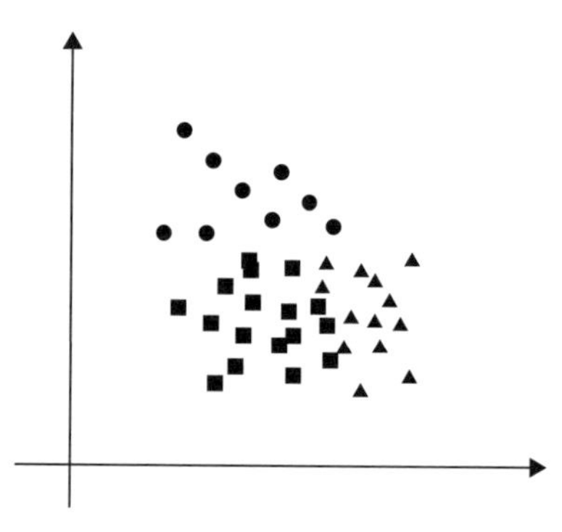

非階層クラスターのイメージ

非階層クラスター分析で最も使われるのはk-means法です。指定されたクラスター数に分類されたデータの重心を求め、クラスタリングをし直す手続きを繰り返すことで、設定された条件において最適なグループ分けを行います。非階層クラスター分析のメリットは、大量のデータを短時間でグループ分けできることです。デメリットはあらかじめクラスターの数を指定しなければならない点と、一番最初にランダムに設定される重心(初期値)によって構成されるクラスターの違いが生じること(初期値依存性)がある点です。これらのデメリットを回避するために、非階層クラスター分析の場合はクラスター数や初期値を変えて何回か分析するのが一般的です。

スキルを高めるための学習ポイント

- 階層クラスター分析と非階層クラスター分析の違いを理解しましょう。
- 階層クラスター分析の2つのデータ間の距離測定方法、クラスター間の距離測定方法をいくつか挙げることができるようにしましょう。
- 階層クラスター分析と非階層クラスター分析をそれぞれ実践してみましょう。

DS229 階層クラスター分析において、デンドログラムの見方を理解し、適切に解釈できる

階層クラスター分析はデンドログラム(樹形図)を出力することができます。このデンドログラムを見ながら適切なクラスター数を考えていきます(DS228参照)。

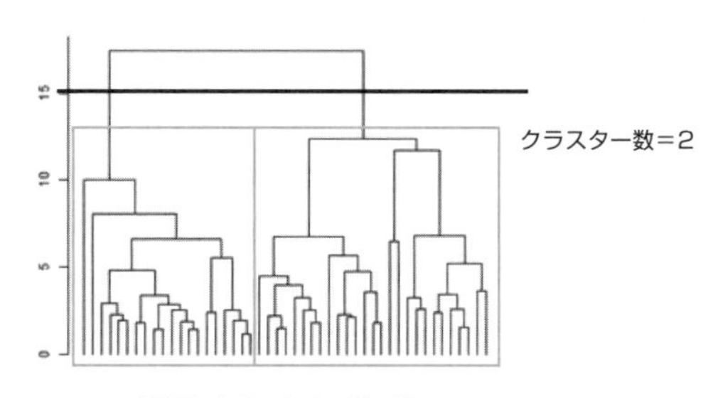

適切なクラスタリングの例

デンドログラムで上から最初に枝が分かれたところに線を引いてみます。するとその線で2つのグループに分けられます。各クラスター内のデータも一定数あり妥当です。このように上から順に線を引いて、いくつかのクラスター数に分けてみます。

次の図はクラスター数を6にしたときのグループ分けです。1ないし2データしか含まないクラスターが3つも存在し、意味のあるグループ分けとは言えません。この例においては、クラスター数は2または3が適切です。

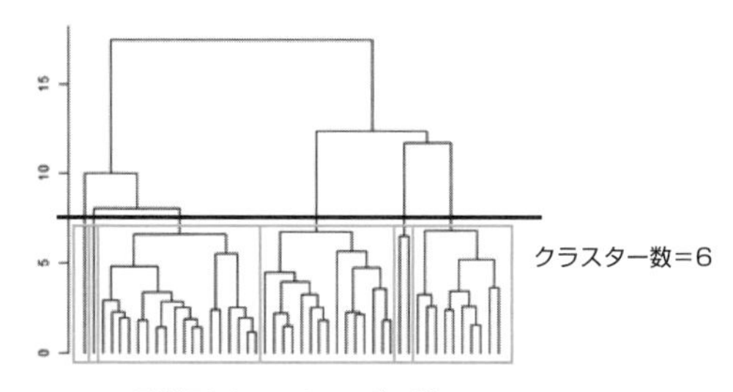

不適切なクラスタリングの例

デンドログラムは、指定した距離測定方法によって大きく変わるため、適切なクラスター数に分けるには、距離測定方法についても意識する必要があります。

● スキルを高めるための学習ポイント

- 階層クラスター分析においてデンドログラムの見方をわかるようになりましょう。
- デンドログラムから適切なクラスター数を判断できるようにしましょう。

スキルカテゴリ モデル化　**サブカテゴリ** ネットワーク分析　ver.5新設

DS240 ネットワーク分析におけるグラフの基本概念(有向・無向グラフ、エッジ、ノード等)を理解している

様々なものの関係(ネットワーク)を分析する場合、下図のようなグラフと呼ばれる図に表して分析することが一般的です。

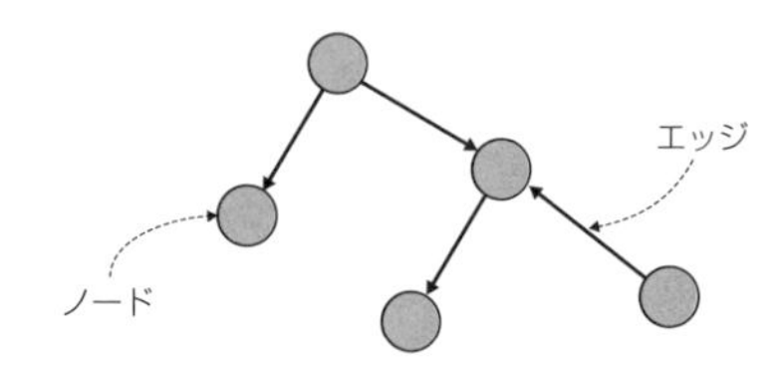

ものを表すための点はノード(頂点)、関係を表すための線はエッジ(辺)と呼ばれます。インターネットのサイト間の関係、SNSの個人間の関係、都市間の交通の関係など、さまざまな関係を分析することに使われています。

・有向グラフ、無向グラフ

関係には、親子関係のような方向のある関係と、知人関係のような方向のない関係があります。方向のある関係は矢印の線、方向のない関係は矢印のない線分で表され、これらの関係で表されたグラフをそれぞれ有向グラフ、無向グラフと呼びます。上の図は有向グラフの例になります。

・次数

ノードに接続するエッジの数を次数と呼びます。有向グラフの場合は、ノードに入ってくるエッジの数を入次数、ノードから出て行くエッジの数を出次数と呼びます。関係が多いほど重要な人物やものを表すことが多いため、ネットワークの中の重要なノードを探る際に利用されます。

・重み

ノードがつながっているかどうかだけでなく、ノード間の関係の程度を表したい場合、エッジに重みと呼ぶ数値を付加して表します。都市間の関係を移動の所要時間で表すといった使い方をします。

スキルを高めるための学習ポイント

- グラフがものの関係(ネットワーク)を分析する際に使われることを理解しましょう。
- ノード、エッジというグラフを構成する基本要素について、図とともに知っておきましょう。
- 有向・無向グラフ、次数など、グラフを分析する際に有用な概念について理解しましょう。

DS247 レコメンドアルゴリズムにおけるコンテンツベースフィルタリングと協調フィルタリングの違いを説明できる

データサイエンスの分野で注目を集めているテーマの一つがレコメンドアルゴリズムです。特に、コンテンツベースフィルタリングと協調フィルタリングは、レコメンデーションシステムを構築する際に広く利用される二つの主要なアプローチです。これらの手法は、ユーザーに対してパーソナライズされたコンテンツや製品を提案するために用いられますが、その根底にある仕組みや考え方には大きな違いがあります。

コンテンツベースフィルタリングは、アイテム自体の特性に焦点を当てたアプローチです。この手法では、ユーザーが過去に好意的に評価したアイテムの特性(例えば、映画であればジャンル、監督、出演者など)を分析し、それらの特性に基づいて新しいアイテムを推薦します。つまり、ユーザーの過去の行動や好みから、類似の特性を持つアイテムを見つけ出し、推薦することがこの手法の特徴です。このアプローチの利点は、新規のユーザーやアイテムに対しても比較的容易に推薦が可能であること、そしてユーザーがなぜそのアイテムを推薦されたのかを説明しやすいことです。一方で、ユーザーが過去に関心を示した特性に似た特性を持つアイテムをレコメンドするため、新しいジャンルやカテゴリーのアイテムを発見するのが困難になるという課題はあります。

コンテンツベースフィルタリングのプロセスは以下になります。

1. アイテムプロファイルの作成

まず、各アイテムを記述するプロファイルを作成します。これは、アイテムの属性や特徴を表すメタデータの集合で、例えば映画ならばジャンル、監督、出演者、公開年などが含まれます。テキスト情報がアイテムの主要な内容である場合(例えばニュース記事や本の推薦)、テキスト解析を通じてキーワードやトピックを抽出しアイテムプロファイルを構築します。

2. ユーザープロファイルの作成

同様に、ユーザーの過去の行動(例えば、評価、閲覧、購入履歴)からユーザープロファイルを構築します。これはユーザーが好むアイテムの特徴を反映しており、コンテンツベースフィルタリングではこれを利用して新しいアイテムを推薦します。

3. 類似性の計算

アイテムプロファイルとユーザープロファイルをOne-Hotエンコーディング(ダミー

変数を用いた変換）等でベクトル化し、これらの間で類似性を計算します。これは通常、コサイン類似性やユークリッド距離などの数学的手法を用いて行われ、ユーザーの好みと最も類似したアイテムが識別されます。

4. 推薦

計算された類似性スコアに基づいて、ユーザーに最も関連性の高いアイテムが推薦されます。

No.	Movie	Genre	Director	Year	Star Actor
1	Movie A	Action	Director 1	2010	Actor 1
2	Movie B	Action	Director 2	2020	Actor 2
3	Movie C	Romance	Director 3	2015	Actor 3
4	Movie D	Sci-Fi	Director 1	2021	Actor 4

アイテムプロファイルの例

一方、協調フィルタリングはユーザー間の関係性やアイテム間の関係性に焦点を当てます。このアプローチは、「ユーザーAがアイテムXを好むと、同じアイテムXを好む他のユーザーBが好むアイテムYも、ユーザーAが好む可能性が高い」という仮定に基づいています。

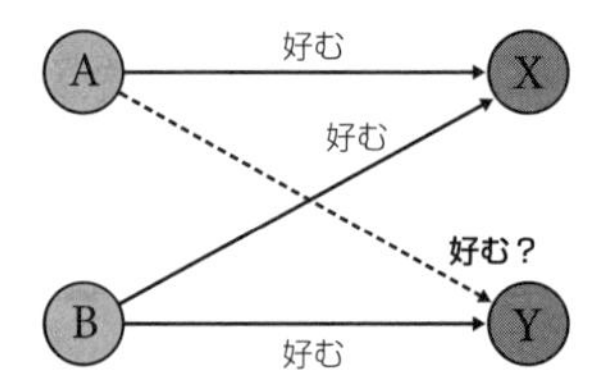

協調フィルタリングには主に二つの種類があります。一つはユーザーベースで、もう一つはアイテムベースです。ユーザーベースのアプローチでは、類似した評価パターンを持つユーザー同士を見つけ出し、あるユーザーが未評価のアイテムに対して、その評価パターンが類似するユーザーの評価を基に推薦を行います。アイテムベースのアプローチでは、アイテム同士の類似性に注目し、あるアイテムに高評価をしたユーザーに対して、類似した他のアイテムを推薦します。協調フィルタリングの利点は、アイテムの内容や属性を事前に分析する必要がないこと、また多様なユーザーの好みを捉えることができることです。しかし、新規のユーザーやアイテムに対しては推薦が難しい（いわゆるコールドスタート問題）という欠点があります。

No.	User	Item A	Item B	Item C	Item D	Item E
1	User 1	5.0	3.0	1.0	NaN	2.0
2	User 2	4.0	NaN	2.0	NaN	1.0
3	User 3	NaN	4.0	5.0	3.0	NaN
4	User 4	NaN	2.0	3.0	4.0	NaN
5	User 5	2.0	1.0	NaN	4.0	3.0

ユーザーのアイテムに対する評価の例(User1とUser5が類似、User1にはItemDをレコメンド)

これらの違いを理解することで、レコメンドアルゴリズムの設計や選択において、より適切なアプローチを選択することが可能になります。特定のコンテキストや目的に応じて、これら二つの手法を組み合わせるハイブリッドなアプローチを取ることも一つの有効な戦略です。最終的には、ユーザーにとって有意義で価値のある推薦を提供することが、レコメンドアルゴリズムの成功の鍵を握っています。

スキルを高めるための学習ポイント

- コンテンツベースフィルタリングと協調フィルタリングのアプローチのメカニズムと適用時の利点と課題を理解しましょう。
- 実際にデータセットを用いてレコメンドモデルを構築してみて、イメージを掴みましょう。

スキルカテゴリ 非構造化データ処理　サブカテゴリ 自然言語処理

DS250 テキストデータに対する代表的なクリーニング処理(小文字化、数値置換、半角変換、記号除去、ステミングなど)を目的に応じて適切に実施できる

あらゆる分析やモデリングで前処理を行いますが、テキストデータを扱う場合、必要不可欠なものとなります(DE53参照)。

データの種類にかかわらず、前処理の主な目的は、対象となるデータの特徴を際立たせることですが、テキストデータの場合、不必要な特徴が残ることが多く、その程度を抑えないと本当に捉えたい特徴の邪魔をしてしまいます。そこで、不必要なテキストデータの特徴を抑える際に必要な**クリーニング処理**の代表例として、ここでは、小文字化、数値置換、半角変換、記号除去、ステミングを紹介します。

AIなどコンピュータ上でテキストデータを分析する場合は、テキストに含まれる文字や単語に対して分析を行うことが一般的です。その際に、AIなどは文字や単語の意味ではなく文字コードと呼ばれるコンピュータ固有の識別コード体系によって違いを見るため、例えば、「1」(半角の数字の1)と「１」(全角の数字の1)のような2つの文字をまったくの別物と捉えてしまいます。他にも、大文字・小文字の違いも、AIにとっては大きな違いとして解釈されます。そのため、半角に統一する**半角変換**、小文字に統一する**小文字化**といった手法で、テキストクリーニングをしていきます。

分析目的によっては、文章中の数字の大小や記号の有無、時制が大きな意味を持たない場合があります。例えば、「私はAIモデルの構築に10時間を費やす。」(学習したのはAIモデル)と「私はAIモデルの勉強に3時間を費やした！」(学習したのは私)という文章に対して、学習する主体が私かAIモデルのいずれかを文章から判別するというタスクを考えます。この場合、学習時間の差や文末の「！」の有無、「費やす」と「費やした」という時制の違いによって学習する主体が変わるわけではないので、これらは不要な特徴と考えることができます。

この際に、例えば、数字をすべて0に置き換える**数値置換**や、「！」や「。」を消去する**記号除去**を行ったうえで、時制などによる単語の一部の変化をなくし表記を統一する**ステミング**を行うと不要な特徴がなくなり、分析目的に沿った文章の意味である「構築」と「勉強」の違いを浮き彫りにすることができます。

● スキルを高めるための学習ポイント

- 今回紹介したテキストの前処理方法は一通り覚えておきましょう。
- さまざまな文章に対してどのような前処理ができるかを考えてみましょう。

DS251 形態素解析や係り受け解析のライブラリを適切に使い、基本的な文書構造解析を行うことができる

テキストデータを分析する場合、基本的には文章を単語などに分割し、その単語の種類や並び方の傾向を解析します。このとき、英語だと単語と単語の間にスペースがあるので、文章を単語に分割することは容易です。しかし、日本語は文章中で単語が明示的に区切られていないため、文章に含まれる単語の区切りに空白を挟み、正しく分割して記述する分かち書きと呼ばれる表記にするのが非常に大変です。

文章を形態素と呼ばれる意味のある最小の塊に分割し、それぞれの形態素に関して品詞を把握する作業を形態素解析といいます。これによって、文章の特徴をその文章に含まれる形態素の種類や数という形で把握できるようになります。

(例)これは美味しいです。
→これ(名詞) は(助詞) 美味しい(形容詞) です(助動詞)。(記号)

日本語の形態素解析は先述の通り、英語の場合と比べて手間がかかるため、自分で分割ルールを設定するのではなく、公開されている形態素解析器を使うことが一般的です。代表的な形態素解析器には、MeCabやJanome、JUMANなどがあります。

また、形態素解析は、品詞の把握以外にも機械学習モデルで文書を分析するための前処理の一環として行われる場合もあります(DE53参照)。文章を形態素のリストへと変換し、各形態素を何らかの方法で数値化することができれば、機械学習モデルの入力に適した数字の集まりであるDS1や2で紹介したベクトルの形へと変えることができるためです。

文の特徴をさらに細かく分析する場合、形態素どうしや複数の形態素の集まりである文節どうしがどのように関連しているか、文の中でどのような役割なのかを考えなければいけない場合があります。このような、文章中の形態素や文節の関係性などを分析することを係り受け解析といいます。係り受け解析も形態素解析と同様に、一般に公開されているKNPやCaboChaなどの係り受け解析ツールを利用できます。

なお、形態素解析器や係り受け解析ツールは、使用するツールによって出力結果が異なる場合があります。得られた結果や特徴、実装のしやすさなどを比較して、分析に使う形態素解析器や係り受け解析ツールを選ぶようにしましょう。

● スキルを高めるための学習ポイント

- 形態素解析や係り受け解析についてどのようなものか理解しましょう。
- 代表的な形態素解析器や係り受け解析ツールを使用し、特徴を理解しましょう。

スキルカテゴリ 非構造化データ処理　サブカテゴリ 自然言語処理

DS252　自然言語処理を用いて解決できるタスクを理解し、各タスクの入出力を説明できる（GLUEタスクや固有表現抽出、機械翻訳など）

自然言語処理を用いて解決することのできるタスクは多岐にわたります。ある特定の課題を解決したい場合、まずは同じような課題に取り組んでいる事例がないかを調査してみましょう。タスクによっては解決手段がたくさん公開されているため、効率的に適切な解決策に辿り着くことができます。自然言語処理を用いて解決することができる、代表的なタスクを紹介します。

1. 固有表現抽出

ある文章から、人名、組織名、地域、などの固有表現を機械的に抽出してくるタスク

(例)文書マスキング：プライバシーの問題からテキスト中に登場する個人を特定しうる情報を削除

2. 要約、知識獲得・情報抽出

ある文章を要約したり、文章中の指示語を明確化させたり、イベント情報を抽出するタスク

(例)タイトルの自動生成：記事の内容からタイトルを自動で作成

3. 機械翻訳

ある文章を別の言語の文章に機械的に翻訳するタスク

4. 検索・文書分類

ある文章がどのような項目の内容の文章であるのかを分類・検索するタスク

(例)お問い合わせ分類：お問い合わせの内容から、どの部署に関するお問い合わせかを自動で分類

(例)不適切投稿の削除：テキスト情報から、投稿された内容が不適切な文章であるかを分類し削除

5. 評判・感情分析

ある文章がネガティブなのかポジティブなのかニュートラルであるのかを判定するタスク

(例)レビューの感情分析：レビューに書かれた文章やSNSの投稿を感情分析することで、施策などの効果を定量的に評価

6. 推薦

ユーザーに対して、あるアイテムへのユーザーの好みに関する情報を予測し、そのアイテムを推薦するかどうかを決定するタスク

(例) ECサイトの推薦システム：ユーザーが過去に購入した商品の名前や紹介文を分析し、次に購入する可能性の高い商品を推薦

7. 質問応答

質問の意味を理解して、それに対して適切な解答を返すタスク

(例) クイズ解答チャットボット：「富士山の標高は？」のような質問に対し、質問の意図を理解し、文章データから解答候補を検索し、解答

近年では、自然言語処理のモデルの優秀さを測る際に、GLUEという指標を用いることが多くあります。GLUEは、上記で紹介したタスクをはじめとした、9つのタスクにおけるスコアを算出するベンチマークとして利用されています。

スキルを高めるための学習ポイント

- 自然言語処理ではどのようなタスクを解決することができるのか、その概要を理解しましょう。
- 解きたい課題を与えられたときに、どのようなタスクに類似しているかを判断することができるようになりましょう。

スキルカテゴリ 非構造化データ処理　サブカテゴリ 画像認識

DS265 画像のデジタル表現の仕組みと代表的な画像フォーマットを知っている

画像のデジタル表現に用いられる仕組みは、「標本化(サンプリング)」と「量子化」のプロセスで行われます。

標本化は、画像を縦・横それぞれ等間隔の格子状の点に分割する作業で、この格子をピクセル(画素)と呼びます。格子の幅(=サンプリング間隔)が大きいとピクセル数が少なくなるため、ジャギーと呼ばれる階段状のギザギザが現れて全体がぼやけたり、エイリアシングと呼ばれる本来存在しない縞模様(モアレ)が表示されたりします。画像を鮮明に再現するには、ある程度のピクセル数が必要です。

次に量子化は、標本化によってできた画素の濃度を離散値化(レベル化)する作業です。2レベル(1ビット)であれば、濃淡が2段階で表現され、レベルが増えるとより正確に表示されます。標本化と同様、量子化もレベルが少ないとレベルの境界(エッジ)が際立って表示されるため、ある程度の量子化レベルが必要です。一般的には256レベル存在する8ビットがよく用いられます。

これに加え、画像の色と、画像データのフォーマットによって、画像のデータサイズがおおむね決まります。画像の色は、グレーのグラデーションを使ったグレースケールや、色の三原色(RGB：赤緑青)を組み合わせて作ったカラーなどがあります。また、画像データのフォーマットには、JPEG、PNG、BMP、TIFFなどがあり、フォーマットによって圧縮率や圧縮方法が異なります。

データサイエンスにおいては、昨今特に深層学習でデジタル画像を扱うことが増えており、画像のデジタル表現の仕組みを知っておくことが重要です。

また、データ分析やモデル開発にかかる時間を最適化するためにデータサイズを調整することもあるため、表現の仕組みに加え、色やデータフォーマットによるデータサイズの違いも知っておくと分析がはかどります。

また実際の分析では、自分の分析環境で読み取れるデータフォーマットかどうか、フォーマットがそろっていないときに何にそろえるかといったことを判断するための知識も必要です。

参考：アドビ株式会社「画像におけるエイリアシングとアンチエイリアシング」
(https://www.adobe.com/jp/creativecloud/photography/discover/anti-aliasing.html)

● スキルを高めるための学習ポイント

- 代表的な画像データのフォーマットを覚えておきましょう。
- ピクセル(画素)など、データサイズに影響のある各項目を理解しておきましょう。

DS266 画像に対して、目的に応じて適切な色変換や簡単なフィルタ処理などを行うことができる

カメラを使って取得した画像データを分析に使う場合、そのままの状態で使うことは稀で、さまざまな処理を施すことでデータ分析に役立つ画像の特徴を際立たせます。その一例が色変換などの**画像補正処理**です。近年は、スマホで撮った写真の明るさを変えたり、コントラストを調整して被写体の色がより際立つように補正したりすることが、アプリを使って簡単にできるようになりましたが、画像データの分析でも同じような処理を行います。

画像が持つ特徴を強調するためには、**画像加工処理**もあわせて行うことが一般的です。その代表例として、画像データに含まれるノイズの影響を取り除く**フィルタ処理**があります。AIが画像データを処理する場合、画像を絵としてではなく、それぞれのピクセルに対応する値(濃淡度やRGB値)の集合体として認識します。そのため、こういったフィルタ処理を行わない場合、人から見たらノイズだとわかるような部分もAIはピクセルの値が周囲と大きく異なる特徴的な部分と認識してしまう可能性があり、AIの画像識別精度にも影響してしまいます(DS154参照)。フィルタ処理には他にも、被写体の輪郭(エッジ)を強調するものなどさまざまあり、扱うデータによってそれらをうまく組み合わせていく必要があります。

例えば製造業において、製品の製造過程で取得した画像から製品の欠陥(傷など)を検知する場合、画像の中の欠陥がある箇所を際立たせるために、先述のような、画像補正処理やフィルタ処理、さらに必要に応じて、グレースケールの画像へと変換する**画像変換処理**なども組み合わせて画像の前処理を行っていきます(DE53参照)。

このように前処理を適切に行うことが、データの特徴をつかみやすくし、画像識別精度の高いAIモデルの構築につながります。実際の作業では、AIモデルの学習、画像識別精度の検証を行ったうえで、前処理の方法を再検討するような、トライアンドエラーを繰り返すことが一般的です。したがって、画像処理を適切に効率よく行うために、画像補正方法、フィルタ処理方法の種類やそれぞれの特徴を正しく理解しておきましょう。

参考：国土技術政策総合研究所「国土交通省総合技術開発プロジェクト『災害等に対応した人工衛星利用技術に関する研究』総合報告書 第Ⅱ編 衛星データ利用マニュアル(案) 第1章 衛星データの基礎知識　6.補正処理とデータ処理」
(http://www.nilim.go.jp/lab/bcg/siryou/eiseireport/no2/1-6.pdf)

スキルを高めるための学習ポイント

- 明暗度やコントラストの調整といった、基本的な画像補正を覚えておきましょう。
- ノイズ除去や輪郭強調といった、一般的なフィルタ処理方法を覚えておきましょう。

スキルカテゴリ 非構造化データ処理　サブカテゴリ 画像認識

DS267 画像データに対する代表的なクリーニング処理(リサイズ、パディング、正規化など)を目的に応じて適切に実施できる

画像データの前処理には、それぞれの画像の特徴を際立たせるフィルタ処理などの他に、複数の画像をまとめたデータセットとして画像を扱う際のクリーニング処理もあります(DE53参照)。ここでは、データセット内のすべての画像データを扱いやすくするための方法として、リサイズ、トリミング、パディングを紹介します。

リサイズ	すべての画像の縦横比(アスペクト比)を保った状態、もしくはアスペクト比を固定しない状態(縦か横に画像が引き延ばされる)で拡大・縮小し、画像サイズを変更する
トリミング	画像を特定のサイズになるようにはみ出した部分を切り落とす
パディング	不足する部分を適当な色のピクセルで埋め合わせる

画像データを扱いやすくする処理の例

こういった処理は分析する目的に応じて適切に使い分けたり、組み合わせたりする必要があります。例えば、人の表情を画像から分析するときに、人の顔の部分を拡大する場合は、まず、顔以外の部分をトリミングします。次に、画像を引き延ばすことで顔の表情が歪まないよう、アスペクト比を固定してリサイズします。このように、画像データのどの部分が分析に必要か、分析する対象が何かによって、トリミングやパディングのどちらが適するか、リサイズする方法はアスペクト比を固定した方が良いかなどを検討していきます。

さらに、画像識別AIモデルの精度向上や学習の効率化に向けては、各ピクセルの濃淡度やRGB値を扱いやすいように、標準化や正規化と呼ばれる処理を行います(DS89参照)。最大値や最小値を統一する正規化では、すべての値を最大値に対する割合として表現します。そのため対象となるデータの最大値や最小値の影響を大きく受けます。よって、データのとりうる値の幅(レンジ)が決まっていなかったり、外れ値を含んでいたりするようなデータを扱う場合、最大値や最小値ではなく、平均と分散を統一する標準化処理を行うことが一般的です(DS87参照)。ここで考えている画像データの濃淡度やRGB値は最大値や最小値があらかじめ決まっているため、最大値や最小値を統一する正規化を選択するとよいでしょう。

スキルを高めるための学習ポイント

- リサイズ、トリミング、パディング、アスペクト比、標準化の意味をそれぞれ覚え、利用シーンを考えてみましょう。

DS268 画像認識を用いて解けるタスクを理解し、入出力とともに説明できる（識別、物体検出、セグメンテーションなどの基本的タスクや、姿勢推定、自動運転などの応用的タスク）

画像や自然言語など非構造化データを活用するにあたり、実現可能な基本的タスクやその組み合わせによる応用的タスクを理解することは重要であり、入力と出力がどのようなものになるかを知っておく必要があります。ここでは、画像を入力とした基本的な画像認識タスクや応用的タスクを紹介します。

モデルやライブラリ、画像認識APIサービスでは、予め決められた固定サイズで入力しなければならないものも多く、また、正方形のサイズを要求するものもあります。利用しようとするモデルやライブラリ、画像認識APIサービスが固定サイズを前提としているか、可変サイズも取り扱うことが可能かなど確認しながら利用しなければなりません。

1. 画像分類

画像分類は、入力された画像について被写体のクラスを分類するのがタスクであり、入力された画像に対し、事前に定義されたクラスの何に該当するかを確率で予測します。通常、クラス予測結果としては一番確率が高いクラスを採用します。一枚の画像に複数クラスの物体が写っている場合は、後述の物体検出が必要となることもあります。以下の図は**畳み込みニューラルネットワーク**(Convolutional Neural Network、CNN)による画像分類の概略となります。

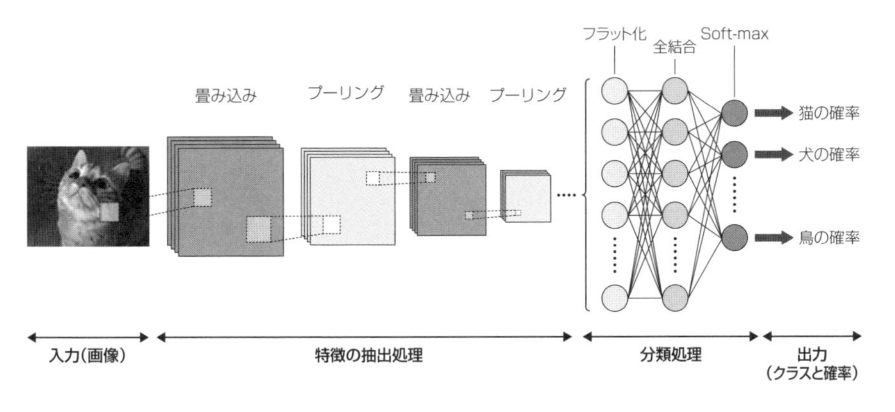

図1 CNNによる画像分類の概略

2. 物体検出

物体検出は、画像の中でどの物体がどの位置に写っているのかを認識するタスクです。入力された画像から物体が表示されている位置と範囲を特定し、事前に定義されたクラスの何に該当するかを確率で表します。一般的には、バウンディングボックスと呼ばれる区画情報で表現され、その中に写っている物体が何であるかを識別します。つまり、区画の位置情報と物体の所属クラス(確率)が出力されます。

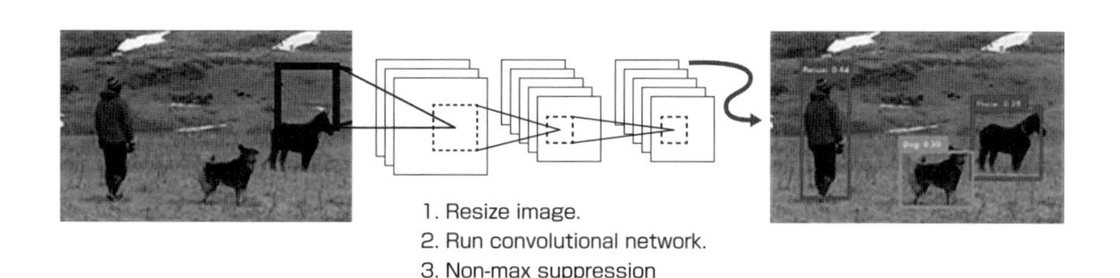
1. Resize image.
2. Run convolutional network.
3. Non-max suppression

図2 YOLOによる物体検知とバウンディングボックス
出典：“YouOnlyLookOnce: Unified,Real-TimeObjectDetection”, Joseph Divvala, RossGirshick, Ali Farhadi 2016

3. セグメンテーション

物体検出がバウンディングボックスのような区画で認識するのに対し、セグメンテーションは画像のピクセル一つひとつに対してクラスへの割り当てを行います。代表的なものとして、セマンティックセグメンテーションやインスタンスセグメンテーション、パノプティックセグメンテーションなどがあります(図3)。

セマンティックセグメンテーションの出力は、各ピクセルのクラス予測となります。したがって、識別対象の形状に対しバウンディングボックスよりもきめ細かい認識が可能となりますが、一方、写っている物体を個々に識別するわけではなく、重なりあう同一クラスの物体に対してそれぞれの個体を識別する情報は出力されません。

一方、インスタンスセグメンテーションは画像中の物体検出とピクセル単位でのクラス分けを両方行うものであり、重なり合う同一クラスの物体に対しても、個別に検出することができます。検出した物体(数えられるもの)に対してセグメンテーション処理を行うため、それ以外のもの(例えば背景の空など)に対しては処理の対象外となります。検出した物体を識別するIDと、物体を表現するピクセルのクラス予測が出力されます。

パノプティックセグメンテーションはセマンティックセグメンテーションとインスタンスセグメンテーションの両方の出力がなされます。つまり、ピクセルごとに所属するクラスを予測しつつ、個数を数えられるような物体には識別のためのIDを付与することができます。

(a) image

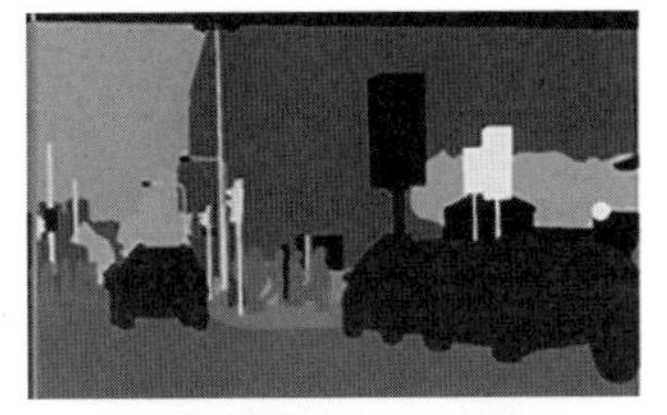

(b) semantic segmentation

(c) instance segmentation

(d) panoptic segmentation

図3 セグメンテーションのバリエーション
出典："Panoptic Segmentation", Alexander Kirillov, Kaiming He, Ross Girshick, Carsten Rother, Piotr Dollár 2019

4. 応用的なタスク

ここまでのタスクは画像認識において広く活用されるものとなりますが、用途に合わせてアルゴリズムやデータを工夫することで、応用的なタスクも実現されています。

例えば、人の姿勢推定においては、画像から全身や上半身の検出を行うこと、身体の部位や関節点を検出することが重要となります。検出された身体の部位や関節点の座標位置をもとに、どのような姿勢が取られているかを予測します。

顔認識の例として、画像またはビデオ内の映像から顔とランドマーク(目や鼻、眉など)を検出し、これらの情報をもとに標準的な座標にアラインメントさせた上でデータベース内の画像とのマッチング処理を行うアプローチがあります。データベースに格納された各顔データとの類似度などが出力され、最終的に顔認識が行われます。

自動運転においては、人や標識、障害物、他の車両などの物体や、路面のような面の情報を認識する必要があります。このために、物体検知やセマンティックセグメンテーションなどの技術が利用されています。これらを入力情報とし、経路計画や振る舞いの調整、動作制御などを行います。自動運転に必要な一連のタスクを実現するにあたり、畳み込みニューラルネットワークだけではなく、再帰ニューラルネットワークや深層強化学習、大規模言語モデルや基盤モデル等を含むその他の最新の手法を含め様々な深層学習技術が複合的に組み合わされています。また、入力についても画像を得るためのカメラの他、ミリ波レーダーや超音波センサーなど様々なセンシングが行われます。

上記以外にも、ディープラーニング技術の発展や普及、それを実践するためのハードウェア処理性能の向上により、本書記載の内容とは異なる実現方法が生み出され、応用的なタスクはさらに広がっていくと考えられます。急速に進化する領域であることを理解し、新しい情報を収集していくことが重要となります。

参考：“YouOnlyLookOnce: Unified,Real-TimeObjectDetection”, Joseph Divvala, RossGirshick, Ali Farhadi 2016
“Panoptic Segmentation”, Alexander Kirillov, Kaiming He, Ross Girshick, Carsten Rother, Piotr Dollár 2019
“Deep Face Recognition: A Survey”, Mei Wang, Weihong Deng 2020
“Deep Learning-Based Human Pose Estimation: A Survey”, Ce Zheng, Wenhan Wu, Chen Chen, Taojiannan Yang, Sijie Zhu, Ju Shen, Nasser Kehtarnavaz, Mubarak Shah 2023
“A Survey of Deep Learning Techniques for Autonomous Driving”, Sorin Grigorescu, Bogdan Trasnea, Tiberiu Cocias, Gigel Macesanu 2020

● スキルを高めるための学習ポイント

- 基本的なタスクについて、出力内容や認識可能なことを理解しましょう。
- どのような応用的タスクの事例が登場しているか、その背後ではどんな基本的タスクが組み合わされているのかを調べてみましょう

DS274 動画のデジタル表現の仕組みと代表的な動画フォーマットを理解しており、動画から画像を抽出する既存方法を使うことができる

動画データは、映像データと映像に伴う音声を録音した音声データから成り立っています。映像データは、パラパラ漫画のように複数枚の画像を連続的に表示することで画像に写る人などが動いて見えることを利用して作られています。

映像を構成する一枚一枚の画像をフレーム、一秒間に何枚のフレームを表示するかをフレームレートといい、fps (frame per second)という単位で表します。フレームレートが大きい、つまり一秒間に表示するフレームが多いと、動画に映る対象の動きは滑らかになりますが、その代わりに動画データに含まれる画像データが増えるため、データサイズは大きくなってしまいます。

映像データと音声データは、ともにデータ量を圧縮し、2つのデータを1つにまとめたうえで、MP4やAVI、MOVなどの形式(動画フォーマット)で保存されます。使用するPCのOSによって扱いやすい動画フォーマットがあり、例えば、Windowsの場合はAVI、Macの場合MOVが標準的な動画フォーマットです。また、MP4はWindows、Macともにサポートされているため、使用するPCを限定しなくてもよい形式と言えます。

動画データを再生する際は、圧縮された映像データと音声データを、動画フォーマットに応じて復元したうえで再生することで、データサイズを小さく扱いやすいものにしています。このように動画データとして保存する際に、映像データや音声データを圧縮する作業をエンコードといいます。また、保存された動画データを再生する際に、圧縮されたデータを復元する作業をデコードといいます。そして、エンコードとデコードを双方向に行うことができる機器やソフトをコーデックといい、動画フォーマットごとに決まっています。

動画処理では、映像データの仕組みからわかるように、映像の中のフレーム(画像)を取り出し、画像処理へと帰着させることが多く、動画から画像を取り出し編集できるソフトが多く公開されています。また、長時間の動画データや大量の画像データに対して処理を行う場合、膨大な処理作業をプログラミングにより自動化、簡略化することが可能です。例えば、Pythonでは画像や動画処理向けのOpenCVなどのライブラリを使い、大量の動画および画像データをまとめて処理することがよくあります。

スキルを高めるための学習ポイント

- MP4やAVIなどの代表的な動画フォーマットの種類と特徴を覚えておきましょう。
- 映像や音声のコーデックには、どういったものがあるのか調べてみましょう。

スキルカテゴリ 非構造化データ処理　サブカテゴリ 音声認識

DS277 WAVやMP3などの代表的な音声フォーマットの特徴や用途、基本的な変換処理について説明できる（サンプリングレート、符号化、量子化など）

耳にする音は、空気の粗密波として周囲に伝わるアナログ情報です。このアナログ情報である波の情報を、マイクを使って「1秒間に何回」といったような数字に変換することで、デジタルデータとして活用できるようになります。

マイクが1秒間に波の情報を数字に変換する回数を**サンプリングレート**（サンプリング周波数）と呼び、44.1kHz（キロヘルツ）や48kHzが一般的です。この値が大きいほど、音波の情報をたくさん取得しているため高音質になりますが、それだけたくさんの情報を取得しているためデータ量も大きくなります。

あるサンプリングレートで取得した音を一つひとつ数字に変える際に、置き換える数字が取ることのできる幅を**量子化ビット数**といいます。例えば、CDの量子化ビット数は16ビットですが、これは音波を2^{16}の幅で数値化することを意味します。量子化ビット数が大きいほどより細かく音波の情報を変換できるため、元の音を損なわずにデータとして保存できます。このように、音波をデジタルデータに変換する流れは、画像データの「標本化（サンプリング）」「量子化」と同じです（DS265参照）。

音波を変換したデジタルデータを1つのファイルに保存する際には、さまざまな方法があります。ここでは、WAV形式とMP3形式の2つを紹介します。

最も単純な保存方法は、取得したすべてのデータを保存する方法で、**WAV**形式と呼ばれます。マイクで取得、変換した情報をそのまま保存するため、高音質であるものの、その分データ量が大きくなってしまいます。

WAV形式のデータ量が大きくなるという弱点を克服するために、**MP3**形式は人間の可聴領域に着目して開発されました。人間が聞こえる音の高さには限界があり、低すぎる音と高すぎる音は聞くことができません。そこでMP3形式では、人間に聞こえない音の情報を取り除くことで、人間が聞いても違いがわからないような状態でありながら、WAV形式よりも少ないデータ量で保存することを可能にしています。

ただし、機械の故障予知を行うために稼働音を分析する際は、人間の聞こえる範囲外の高音や低音が故障予知につながる可能性もあります。このような場合は、録音した音波データをMP3形式で保存するのは避けたほうがよいでしょう。

スキルを高めるための学習ポイント

- 代表的な音波データのフォーマット（WAV、MP3、AIFF、AAC）は、その特徴もあわせて覚えておきましょう。
- データ分析の目的、音の発生環境、保存できるデータ容量を確認し、最適なフォーマットが選べるようになりましょう。

DS282 大規模言語モデル(LLM)でハルシネーションが起こる理由を学習に使われているデータの観点から説明できる(学習用データが誤りや歪みを含んでいる場合や、入力された問いに対応する学習用データが存在しない場合など)

大規模言語モデルの発展により、テキスト生成や翻訳、要約、質問応答など様々な領域のタスクが実践できるようになりました。大規模言語モデルは、インターネット上の膨大なデータで事前学習できるという汎用性の高さから、広く利用が進んでいます。ただし大規模言語モデルにおいてはハルシネーション(幻覚)と呼ばれる現象が問題となることがあります。ハルシネーションは事実とは異なる内容や誇張、関連性の低い情報などが生成される現象です。

大規模言語モデルにおいては生成されるテキストの「文章としての質の高さ」などから、事実として受け止めかねない品質で「嘘」が紛れ込むことがあり、その見極めが困難な場合もあります。

ハルシネーションの発生はさまざまな要因に起因する可能性があり、現状、完全な回避は困難です。ハルシネーションが起こる要因やその分類についてはまだ研究段階にありますが、明らかになってきていることや原因として考えられていることを理解し、大規模言語モデルを活用する際のガイドライン整備や軽減措置の計画につなげることが重要となります。例えば、参考に記した論文(Lei Huang et.al 2023)では、ハルシネーションの要因が以下のように分類整理されています。

要因の所在	概要
データに起因する問題	大量の事前訓練データを活用することにより、LLMは汎化された一般的な能力と事実・知識を獲得することができるが、事前学習で利用される訓練データの品質がハルシネーションを発生させる要因となりえる。
訓練過程に起因する問題	LLMの学習プロセスは、大量データに基づく事前学習と、利用するドメイン情報に適合させる学習とで構成され、どちらのステージにおいても学習不足がハルシネーションの原因となりえる。
推論過程に起因する問題	LLMでは、入力されたテキストがトークンと呼ばれる単位に分割され、これをエンコードと呼ばれるプロセスで数値情報に変換する。LLMでは、さらにエンコード情報をもとにデコードと呼ばれるプロセスを通じて文章を生成するが、デコードにおけるランダム性や表現力の不完全性がハルシネーションの原因となりえる。

表1 ハルシネーションの要因分類例

このスキルでは、ハルシネーションが起こる理由を、特にデータの観点から理解することが求められています。同参考論文(Lei Huang et.al 2023)では、データに起因するものが以下のように示されています。

データのバイアス

データに含まれる情報のバイアスがハルシネーションの要因となることがあります。トレーニングデータにおいて頻繁に発生する単語の組み合わせなどは、その知識について一般化から記憶化のシフトを生み出し、ユーザの要求から逸脱した結果を返すことがあります。例えば、訓練データに「赤いリンゴ」という言葉が過度に登場していた場合、「リンゴを除く赤い果物をリストアップして」と要求しても結果にリンゴが含まれてしまうようなケースが考えられます。

社会的なバイアスもハルシネーションと関連があります。例えば、就業者の性別に偏りのある職業については、その職業と性別を強く結びつけてしまう可能性があります。

知識の限界

大規模言語モデルは必要な知識を有していない場合でも、確率にもとづき続く単語を予測し、テキストを生成します。その結果としてハルシネーションが起こる場合があります。例えば、医療分野のような高度に専門的な領域では、訓練データの知識が足りずに誤った用語でそれらしい返答をすることがあります。

また、学習が古い情報に基づいている場合や、古い情報との結びつきが強い場合などは間違えた回答をする可能性があります(直近のオリンピック開催地を、その前の開催地で回答するなど)。

データに含まれる知識の不十分な活用

大規模言語モデルが学習した知識をどのように捉えているのか、その正確なメカニズムは解明されていませんが、ハルシネーションが生じるのは、大規模言語モデルが事実関係を正しく理解するのではなく、単語のデータ内における位置の近さや共起頻度、関連するドキュメントの数などに依存しているからであるといった研究もなされています。例えば、カナダという国名とトロントという都市名の関連性が高いことから、「カナダの首都＝トロント」というハルシネーションを起こしてしまうことはその例となります(実際にはオタワ)。

また大規模言語モデルは、ロングテール知識(訓練データ内で希少でニッチな知識)や、多段階の推論が必要となるような知識について、誤った内容をそれらしく回答することがあります。表2は、エベレストとK2の標高を正しく示しているにも関わらず、500メートル引いた上でどちらが高いか比較して答える、ということが上手くできていない例となります。

質問	エベレストの標高が500メートル減少した場合に、世界で最も高い山は？
回答	現在、**エベレスト山の標高は約8,848メートル**です。もしエベレスト山の標高が**500メートル減少した場合、その標高は約8,348メートル**になります。これでもなお、エベレストは世界で最も高い山の一つであり続けます。なぜなら、現在世界で**2番目に高い山であるK2の標高は8,611メートルであり、エベレストが500メートル減少してもそれよりも高いから**です。したがって、エベレストの標高が500メートル減少したとしても、エベレストは依然として世界で最も高い山です。

表2 多段階の推論が必要なケースで誤る例

訓練データに含まれる誤情報

誤った情報が含まれるデータで訓練がなされた場合、出力もその通りに誤ることは、機械学習全般に言えることであり、ハルシネーション固有の問題ではありません(むしろモデルは正しく機能している、とさえ言えます)。しかし、大規模言語モデルはインターネットの大規模なデータで訓練されているという性質上、一般的な機械学習モデルの構築よりも誤った情報の除去が困難となります(不可能ともいえます)。インターネットには、「トーマス・エジソンが電球を発明した」のような、誤っているが多くの人が長く信じてきてしまった情報や、証明や検証はなされていないが仮説として書かれている情報など、悪意なくとも事実とはいえない情報が含まれており、このような事実に反する、もしくは事実とは断定できないデータでトレーニングされることはハルシネーションの発生につながると考えられます(エジソンは電球の発明ではなく、点灯時間を長くする工夫や普及に貢献した人物となります)。

その他、表1の「推論過程に起因する問題」に示されているように、エンコードによるトークンの数値化(ベクトル化)と、出力時のデコードによるテキスト化を通じてハルシネーションが起こることを理解しておくことも重要です。このような要因もあることから、訓練データの質に問題がなくともハルシネーションが起こる可能性があります。

大規模言語モデルや、これを実装したプラットフォームは日々進化し、ここに記載されている例なども改善が進んでいます。また、ハルシネーションの要因についても日々研究が進んでおり、ここに記載した要因以外にも広く議論されています。このような状況を踏まえ、大規模言語モデルの出力結果を鵜呑みにするのではなく、その妥当性を判断し活用していくことが重要となります。

参考："A Survey on Hallucination in Large Language Models:Principles, Taxonomy, Challenges, and Open Questions", Lei Huang, Weijiang Yu, Weitao Ma, Weihong Zhong, Zhangyin Feng, Haotian Wang, Qianglong Chen, Weihua Peng, Xiaocheng Feng, Bing Qin, Ting Liu, 2023.

スキルを高めるための学習ポイント

- LLM含め、言語モデルは確率的に次の単語を予測するものであり、出力結果が事実であることは保証されないことを理解しましょう。
- ハルシネーションが起こる要因は研究段階であるものの、様々な要因があることが既にわかってきており、完全な防止は困難であることを理解しましょう。
- ハルシネーションを軽減させるための手法や仕組みとしてどのようなものがあるかを調べてみましょう。

第3章

データエンジニアリング力

スキルカテゴリ 環境構築　　サブカテゴリ システム企画

DE1 オープンデータを収集して活用する分析システムの要件を整理できる

オープンデータとは、国、地方公共団体及び事業者が保有する官民データのうち、誰もがインターネット等を通じて容易に利用(加工、編集、再配布等)できるよう、次のいずれの項目にも該当する形で公開されたデータのことです。

1. 営利目的、非営利目的を問わず二次利用可能なルールが適用されたもの
2. 機械判読に適したもの
3. 無償で利用できるもの

したがって、「インターネット上にあるデータ＝オープンデータ」というわけではないので注意しましょう。

データサイエンスにおいて、データを集めることや、それを処理しやすいように加工することは、重要かつ時間がかかる作業ですが、オープンデータを活用できれば、これらの作業にかかる時間を削減することができます。

オープンデータは、政府や自治体から多数公開されています。以下に、いくつか例を提示します。

「DATA.GO.JP」(https://www.data.go.jp/)
「e-Stat」(https://www.e-stat.go.jp/)
「国土数値情報ダウンロード」(https://nlftp.mlit.go.jp/ksj/)
「RESAS」(https://resas.go.jp/)

また、公共交通機関の時刻表や路線情報もオープンデータとして開示されています。多くのルート検索サービスなどは、このような情報を用いてサービスを作成しています。

● スキルを高めるための学習ポイント

- オープンデータとは何かを理解しましょう。
- 実際にオープンデータを見て、どのようなデータが公開されているかを確認しましょう。

DE8 サーバー1～10台規模のシステム構築、システム運用を手順書を元に実行できる

ユーザーにサービスを提供するシステムでは、通常、複数台のサーバーを用いて1台のサーバーのように動作させるクラスタ構成がとられます。また、こうした行為をクラスタリング(クラスタ化)と呼びます。

クラスタリングは、拡張性と高可用性という、2つの目的のために行われます。

1. 拡張性(スケーラビリティ)

拡張性とは、使用するサーバーを増やすことで負荷分散を行い、システム全体の性能を高めることです。例えば、1台のサーバーで1秒間に30リクエストを処理できる場合、2台のサーバーを用いることで、1秒間に60リクエストの処理が可能になります。

2. 高可用性(アベイラビリティ)

高可用性とは、1台のサーバーが故障等で使用できなくなっても、他のサーバーが稼働し続けることで、システム稼働を継続させることです。例えば、1台のサーバーの故障する確率が1%とすると、2台のサーバーを用いることで、同時に故障する確率が0.01% (1%×1%)となり、システム全体としての停止リスクを低減でき、結果として稼働率を上げることができます。

また、高可用性を高める構成を、冗長構成と呼びます。冗長構成の代表的なものに、ホットスタンバイ、コールドスタンバイ、ウォームスタンバイがあります。ホットスタンバイは本番機と同期する予備機を用意しておき、障害発生時に即座に切り替えられるようにする構成です。本番機と同期させるために常にサーバーを稼動状態にする必要があり、サーバーの維持費用(電気代など)は高くなります。コールドスタンバイは予備機を用意しますが、停止させておくことでコストを下げる構成です。障害発生時は停止状態から稼動させる作業が必要なため、復旧には時間を要します。ウォームスタンバイは、最小限のOSなどのみを起動しておくような、ホットスタンバイとコールドスタンバイの中間的な構成です。提供するシステムに求められる稼動率や許容される費用などから、最適な構成を選択します。

スキルを高めるための学習ポイント

- なぜクラスタ構成が必要なのかを理解しておきましょう。
- 代表的な冗長構成とその特徴を理解しましょう。それぞれの設計書を見比べるとわかりやすいでしょう。

スキルカテゴリ 環境構築　サブカテゴリ システム設計

DE9 オンプレミス環境もしくはIaaS上のデータベースに格納された分析データのバックアップやアーカイブ作成など定常運用ができる

データベースのバックアップ方法には、代表的なものとして、フルバックアップ、差分バックアップ、増分バックアップがあります。

1. フルバックアップ

フルバックアップとは、データベース全体のバックアップを取ることです。これ1つでデータ復元(リストア)することができるので、非常に簡便ですが、バックアップに時間がかかるというデメリットがあります。

2. 差分バックアップ

差分バックアップとは、フルバックアップ後に更新されたデータ部分のバックアップを取ることです。データのリストアには、フルバックアップしたデータと、差分バックアップしたデータの2つが必要です。後述する増分バックアップと比較すると、データのリストアは簡便ですが、バックアップにかかる時間が徐々に長くなるというデメリットがあります。

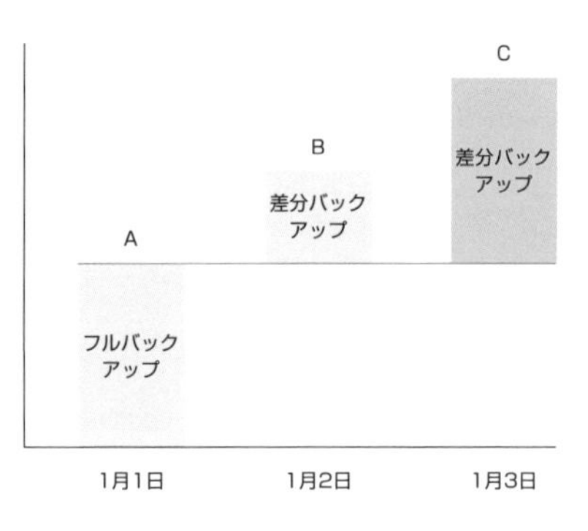

3. 増分バックアップ

増分バックアップとは、前回のバックアップ後に更新されたデータ部分のバックアップを取ることです。データのリストアには、フルバックアップしたデータと、複数の増分バックアップしたデータが必要です。データのリストアは複雑になりますが、増加したデータ量分だけでよいので、バックアップにかかる時間が短いというメリットがあります。

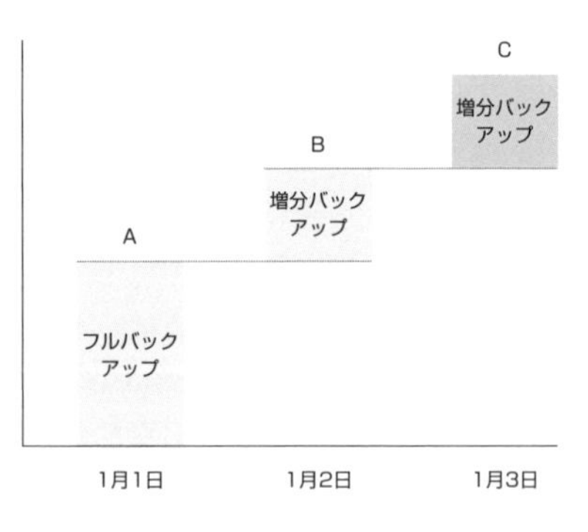

スキルを高めるための学習ポイント

- 基本的なバックアップ手法の特徴とそれぞれのメリットを理解しておきましょう。
- 身近にあるデータベースがどのようなバックアップ手法か調べ、その理由を考えてみましょう。

スキルカテゴリ 環境構築　　サブカテゴリ アーキテクチャ設計

DE19 ノーコード・ローコードツールを組み合わせ、要件に応じたアプリやツールを設計できる

ノーコードツールとは、ソースコードをまったく書くことなくソフトウェアを開発できるツールです。プログラミングに関する知識やスキルがない人でもソフトウェアを開発できますが、ソフトウェアで使用できるUIなどのパーツはそのツールが提供しているものに限定されてしまうために、どちらかといえば小さいソフトウェアの開発に適しているといえるでしょう(DE111参照)。

ローコードツールとは、一部のソースコードを書くだけでソフトウェアを開発できるツールです。ノーコードツールのように、プログラミングに関する知識やスキルがない人でも開発できるとまではいきませんが、一からソースコードを記述する従来の開発と比較すると、開発にかかる工数の削減が見込めます。ソフトウェアで使用できるUIなどのパーツはそのツールが提供しているものに依存しますが、拡張性がある場合が多く、ノーコードツールよりは柔軟に対応できることが多いです。このため、一定レベルのソフトウェアまではローコードツールで十分に対応できるでしょう。

このようなノーコード・ローコードツールは、昨今ではECサイトなどのWebサイト作成や、アプリ作成に数多く利用されています。また、ノーコード・ローコードツールは、昨今のIT人材不足の解決手段の1つとしても注目を浴びています。ノーコード・ローコードツールを用いた開発であれば、非エンジニアも開発を行えるため、従来の開発方法で起こりがちな「非エンジニアが要求事項を整理して、エンジニアに伝えるといった伝言ゲームのなかで、本来必要なものとは違ったものが出来上がってしまう」という事象を抑制できます。

また、セキュリティ対策など専門性の高い人材がいないと難しい開発も、ノーコード・ローコードツールであればツール部分がそこを担ってくれるため、専門人材なしに開発することができます。

一方で、ノーコード・ローコードツールでどんなソフトウェアも作成できるというわけではありません。複雑な処理は従来通り1から作成しつつ、ある程度汎用的な部分についてはノーコード・ローコードツールを使うというように要件を確認しながら、ハイブリットにこれらのツールを使い分ける重要性が今後ますます向上していくでしょう。

スキルを高めるための学習ポイント

- 実際にノーコード・ローコードツールに触れてみましょう。
- ノーコード・ローコードツールのメリット・デメリットを理解しましょう。

スキルカテゴリ 環境構築　　サブカテゴリ アーキテクチャ設計

DE20　コンテナ技術の概要を理解しており、既存のDockerイメージを活用して効率的に分析環境を構築できる

仮想化とは、コンピュータのハードウェアを抽象化して、1台のサーバで複数のサーバが稼働しているように見せる技術です。

仮想化にはいくつかの実現方式があります。コンテナ型仮想化は、ホストOS上のカーネル(OSの中核機能)を共有し、プロセスを隔離して管理することにより、ソフトウェアがあたかも別マシン上で動作しているかのように稼働させることができます。

Dockerは、コンテナ方式の仮想化技術の中でも最も多く利用されるオープンソースの仮想化ソフトです。Dockerは軽量で扱いやすく、簡単にインストール可能なため、多くの環境で利用されています。

Dockerのイメージは、コンテナで動作するミドルウェアやライブラリと設定を定義して、コンテナの起動に必要なファイル群を1つにアーカイブしてまとめたファイルです。Docker Engineが導入された環境にイメージを配布することで、容易に新しいコンテナ環境を起動することができます。

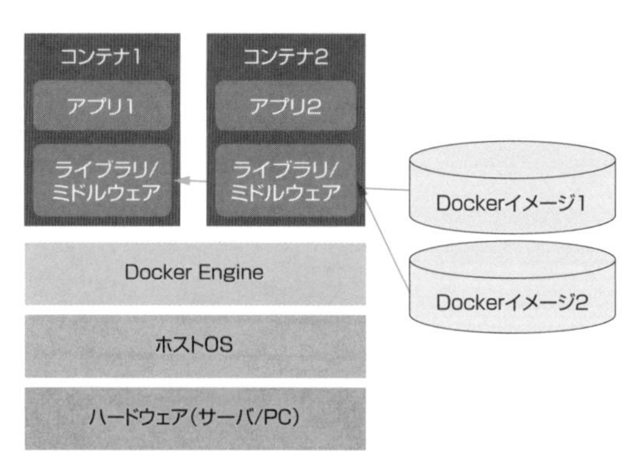

Dockerのイメージ

コンテナは短期間での環境構築が可能であるため、当初は一時的なテストや開発環境構築のために使用されていましたが、近年では展開の容易性を利用して短時間で分散環境を構築する技術としても注目されています。

データ分析の環境を構築する際は、一時的に新しい分析ソフトウェアを導入して有効性を評価したり、あるいは分析プロジェクト時のみ開発環境が必要になったりするため、分析終了後は環境が不要になる場合があります。このような特性の分析環境を構築する際にDockerは有用です。

スキルを高めるための学習ポイント

- Docker DesktopではDockerコンテナをPC上でも動作可能です。オープンで公開されているDockerイメージを用いてPC上にコンテナ環境を起動してみましょう。
- 実際にDocker DesktopでDockerを起動して操作することによりホストOSのアプリとコンテナ上のアプリの挙動の違いを理解しましょう。

DE21 分析環境を提供するクラウド上のマネージドサービス(Amazon SageMaker、Azure Machine Learning、Google Cloud Vertex AI、IBM Watson Studioなど)を利用し、機械学習モデルを開発できる

マネージドサービスは、クラウドが提供するサービス形態の1つで、ソフトウェア機能の提供から運用管理までを一体として提供します。

マネージドサービスでは、必要なソフトウェア機能やアプリケーションが、契約時から利用できる状態で提供されます。そのため、一般のアプリケーション構築で必要なインフラ構築やソフトウェアのインストール・設定作業を行わずにアプリケーションを利用することができます。

各クラウドベンダーは、分析環境を提供するマネージドサービスを導入していますが、提供される機能や利用可能な分析アルゴリズムはサービスにより異なります。また、それらをクラウドベンダーから提供する方式も、オリジナルの分析支援ツールや分析環境を提供する方式と、通常は環境構築が必要なオープンソースの分析ソフトウェアやライブラリを初期時からすぐに利用できる状態で提供する方式とで異なります。

例として下記のようなサービスが各クラウドベンダーから提供されています。

- Jupyter Notebook、RStudioなどのGUI画面を有する対話型の分析環境(DE131参照)
- 利用頻度の高い機械学習や統計分析ライブラリを標準装備したプログラム実行環境
- クラウドベンダーが独自に提供する直感的なGUI画面を有する分析環境(DE19,106参照)
- 分析のチューニングや特徴量生成を自動化するAutoMLサービス(DE159参照)

マネージドサービスでは、サービスを契約すると即時に分析環境が提供され、環境設計やインストール・設定などの作業なしにWebブラウザを用いて分析を行うことができます。また環境が不要になったらサービスを削除・解約することができるため、短期的なPoCや動作検証、学習などを行うのに適しています。

これから新しい分析を行うにあたり、各クラウドベンダーが提供する分析環境のマネージドサービスの機能や特徴を理解し、有効活用することをおすすめします。

スキルを高めるための学習ポイント

- 各クラウドベンダーで無料トライアル期間や、無料で利用可能なサービスを提供しているため、実際にサービスを利用して分析環境の基礎操作や特徴を覚えるとよいでしょう。
- 分析環境以外にもさまざまなマネージドサービスが提供されているため、クラウドベンダーが提供しているサービス概要を調べてみましょう。

DE34 対象プラットフォーム(クラウドサービス、分析ソフトウェア)が提供する機能(SDKやAPIなど)の概要を説明できる

SDKとは、Software Development Kitの略で、ソフトウェア開発キットとも呼ばれます。SDKには、対象プラットフォームを使用するための説明書、プログラム、API、サンプルコードなどが含まれていることが一般的です。プログラミング言語のJavaでソフトウェア開発を行うときに用いられるJDK(Java Development Kit)は、有名なSDKの1つと言えます。

APIとは、Application Programming Interfaceの略で、その名の通りアプリケーションをプログラミングするためのインターフェースとなるものです。APIを利用することで、対象のプラットフォームが持つ機能を、別のプログラムから呼び出して利用することができます。APIにはさまざまな形態があり、以下に挙げるものはすべてAPIに含まれます。

- C言語の関数
- Javaのclass
- REST API

APIは形態によって使用手順などが大きく異なるため、注意が必要です。例えば、C言語の関数という形で提供されているAPIの場合、多くはライブラリと呼ばれる形で提供され、コンピュータ上で実行可能な形式に変換(コンパイル)して使用します。

APIを利用するメリットの1つは、外部ソフトウェアとの連携が容易になることです。例えば、Windows上で動作するアプリケーションを作成するのであれば、Win32 API/Win64 APIを用いることで、簡便にWindowsが持つ各種機能を使用できます。その結果、アプリケーション開発にかかる時間やコストを削減できることも、APIのメリットだと言えるでしょう。

スキルを高めるための学習ポイント

- SDKとAPIの意味やメリットを一通り理解しましょう。
- 公開されているSDKやAPIを実際に触ってみましょう。

DE35 Webクローラー・スクレイピングツールを用いてWebサイト上の静的コンテンツを分析用として収集できる

Webクローラー・スクレイピングツールとは、インターネット上に公開されているWebページの情報を収集するプログラム・ツールのことです。

Webページには、静的コンテンツと動的コンテンツがあります。

静的コンテンツ(静的ページ)は、いつどこでアクセスしても同じWebページが表示されるコンテンツのことです。これはWebサーバー上に設置されたHTMLファイルがそのまま返却され表示される仕組みであり、該当のHTMLファイルがサーバー管理者等によって更新されない限りは、必ず同じコンテンツが取得でき、表示されます。

動的コンテンツ(動的ページ)は、アクセスした際の状況に応じて異なるWebページが表示されるコンテンツのことです。例えば、Web検索では、ユーザーにクエリ文字列を入力させ、Webページ要求時にそのクエリ文字列を送信することで、検索結果を表示するWebページを生成し表示しています。

昨今、有償・無償のWebクローラー・スクレイピングツールが数多く出回っており、非エンジニアでもWebサイト上の情報を入手しやすくなりました。一般的には、静的コンテンツはデータ収集の難易度が低く、動的コンテンツのほうが難易度が高いといえます。しかし、最近では、動的コンテンツを収集できるスクレイピングツールも出てきています。

一方で、Webクローラーは、実際に対象のWebページを持つWebサーバーにアクセスするので、やり方を間違えるとWebサーバーに大きな負荷を与えることになります。つまり、場合によっては、サーバーを攻撃する行為となりかねないので注意が必要です。

また、Webページの利用規約等で、Webページの情報を用いてもよいかが記載されているケースもありますので、Webページの情報利用可否という観点で問題ないか確認する必要があります。

スキルを高めるための学習ポイント

- Webクローラー・スクレイピングツールでデータ収集する際の注意点を理解しておきましょう。
- 実際にWebクローラー・スクレイピングツールを用いてデータを収集してみましょう。

スキルカテゴリ データ収集　　サブカテゴリ 通信技術

DE39 システムやネットワーク機器に用意された通信機能(HTTP、FTPなど)を用い、データを収集先に格納するための機能を実装できる

ネットワーク機器や通信サーバでは、その機能を用いるためのさまざまな通信プロトコルを用意しています。通信プロトコルとは、通信を行うための規格のことであり、規格に則って手順を踏むことで、正しくやりとりができるようになります。

インターネット上で使用されている通信プロトコルのうち、代表的なものを以下に示します。

通信プロトコル	概要
HTTP	Hyper Text Transfer Protocolの略で、主にWebブラウザがWebサーバーと通信する際に使用される通信プロトコル
HTTPS	HTTP Secureの略で、上記HTTPの通信がSSLやTLSで暗号化され、盗聴や改ざん、なりすましを防止できる通信プロトコル
FTP	File Transfer Protocolの略で、主にネットワーク上のクライアントとサーバーとの間でファイル転送を行うための通信プロトコル
Telnet	端末から遠隔地にあるサーバー等を操作する際に使用される通信プロトコル
SSH	Secure Shellの略で、通信内容を暗号化して安全にコンピュータに接続して操作するための通信プロトコル

インターネット上の代表的な通信プロトコル

HTTPの場合は、GET、POST、PUT、DELETEなどのメソッドと呼ばれる操作手続きを持っています。例えばGETは、サーバーから情報を取得してくるときに使用し、次のような形で「?」以降に送信したいデータを付与して用いられます。

http://localhost:8080/index.html?hoge=hoge

このように、通信プロトコルにはそれぞれ規格があります。それに則ることで、プラットフォームに対して同一の手順で、正しくやり取りをすることができます。

スキルを高めるための学習ポイント

- 代表的な通信プロトコルがそれぞれどのような目的で存在するのかを理解しましょう。
- HTTPSやFTP、SSHなどは、機会があれば実際に使ってみましょう。

DE45 データベースから何らかのデータ抽出方法を活用し、小規模なExcelのデータセットを作成できる

基本的なデータベースでは、データ抽出(エクスポート)方法が用意されています。データサイエンスにおいて、小規模な分析作業では、こうした方法で取得したデータをExcelで読み込ませて使用することが一般的です。その際のデータ抽出のフォーマットには、カンマ区切りのCSV (Comma-Separated Values)や、タブ区切りのTSV (Tab-Separated Values)といったフォーマットがよく用いられます。

データベースからデータを抽出し、Excelを用いて分析するという流れは、非常に簡便でよく用いられますが、いくつか注意しなければならないこともあります。

1. 意図しない形で読み込まれる

例えば、データベース内のデータに「カンマ」が含まれている場合に、CSV形式でデータをエクスポートすると、データによっては意図しないところでカラムが分割されてしまうことがあります。また、Excelが自動的にデータの型を認識するため、文字列の「3」としていたつもりが、数値の「3」となってしまったり、文字列として「=XXXX」や「-XXXX」としていたつもりが、数式として認識されることで「#NAME?」と表示されてしまったりします。特に後者の「-XXXX」の場合、データそのものが「=-XXXX」と変更されるので注意が必要です。

2. 読み込み可能な行数に制限がある

Excelのバージョンや使用しているパソコンのスペックにもよりますが、Excelでは読み込む事ができる行数に限りがあります。読み込み可能行数以上のデータを読み込ませると、データが欠損することがあるので注意が必要です。

3. 元のデータベースと連動しない

データベースからのデータ抽出はコピーを作成する行為なので、元のデータベースがアップデートされたとしてもExcelには反映されず、再度データ抽出からやり直す必要があります。また、当然のことながら抽出されたデータをExcel上で加工したとしても、元のデータベースには反映されないので注意が必要です。

● スキルを高めるための学習ポイント

- データ抽出の際によく使うフォーマット(CSVやTSVなど)を覚えておきましょう。
- Excelを用いる場合の注意点を理解して、実践してみましょう。

スキルカテゴリ データ収集　**サブカテゴリ** データ収集

DE46 既存のサービスやアプリケーションに対して、分析をするためのログ出力の仕様を整理することができる

データ活用において、必要なデータを適切に収集できるスキルは、ビジネス力・データサイエンス力・データエンジニアリング力の3つの領域にまたがるスキルであり、非常に重要な基本スキルです。

ビジネス力としては、関連する業務フローやサービス・アプリケーションを把握し、必要なデータを洗い出すスキルが求められます(BIZ56,62参照)。また、データサイエンス力としては、データ分析のアプローチで必要となるデータ蓄積期間・粒度などの要件を整理するスキルが求められます(DS62参照)。

その上で、データエンジニアリング力として、サービスやアプリケーションの仕様から、データを蓄積するストレージの選定や収集方法を検討し、ビジネス要件・分析要件を満たすような、ログ項目定義・ログ生成条件・データ形式・蓄積方法などを設計・実装していくことが求められます。また、イレギュラーなデータや、システム障害時などの異常データに対する監視とリカバリ方法についても、適切な対処方法や手順を準備しておく必要があります。

上記の要件定義・設計を元に、実務で使うツールやプログラミング言語に合わせてログ出力の仕様を整理します。例えばPythonのロギング機能を用いる場合は、以下のような形となります。

```
FORMAT = '%(asctime)-15s %(clientip)s %(user)-8s %(message)s'
logging.basicConfig(format=FORMAT)
d = {'clientip': '192.168.0.1', 'user': 'fbloggs'}
logger = logging.getLogger('tcpserver')
logger.warning('Protocol problem: %s', 'connection reset', extra=d)
```

これは以下のような出力を行います

```
2006-02-08 22:20:02,165 192.168.0.1 fbloggs  Protocol problem: connection reset
```

出典：Python 3.10.0b2ドキュメント
「logging」(https://docs.python.org/ja/3/library/logging.html)

実務で使うツールやプログラミング言語に合わせて、まずはログを出力することに慣れ、ビジネス担当や分析担当と適切なコミュニケーションができる程度のビジネス力・データサイエンス力を身につけ、自由にログ出力の仕様を決めていくことができるようになりましょう。

● スキルを高めるための学習ポイント

- まずは、得意な言語やツールでよいので、ログ出力に慣れましょう。
- ビジネス担当から自社のビジネス要件を適切にヒアリングできるようにビジネス力を高めましょう。
- 分析担当からデータ分析要件を適切にヒアリングできるようにデータサイエンス力を高めましょう。

DE53 扱うデータが、構造化データ（顧客データ、商品データ、在庫データなど）か非構造化データ（雑多なテキスト、音声、画像、動画など）なのかを判断できる

構造化データとは、一定のルールやフォーマットに従って、統一された仕様で記録されたデータを指します。例えば、以下のような顧客データは、構造化データと言えます。

ID	名前	年齢	性別
0001	山田太郎	30	男
0002	山田花子	28	女
0003	高橋一郎	38	男

構造化データの例

「列」と「行」という概念は、上記のようなテーブルでのみ表現されるわけではなく、JSON・XML・CSV・TSVといったデータフォーマットで表現されることもあります。

例えばJSONであれば、以下のような形で記述されます。

{“key1” : “value1”, “key2” :” value2”, “key3” :” value3”}

非構造化データとは、特定のフォーマットに従っておらず、形式やルールが統一されていないデータを指します。例えば、テキスト、音声、画像、動画などは、上記のように「列」と「行」という概念で表せないため、非構造化データと言えます。

データサイエンスにおいては一般的に、非構造化データは前処理でタグ付けや抽出処理を行うことで、構造化データに変換して利用します（DS250, 251, 266, 267参照）。そのため構造化データより非構造化データのほうが、活用のためのハードルは高くなります。

● スキルを高めるための学習ポイント

- 構造化データ・非構造化データの違いを理解し、それぞれどういったデータがあるか理解しましょう。

スキルカテゴリ データ構造　サブカテゴリ 基礎知識　頻出

DE54 ER図を読んでテーブル間のリレーションシップを理解できる

ER図とは、Entity Relationship Diagramの略で、実体関連モデル、実体関連図などとも呼ばれ、主に関係データベースの構造を可視化するために用います。

ER図では、データのまとまりをエンティティ、その属性(エンティティが保有する詳細情報)をアトリビュートと呼び、以下のような形式で記述します。

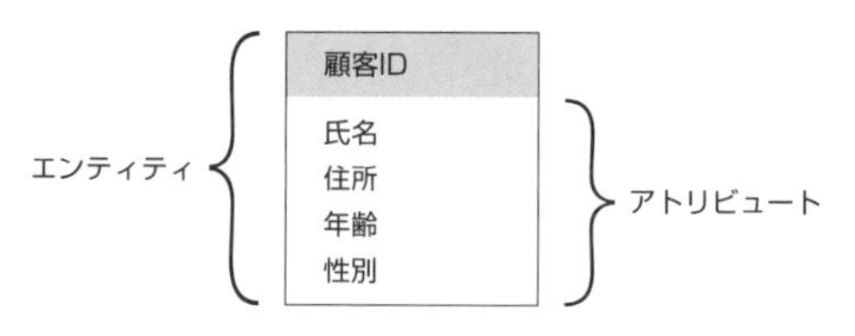

エンティティとアトリビュート

また、エンティティ間のつながりをリレーションシップと呼び、線でつなぐことで表現します。その際にエンティティ間の関係性(「1対1」「1対多」「多対多」)を結合部分の形で表現し、これをカーディナリティ(多重度)と呼びます。カーディナリティは、例えばER図の代表的な記法の1つであるIE記法だと、以下のような記号を用いて表現されます。

記号	意味
○	0(ゼロ)
|	1
─<	多

カーディナリティの記法

例えば、顧客IDと注文IDが1対0以上の関係だった場合は、以下のように書きます。

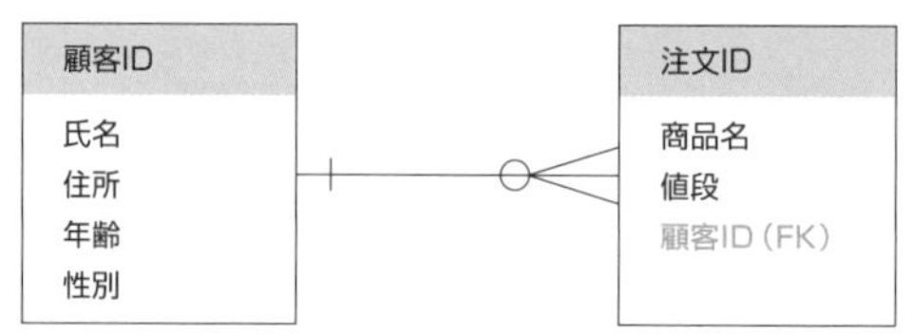

ER図の例

※FKとは、Foreign Keyの略で日本語では外部キーといい、参照先となるテーブルに存在する値しか設定できない制約(参照整合性制約)を示しています。

スキルを高めるための学習ポイント

- ER図に関する基本的な用語や記法について調べて理解しましょう。
- 簡易なデータベース設計をER図で書いてみましょう。

DE57 正規化手法（第一正規化～第三正規化）を用いてテーブルを正規化できる

データの重複をなくし、各種データ操作を行ってもデータに不整合が起きないようにすることを、データベースの**正規化**と呼びます。正規化には、**第一正規化**、**第二正規化**、**第三正規化**といった手法があります。

正規化を行うにあたって、以下の用語を理解する必要があります。

<table>
<tr><th>用語</th><th>意味</th></tr>
<tr><td>候補キー</td><td>テーブル上で任意のレコードを特定するためのカラムの集合のことです。MySQLなどのRDBでは主キーと呼ばれます。</td></tr>
<tr><td>非キー属性</td><td>候補キー以外のカラムのことです。</td></tr>
<tr><td>関数従属性</td><td>特定のカラムAの値が決まった際に、別のカラムBの値も決まるような関係性のことを指します。
顧客IDが001であった場合に、顧客名が山田太郎と特定できる場合、顧客名は顧客IDに関数従属していると言えます。</td></tr>
<tr><td>部分関数従属性</td><td>候補キーが複数カラムで構成されている際に、非キー属性のカラムが、候補キーの一部に関数従属している関係性のことを指します。以下のようなテーブル（候補キーは顧客IDと注文IDと商品）があった場合に、ノートは120円といったように、特定カラムの値が決まると、別カラムの値も決まるため、関数従属しており、かつ、この関数従属は候補キーの一部（商品）について成り立つため、価格は商品に部分関数従属していると言えます。
<table>
<tr><th>顧客ID</th><th>注文ID</th><th>商品</th><th>価格</th><th>購入数</th></tr>
<tr><td>001</td><td>AA</td><td>ノート</td><td>120円</td><td>2</td></tr>
<tr><td>001</td><td>BB</td><td>えんぴつ</td><td>80円</td><td>5</td></tr>
<tr><td>001</td><td>CC</td><td>消しゴム</td><td>90円</td><td>1</td></tr>
</table></td></tr>
<tr><td>推移従属関係</td><td>非キー属性のカラムAが、非キー属性のカラムBに関数従属している関係性のことを指します。
以下のようなテーブル（候補キーは商品）があった場合に、カテゴリIDが001は文具といったように、特定カラムの値が決まると、別カラムの値も決まるため、関数従属しており、かつ、両カラムとも非キー属性のためカテゴリ名はカテゴリIDに推移従属していると言えます。
<table>
<tr><th>商品</th><th>価格</th><th>カテゴリID</th><th>カテゴリ名</th></tr>
<tr><td>ノート</td><td>120円</td><td>001</td><td>文具</td></tr>
<tr><td>えんぴつ</td><td>80円</td><td>001</td><td>文具</td></tr>
<tr><td>消しゴム</td><td>90円</td><td>001</td><td>文具</td></tr>
<tr><td>米</td><td>2200円</td><td>002</td><td>食品</td></tr>
</table></td></tr>
</table>

1. 第一正規化

第一正規化とは、以下のように、繰り返される項目を別項目として切り出すことです。また、切り出される前の状態を**非正規形**と呼びます。第一正規化が行われると、レコード単位の情報となるため、データベースに格納ができるようになります。

顧客ID	注文ID	注文ID
0001	AA	BB
0002	CC	

↓

顧客ID	注文ID
0001	AA
0001	BB
0002	CC

2. 第二正規化

第二正規化は、第一正規化が行われた状態で、部分関数従属が存在しない状態にすることです。候補キーが注文ID、商品IDである以下のような第一正規化されたテーブルがあるとします。このテーブルでは注文IDに部分関数従属されている部分と、商品IDに部分従属されている部分があります。

注文ID	顧客ID	顧客名	日付	商品ID	商品名	価格	数量
0001	00A	A社	6/1	00X	ノート	120円	5
0001	00A	A社	6/1	00Y	鉛筆	80円	3
0001	00A	A社	6/1	00Z	消しゴム	90円	2
0002	00B	B社	6/20	00X	ノート	120円	4
0002	00B	B社	6/20	00Z	消しゴム	90円	1

これを次のような形に分割すると、部分関数従属される部分がなくなり、第二正規化されたと言えます。

注文ID	顧客ID	顧客名	日付
0001	00A	A社	6/1
0002	00B	B社	6/20

商品ID	商品名	価格
00X	ノート	120円
00Y	鉛筆	80円
00Z	消しゴム	90円

注文ID	商品ID	数量
001	00X	5
001	00Y	3
001	00Z	2
002	00X	4
002	00Z	1

3. 第三正規化

第三正規化は、第二正規化が行われた状態で推移関数従属が存在しない状態にすることです。先の例でいうと、顧客名は顧客IDに推移関数従属していると言えます。

注文ID	顧客ID	顧客名	日付
0001	00A	A社	6/1
0002	00B	B社	6/20

これを以下のような形で分割すると、推移関数従属している部分がなくなり、第三正規化されたと言えます。

注文ID	顧客ID	日付
0001	00A	6/1
0002	00B	6/20

顧客ID	顧客名
00A	A社
00B	B社

それぞれの正規化の条件をまとめると、以下のとおりです。

第一正規化	・繰り返される項目がない ・レコード単位の情報になっている
第二正規化	・第一正規化の条件を満たしている ・部分関数従属がない
第三正規化	・第二正規化の条件を満たしている ・推移関数従属がない

正規化が進むとデータの冗長性が軽減され、データの不整合は起きにくくなりますが、複数のテーブルに分割されるため検索効率は悪化します。ゆえに、実務では、システムに要求されるパフォーマンスなども踏まえ、正規化の程度を決める必要があります。

● スキルを高めるための学習ポイント

- 正規化に関する用語の意味を理解しましょう。
- 実際に非正規形テーブルを正規化してみましょう。

スキルカテゴリ データ蓄積　　サブカテゴリ DWH

DE64 DWHアプライアンス(Oracle Exadata Database Machine、IBM Integrated Analytics Systemなど)に接続し、複数テーブルを結合したデータを抽出できる

企業のデータ分析においては、データの蓄積や集計を行う環境として、業務システムの基幹DBとは別に、DWH(データウェアハウス)を用意していることが一般的です。

DWHとして利用されるアーキテクチャについては、一般的なRDBMS(リレーショナルデータベース管理システム)を使う場合の他に、データ分析で必要な加工集計処理に対して、大量のデータを高速に処理できるように設計されたDWHアプライアンスやDWH用のクラウドサービスなどがあります。企業でデータ分析を行う場合、機能面で優れ、サポートも受けられる、エンタープライズ用途で有償のDWHが採用されることが多いです。分析用途で採用される代表的なDWHアプライアンスには、Oracle ExadataやIBM Integrated Analytics Systemなどがあります。

DWHアプライアンスは製品ごとに、それぞれ高速化するための独自の工夫がされています。また、これらのDWHアプライアンスは、サーバーを構成しているパーツや基盤の設計、並列分散処理のためのノード間の連携方式、データの保持方式(カラム指向型DBやインメモリDB)など、一般的なRDBMSとは異なったアーキテクチャとなっています。

ここでは特に代表的な例として、カラム指向型DBについて取り上げます。一般的なRDBMSは行指向型DBで、データを行単位で保持しており、トランザクションが発生するたびに、行単位で対象レコードを特定し、データの追加、変更、削除等が行われる仕組みになっています。それに対して、カラム指向型DB(列指向型DB)では、列単位でデータを蓄積しており、列方向に大量にあるデータに対して、特定の列だけを集計・抽出するようなデータ分析や、統計処理などを効率的に行うことができます。しかし、1行単位のレコードに対するトランザクション処理などには向いていません。このようにDWHアプライアンスは、大量データの結合・集計・抽出における処理能力に特化した独特なアーキテクチャを採用しているため、一般的なRDBMSに比べて苦手としている分野もあることに注意が必要です。

● スキルを高めるための学習ポイント

- DWHとRDBMSの目的や用途の差異、メリット・デメリットについては最低限理解しておきましょう。
- DWHアプライアンスについて、機会があればいずれかの製品を使ってみましょう。

DE66 HadoopやSparkの分散技術の基本的な仕組みと構成を理解している

HadoopやSparkの分散技術とは、ネットワークで接続した複数のコンピュータで、分担して処理を行う技術です。一般的なRDBMSと比較して、対象データが大規模で更新が少なく、構造が変化しやすい場合に向いています。また、処理の性能を上げたい場合は、ノード数を増やすという方法で対応できるのも特徴です。

Hadoopは、実際には複数サービスを組み合わせたもので、多様な環境構成になっています。Sparkもまた同様で、Hadoop関連プロジェクトに含まれており、環境構成のパターンがより複雑になります。そのためここでは、基本かつ主要なパターンに限定し、概要を紹介します。

分散技術として特徴的な機能であり、Sparkでも用いられるHadoopベースの技術として、大規模クラスタ上の分散ファイルシステムであるHDFS(Hadoop Distributed File System)と、分散技術における汎用的なクラスタ管理システムであるYARNがあります。

HDFSは、複数ノードのストレージに分散してデータを保存することによって、1ノードのストレージ容量を超えるデータを蓄積・利用できる仕組みです。巨大なファイルを高スループットで提供できる点がメリットですが、小さなファイルを大量に扱う場合や、低レイテンシ(データ転送などにかかる応答が早く遅延が少ないこと)が求められる場合には向いていません。

Hadoopのデータ処理の仕組みであるMapReduceアプリケーションは、ノードのストレージが通常メモリに比べて大きく、巨大なデータを処理できるのがメリットです。デメリットとしては、ノードのストレージに対する読み書きが何度も発生し、ストレージはメモリに比べて読み書きが遅いので、反復的な処理などに弱い点が挙げられます。

なお、Sparkでは、RDD (Resilient Distributed Dataset)等の仕組みを用いたメモリ上での分散処理によって、メリットとデメリットがMapReduceと逆になります。実際の操作はRDDよりも、DataFrameやDataSetといったインターフェースを使ってプログラミングすることが多くなります。

● スキルを高めるための学習ポイント

- 分散技術とRDBMSの違い、メリットとデメリットを押さえておきましょう。
- 活用範囲が広く、進歩や変化も早い技術であるため、最新情報を調べておきましょう。
- 本書では割愛したYARNの特徴などについても勉強しておきましょう。

スキルカテゴリ データ蓄積　　サブカテゴリ 分散技術

DE67 NoSQLデータストア(HBase、Cassandra、Mongo DB、CouchDB、Amazon DynamoDB、Azure Cosmos DB、Google Cloud Firestoreなど)にAPIを介してアクセスし、新規データを登録できる

NoSQLデータストアとは、一般的なRDBMSとは異なるデータベース管理システムの総称です。データサイエンティストは、RDBMSだけでなく、SQL以外の方法で操作することが多いNoSQLデータストアに対しても、データ蓄積やその利用などができるスキルが求められます。代表的なNoSQLデータストアには、HBase、Cassandra、Mongo DB、CouchDB、Redis、Amazon DynamoDB、Cloudant、Azure Cosmos DBなどがあります。

各種NoSQLデータストアによく見られる特徴として、以下のようなポイントが挙げられます。ただし、NoSQLデータストアによっては、必ずしもこれらの特徴が当てはまらない例外が存在しますので、詳しくは個別に調べるようにしましょう。

- ・SQL以外の方法で操作する必要がある
- ・テーブル構造に固定化されない
- ・ハードウェアの拡張性(スケーラビリティ)が高く、より大規模なデータを取り扱える
- ・低レイテンシである処理に強い

近年では各クラウドベンダーがマネージド型のNoSQLを提供しており、これらを用いることで環境構築を行わずに容易にNoSQLを活用できるようになりました。

多くのNoSQLマネージドサービスが従量型の課金体系を有しており、大量データを蓄積した場合のコストもリレーショナルデータベース(RDBMS)タイプのマネージドサービスより安くなる場合が多いです。さらに、前述のようにNoSQLはAPIなどで操作を行い、拡張性に優れ大量データでも安定した性能でデータアクセスできるというメリットもあります。一方で、NoSQLではRDBMSのSQLで提供されているデータ操作機能を全て実現できるわけではありません。データ活用の要件に応じてRDBMSとNoSQLをうまく使い分けることをお勧めします。

● スキルを高めるための学習ポイント

- NoSQLデータストアに用意されている、Java、Python等のプログラミング言語に対応するAPIの主要なコマンドについて調べておきましょう。
- 各種NoSQLデータストアの特徴も理解し、どのような要件や状況で有効かをそれぞれ確認してみましょう。

スキルカテゴリ データ蓄積　サブカテゴリ クラウド　頻出

DE71 クラウド上のオブジェクトストレージサービス(Amazon S3、Azure Blob Storage、Google Cloud Storage、IBM Cloud Object Storageなど)に接続しデータを格納できる

企業のビジネスニーズに応じて、ビジネスデータの蓄積はさまざまな形をとることがあります。特に、データ活用を目指す際には、大規模なデータセットの取り扱いや、非構造化データの管理が求められることがあります。そのような場合、一般的なRDBMSにデータをすべて入れるのではなく、さまざまな形式のデータを蓄積できるストレージに、一旦データを蓄積しておくのが一般的です。

特にクラウドのストレージサービスは、契約さえすればすぐに利用できて、かつ安価であるため、データ活用目的以外でも、多くの企業で利用されています。

クラウド上の代表的なストレージサービスにはAmazon S3、Google Cloud Storage、IBM Cloud Object Storageなどが存在します。

クラウドストレージサービスはその利便性の高さから多くの企業で採用されていますが、利用に際しては慎重さも要求されます。例えば、これらのサービスを利用するということは、インターネットに接続された環境でデータを保管することになるため、アクセス権限の設定に漏れがあると、予期せぬ外部からのアクセスを許してしまうリスクが生じます。このようなリスクを避けるためには、セキュリティの専門家にも目を通してもらい、慎重に設定を行うことが重要です。

実際にクラウド上のストレージサービスに接続し、データを格納できるためには、具体的に以下のようなスキルが必要です。

- 会社のサーバーやPCからクラウドサービスにアクセスできること
- その中のストレージサービスにアクセスできること
- クラウドサービスのインターフェースを利用してデータファイルを格納できること

スキルを高めるための学習ポイント

- クラウドサービス上のストレージサービスとその操作について理解しておきましょう。
- セキュリティ設定やネットワーク負荷、従量課金などクラウドサービス特有の注意点についても理解しておきましょう。

DE80 表計算ソフトのデータファイルに対して、条件を指定してフィルタリングできる（特定値に合致する・もしくは合致しないデータの抽出、特定範囲のデータの抽出、部分文字列の抽出など）

例えばある店舗で、1日の売り上げ目標を100万円に設定していたとします。販売データを分析して、目標を超えた日がどのくらいあるか調べたい場合に、「日別売り上げ≧100万円」というような絞り込みを、任意のツールと条件でフィルタリング処理するスキルは、データ分析には必須のスキルです。

「数十万レコードのデータ」に対して加工を行うことができるレベルを想定していますが、これは最低限、ExcelやBIツール、SQLなどを使って、データ加工業務が問題なく行える水準を意味しています。したがって、Excel、BIツール、SQLによる初歩的な操作を修得することを目指していただくとよいでしょう（DE105参照）。

ExcelやBIツールであれば、フィルタリング処理をするボタンなどが用意されています。使い方を調べれば使えるようになるでしょう。少し複雑なフィルタリング処理がしたい場合には、コマンドでの操作が求められる場合もありますので、コマンドについても学んでおく必要があります（DE135参照）。

SQLでは、WHERE句を用いて絞り込みを行います。さらに、IN・LIKE・BETWEEN・AND・ORなどを利用して、特定値に合致するものや、特定範囲のデータを抽出する方法についても知っておきましょう。

またフィルタリング処理は、単独で用いるのではなく、集計処理や結合処理などと組み合わせて使用することもあります。そのため、その他の「データ加工」スキルと組み合わせて理解しておくことが重要です（DE110参照）。

演算子	条件
AND	設定したカラムの値が、2つ以上の条件のいずれも満たすようなデータを検索・抽出
OR	設定したカラムの値が、2つ以上の条件のいずれかを満たすようなデータを検索・抽出
IN	設定したカラムの値が、IN句の中に含まれる条件を満たすようなデータを検索・抽出（なおIN句の中にSELECT文を入れることも可能）
LIKE	設定したカラムの値が、特定のパターン（例：指定した文字ではじまるなど）に一致するデータを検索・抽出
BETWEEN	設定したカラムの値が、指定した範囲内にあるデータを検索・抽出

フィルタリングに使用される代表的な演算子

スキルを高めるための学習ポイント

- ExcelやBIツールを用いたフィルタリング操作を修得しておきましょう。
- SQLでの検索条件を用いたデータ抽出の初歩的な操作について理解しておきましょう。

スキルカテゴリ データ加工　　サブカテゴリ フィルタリング処理

DE81 正規表現を活用して条件に合致するデータを抽出できる（メールアドレスの書式を満たしているか判定をするなど）

正規表現とは、文字列のパターンを記述するための構文です。正規表現を用いることで、文字列中に特定のパターンが含まれているかを判定したり、特定の部分を抽出することができます。例えば、「販売履歴のテキストデータに対して、A00～A99という自社の商品コードが入っている列を見つける」といったケースや、「入力されたメールアドレスの書式が正しいかどうかを判定する」といったケースで、正規表現は利用されます。

上記のようなケースで正規表現を用いると、複数の文字列を1つの文字列で表現できます。先ほどのケースであれば、A00～A99の文字列は、正規表現でA[0-9]{2}と書き表します。OSのコマンドやプログラミング言語、ExcelだとVBAで、A[0-9]{2}と指定すれば、データの絞り込みやクレンジング、データ検証などを行うことができます。

なお、必要なデータを抽出する際は、対象データに対する理解も求められます。例えば、A[0-9]{2}という指定だとA000など数値が3桁以上の場合も拾われてしまいます。商品コードの直後に数値が来ないことが確実な場合であれば、A[0-9]{2}[^0-9]と指定することで、余分なデータは拾わないようにすることができます。

正規表現の表記方法は、プログラミング言語によって多少異なりますが、基本的な部分は共通しています。実務ではよく使うスキルとしてまずは自分の得意な言語だけでもよいので覚えておきましょう。

正規表現	表現できるもの	同じ表現
\d	任意の半角数字	[0-9]
\D	任意の半角数字以外	[^0-9]
^	文字列の先頭	
$	文字列の末尾	
{m}	m回繰り返す	
{m,n}	m～n回繰り返す	

代表的な正規表現

● スキルを高めるための学習ポイント

- まずは得意な言語で、正規表現の基本的なパターンをしっかりおさえましょう。
- A[0-9]{2}[^0-9]に対するA[\d]{2}[\D]など、同じ動きをする違う書き方もあるので注意しましょう。

スキルカテゴリ データ加工　　サブカテゴリ ソート処理　　頻出

DE82 表計算ソフトのデータファイルに対して、目的の並び替えになるように複数キーのソート条件を設定できる

ソート処理とは例えば、顧客データを年齢順に並べる、販売データを日付順かつ商品番号順に並べるなどの特定の列をキーにデータの順番を並び替える処理を指します。データ分析において頻繁に行われる必須処理のうちの1つです。

Excelの場合、基本的なソート処理は「ホーム」タブにある「並び替えとフィルター」から行うことができます。このうち、昇順は小さい数値から大きい数値の順、降順は大きい数値から小さい数値の順に選択した列を並べ替えます。

また、「並び替えとフィルター」の「ユーザー設定の並び替え」では、カラム間での複数条件で並び替えることも可能です。このとき、例えば先ほど示した商品番号と日付のどちらで先に並び替えるのかといった優先度によって、表示される結果は変わります。想定通りに並び替えるためには、並び替えの優先順位を適切に判断・設定する能力が求められます。

実務においては、リレーショナルデータベースでデータを取り扱うことが多いため、SQLの初歩的な操作として、ORDER BYなどによるソート処理を身に付けておく必要があります(DE127参照)。複数カラムでの並べ替え(販売データを日付順かつ商品番号順に並べるなど)について、SQLのORDER BYの場合は、「ORDER BY　日付　商品番号」というように、左から順に優先順位の高いものを並べます。

また、「ORDER BY　日付　ASC」や「ORDER BY　日付　DESC」というように、並び替えで利用する列に対して、ASCと指定すると昇順、DESCと指定すると降順にすることができます。

ソート	昇順(ASC)	降順(DESC)
数字	0,1,2,3,4,5…	…,5,4,3,2,1,0
英語(アルファベット)	A,B,C,D…	…D,C,B,A
日本語(ひらがな、カタカナ、漢字)	(フリガナ順で)あ,い,う,え…	(フリガナ順で)…え,う,い,あ

ソート処理による変換結果の例

スキルを高めるための学習ポイント

- Excel、SQLでの初歩的なソート処理について練習しておきましょう。
- 複数の条件で並び替えるときに、指定の順番や優先度でどのように変化するかを理解しておきましょう。

DE83　表計算ソフトのデータファイルに対して、単一条件による内部結合、外部結合、自己結合ができ、UNION処理ができる

複数のデータの結合処理は例えば、商品･売り上げ･顧客のデータを組み合わせて、どのような顧客がどの商品をどれくらい購入したかを分析する場合など、頻繁に使用するスキルです。

ここでは特に、次のような処理を身に付けておく必要があります。

・内部結合	データAとデータBを、指定した列の値で結合し、両方同じ値のレコードのみを抽出する
・外部結合	データAとデータBを、指定した列の値で結合し、両方同じ値のものだけでなく、どちらかにしかないレコードも漏らさず抽出する
・自己結合	データAに対し、同一のデータAを結合する
・UNION処理	データAのレコードとデータBのレコードを、統合して抽出する

まずExcelでの操作として、2つのデータを結合する際に多用するVLOOKUP関数の使い方と、UNION処理に該当する、データを縦方向に並べてから重複削除する処理について慣れておきましょう。

SQLでは、INNER JOIN（内部結合）、LEFT OUTER JOIN（左外部結合）を頻繁に使います。ただし複雑なSQLだと、結合処理の書き方に少し間違いがあるだけで、データを抽出するDBに大きな負荷をかけてしまうこともあります。このような事象を起こして問題にならないように、まず少ないデータ量で結果を確認し、問題なければ全量で処理をするといった工夫をするとよいでしょう。

なお、実務だけでは「単に結合処理ができる」というだけではなく、対象データを理解し、それに応じて適切な結合条件を設定できることが求められます。

● スキルを高めるための学習ポイント

- Excel、SQLでの初歩的な結合処理を身に付けておきましょう。
- 2つのデータのさまざまな結合パターンによって、どのように結果が変わるかを試し、違いを理解しましょう。

スキルカテゴリ データ加工　サブカテゴリ 前処理　頻出

DE84 表計算ソフトのデータファイルに対して、NULL値や想定外・範囲外のデータを持つレコードを取り除く、または既定値に変換できる

例えば、ある日の売り上げが平常から極端に少ない「外れ値」や、アンケート入力ミスによる「異常値」、センサーデータの取得漏れにともなう「欠損値」などのデータが存在すると、平常時の全体的な傾向を正しく把握することができません(DS62,87参照)。そこで、このようなデータから正しい状況を把握できるようにデータを洗浄することを、データサイエンスにおいて**クレンジング処理**といいます。

クレンジング処理を行うには、まず、クレンジングの対象となるデータを抽出する必要があり、これにはフィルタリング処理のスキルが求められます。そして、抽出したデータに対して、置換処理や除外処理を行います。手動での置換や削除も可能ですが、ミスが起きる可能性もあるので、一般的にはクレンジングルールを決め、数式や関数等を使ってクレンジングします。

なお、データの外れ値や異常値、欠損値の判断はもちろん、クレンジング方針を一律で機械的に決めることはあまり推奨されません。データの振る舞いや特性を理解し、何が起きているかを把握したうえで、都度クレンジングルールを決めて対応するようにしましょう。

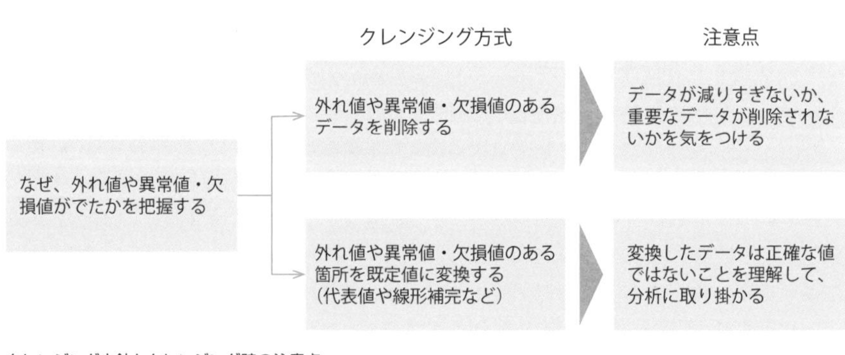

クレンジング方針とクレンジング時の注意点

スキルを高めるための学習ポイント

- ExcelやSQLを使ったデータクレンジングを実際に行ってみましょう。
- 外れ値や異常値、欠損値などのフィルタリング操作を踏まえた、データクレンジングによるデータの削除や変換の一連の流れをイメージできるようになりましょう。

DE87　表計算ソフトのデータファイルに対して、規定されたリストと照合して変換する、都道府県名からジオコードに変換するなど、ある値を規定の別の値で表現できる

マッピング処理とは、ある値を別の値と対応付け(関連付け、割り当て、割り付け)る処置を指します。

例えば、各都道府県にはJIS X 0401という規格で、2桁のコード値が割り当てられています。データ処理を行う際にこのコード値を利用すれば、「東京」「東京都」「Tokyo」などの表記を東京都のコード値である「13」で統一することができます。このように、表記ゆれによるデータ不整合をなくすことができる点は、マッピング処理を行うメリットの1つです。他にも、誰でも自由に利用可能なオープンデータとして、日本国税庁が13桁の法人番号を提供しています。この番号を使うことで、企業情報の管理を容易にすることができます。

マッピング処理は、マスター(対応表)をもとに行います。自社データの分析において、商品名を商品コードに変換したいのであれば、規定された商品マスターを取得し、それを元に商品名を商品コードに変換します。このような処理は、基本的に左外部結合の結合処理で行うので、Excelで行う場合はVLOOKUP関数、SQLであればLEFT JOINを使って処理を行います(DE83,135参照)。

対応表はマスターの形式で提供されるものもあれば、API機能として提供されているものもあります。マスターを使用する際の注意点としては、取得したマスターが最新である必要があります。古いマスターを使用した場合、存在しない新しい商品名に対して適切な値を出すことができません。このようなマッピングミスが発生していないか、変換結果に対して異常値がないことを確認するようにしましょう。

対象とするビジネス次第では、利用している対応表が時期によって変わることもあります。このように、マスターや属性情報などのソースデータの変更履歴を保存し、データ上で表現することを、スロー・チェンジ・ディメンション(Slowly Changing Dimensions)と呼びます。ただし、対応する時期に合わせてマスターを変えたり、古いマスターと新しいマスターをマッピング処理して、抜け漏れのないマスターを作成したりする必要があり、取り扱いについて手間が掛かるので、変更履歴の管理の必要性を十分に考えたうえで採用するかどうかを検討しましょう。

● スキルを高めるための学習ポイント

- ExcelやSQL、APIなどを使ったマッピング処理を実際に体験してみましょう。
- 対応表の漏れなどが発生しないように、データの整合性の確認を心がけましょう。

スキルカテゴリ データ加工　　サブカテゴリ サンプリング処理　　頻出

DE89 表計算ソフトのデータファイルに対して、ランダムまたは一定間隔にデータを抽出できる

サンプリング処理とは、全データ(母集団)の中から一部のデータ(標本データ)を抽出することです。数十万というレコードがある場合に、すべてのデータを調査することは難しいため、いくつかをサンプルとしてデータを抽出します(DS67,110,167参照)。

サンプリングには以下のような方法があります。扱うデータの特性を踏まえて、適切な方法を選択しましょう。

手法	概要
単純無作為サンプリング	母集団の全ての要素を対象として単純にランダムにサンプルを抽出する
系統サンプリング	3人おきや5人おきなど一定間隔でサンプルを抽出する
層別サンプリング	母集団をあらかじめいくつかのグループに分けて、それぞれの中からサンプルを抽出する
集落サンプリング	母集団を小集団(クラスタ)に分け、クラスタを無作為抽出し、抽出されたクラスタにおいて全数調査をする
多段サンプリング	母集団をいくつかのグループに分け、そこから無作為にグループを選び、さらにそこからランダムにサンプルを抽出する

サンプリングの手法とその概要

無作為サンプリングは、ランダムサンプリングともいいます。ランダムサンプリングは乱数を発生させて、生成された値から対象を抽出する方法です。

乱数とは、ある範囲の数値から任意に取り出される数値です。乱数はシード(種)と呼ばれる値をベースとして、呼び出す都度異なる値を取得できる関数として提供される場合が多いです。

● スキルを高めるための学習ポイント

- データベースから、さまざまな手法でデータをサンプリングするSQLを練習しましょう。
- 乱数の概念とプログラム言語で乱数を発生させる方法を学習しましょう。
- 乱数を用いてデータセットからランダムにデータを取得する方法を学習しましょう。

DE90 表計算ソフトのデータファイルのデータを集計して、合計や最大値、最小値、レコード数を算出できる

データを漠然と眺めていても、何かしらの示唆を見つけ出すことはできません。さまざまな方法で集計処理を行い、データに特徴を見つけ出すことが必要です。

データの基本的な特徴を表す値として基本統計量があります。以下で示した、合計、最大値、最小値、レコード数といった値も基本統計量の一部です。こうした代表値を算出することで、データの特徴をつかむことが、データ分析の最初の一歩となります(DS12,13参照)。

Excelでは、データ分析機能を使って基本統計量を一覧化することができます。また関数を使うことでも合計や最大値などの主要な基本統計量を計算することができます。

項目	概要	Excelの関数
合計	データの値を足した合計	SUM関数
最大値	データの中の一番大きな値	MAX関数
最小値	データの中の一番小さな値	MIN関数
レコード数	データの個数	COUNT関数
平均	データの値をすべて足して、その個数で割った値	AVERAGE関数
不偏分散	平均値からの散らばり具合を表す値	VAR.S関数
不偏標準偏差	分散の正の平方根の値	STDEV.S関数
中央値	データを昇順で並び替えたときの真ん中の値	MEDIAN関数
最頻値	対象データの中で、最も頻繁に現れる値	MODE関数

基本統計量と対応するExcelの関数

また、例えばPythonであれば、Pandasというライブラリのdescribe関数を使って、データ個数、平均、標準偏差、最小値、第一四分位数、第二四分位数、第三四分位数、最大値を一覧化することができます。

データ分析を行ううえでデータの基本的な集計は分析の第一歩です。しっかりと押さえておきましょう。

● スキルを高めるための学習ポイント

- Excelだけでなく、SQLの数値型のフィールドから、集合関数(SUM、MIN、MAX、AVG)を用いて基礎集計ができるようにしましょう(DS90参照)。
- Pythonなどのプログラミング言語で、基本統計量を集計する方法を学習しましょう。

スキルカテゴリ データ加工　サブカテゴリ 変換・演算処理　頻出

DE91 表計算ソフトのデータファイルに対する四則演算ができ、数値データを日時データに変換するなど別のデータ型に変換できる

四則演算は足し算(+)、引き算(−)、掛け算(*)、割り算(／)のことです。四則演算の基本的な考え方は算数と同じで、次のようなルールがあります。

1. 掛け算および割り算は、足し算および引き算より優先される
2. ()を使用して優先順位を指定できる

データを操作する際には、対象データのデータ型に気を付ける必要があります。データ型には数値型、文字型、日付型などがあります。四則演算を行う場合には、基本的に数値型のデータを扱うことになります。計算するデータが数値型になっていることは最初に確認しましょう。例えば、見た目上は数字だとしても、文字型になっていて計算に使えない、というケースがあります。もし適切な型になっていない場合は、事前にデータの型変換が必要です。

各種ツール(SQL、Python、Excel)での四則演算のイメージは、以下の通りです。

1. SQL：SQLの記述内に算術式を入れてデータの取得や挿入が可能

(例)テーブル名：syohin、製品ID：product、価格：price、値引き額：discountのテーブルから、値引き後の価格も計算してデータを取得する場合(DE110,135参照)

product	price	discount
AAA	2000	0
BBB	3000	500
CCC	5000	1000
DDD	7000	1200

```
SELECT product, price, discount, price-discount FROM syohin;
```

product	price	discount	price-discount
AAA	2000	0	2000
BBB	3000	500	2500
CCC	5000	1000	4000
DDD	7000	1200	5800

2. Python：数値を変数に格納してから計算（数値同士を計算させることも可能）

（例）計算結果を、Print関数を使って出力する場合

【サンプルコード】

```
a = 12
b = 4
print(a + b)
print(a - b)
print(a * b)
print(a / b)
```

【実行結果】

```
16
8
48
3
```

3. Excel：セル内に「=」（イコール）から数式を記述、セル番地を指定

（例）以下のように数値が入っている場合

	A	B
1	15	90
2	3	5

C1、C2、C3、C4のように記述することで、四則計算の結果が得られます。

	A	B	C
1	15	90	=A1+B1
2	3	5	=A1-B2
3			=A2*B2
4			=B1/A2

	A	B	C
1	15	90	**105**
2	3	5	**10**
3			**15**
4			**30**

● スキルを高めるための学習ポイント

- データベースのデータ型や、プログラム言語の変数型について理解しましょう。
- Pythonなどの言語で、変数型の変換パターンを学習しましょう。
- SQLで複数の数値型フィールドを計算して、新しい変数を作成してみましょう。

スキルカテゴリ データ加工　　サブカテゴリ 変換・演算処理

DE92 変換元データと変換先データの文字コードが異なる場合、変換処理のコードがかける

文字コードとは、文字をコンピュータで処理するために、文字の種類に番号を割り振った(符号化した)ものであり、代表的な文字コードとして、EUC-JP、JIS(ISO-2022-JP)、Shift_JIS、UTF-8、UTF-16などがあります。

このスキルが必要となる代表的なケースは、日本語のテキストデータの解析を行うにあたり、データ生成したシステムやツールと、それを集約して分析を行うシステムやツールが異なる場合です。システムやツールによって使用している文字コードが異なると、文字化けなどが発生し、正しく処理が行えない事象が起きることがあります。そのため、変換元データの文字コードと変換先データの文字コードの違いを確認し、その変換を行うためのライブラリ等を適切に取り扱うスキルが必要となります。

例えば、Windowsにデフォルトで入っている「メモ帳」を使う場合、変換元のテキストファイルを開くと右下の表示で文字コードが確認できます。そのファイルを別名で保存する際に、「エンコード」を切り替えて保存することで、文字コードを容易に変更できます。

大まかな流れとしては次の手順で行います。

①変換元と変換先の文字コードを確認(それぞれのシステムの仕様を確認する・テキストエディタ等によって文字データの確認を行うなど)
②変換元と変換先の文字コードを変換するためのツールやライブラリの準備
③変換漏れによるバグの要因となりそうなパターンの洗い出しと、変換プログラム実行によるテストパターンの検証

なお、適切な文字コードを設定して変換しても、特定の環境依存文字などが正しく表示できない場合があります。こうしたケースも、事前の検証と、事後の調査でカバーできるようにしましょう。

● スキルを高めるための学習ポイント

- よく使われるOSやツールで利用される文字コードを調べておきましょう。
- 同様に、テキストデータの文字コードを確認する方法として、テキストエディタやプログラミング言語など、いくつか把握しておきましょう。
- テキストデータの取り扱いについて、練習しておきましょう。

DE95 加工・分析処理結果をCSV、XML、JSON、Excelなどの指定フォーマット形式に変換してエクスポートできる

多くの分析ツールでは、データの加工や分析をした結果を特定のフォーマットデータとして、エクスポートすることができます。

データをエクスポートする際には、エクスポートした後の用途に合わせて、適切なフォーマットを選択することが重要です。例えば、エクスポートしたファイルをプログラムを用いて加工するのであれば、自身のスキルに合わせてプログラムで加工しやすいフォーマットを指定すると良いでしょう。

使用可能なフォーマットはエクスポートするツールによって異なりますが、代表的なフォーマットとその概要を以下に記載します。

フォーマット形式	概要
CSV	・Comma-Separated Valuesの略 ・「コンマ」でデータを区切る
TSV	・Tab-Separated Valuesの略 ・「タブ」でデータを区切る
XML	・Extensible Markup Languageの略 ・「タグ」でデータを囲むことで表現する ・入れ子構造にすることが可能
JSON	・JavaScript Object Notationの略 ・「名前」と「値」をペアにしてデータを表現する ・ファイルサイズがとても小さくて軽いため、XMLに代わる通信用のデータ形式として人気
Excel	・MicrosoftのOfficeツールであるExcelで開くことができる

代表的なフォーマットとその概要

なおCSVのデータはExcelで開くことも可能(それぞれの要素がセル内に入った状態となる)ですが、データに「カンマ」が含まれていると、意図しない形で読み込まれることもあるので注意が必要です(DE45参照)。

スキルを高めるための学習ポイント

- 主要なフォーマット形式の特徴を押さえておきましょう。
- 実際に使うツールでのフォーマット変換の方法を練習しておきましょう。

DE96 加工・分析処理結果を、接続先DBのテーブル仕様に合わせてレコード挿入できる

データをデータベースに挿入するには、複数の手法が存在します。

対象がリレーショナルデータベースの場合は、SQLのINSERT文を用いてレコードを挿入します。少数のレコード追加や更新に関しては、SQL文によるデータ操作がよく利用されます。

CSV形式などのデータファイルを一括してデータベースに挿入する際には、対象のデータベース製品が提供するLOADコマンドやIMPORTコマンドがよく利用されます。この手法の場合、INSERTを用いて挿入するよりも、一括して高速に挿入することができます。

なお、リレーショナルデータベースのテーブルにはデータの型や桁数などが定義されており、投入対象のデータがテーブルの定義に従っている必要があります。またデータ項目がデータ型に従っていても、NOT NULL制約、一意性制約、外部参照制約などのデータベースの制約に違反すると挿入時にエラーとなるため、制約の理解が必要です。

NOT NULL制約	挿入するデータにNULL（値なし）を禁止
一意性制約	対象列に重複したデータの挿入を禁止
外部参照制約	他のテーブルの列を参照し、その列にないデータの挿入を禁止
チェック制約	値の条件を設定し、条件に該当しないデータの挿入を禁止

主要なデータベースの制約

データの定義や制約によりデータがそのままの形式では挿入できない場合、定義に適合するように事前にデータを加工、編集する必要があります。

データの挿入は他にも、プログラミング言語による開発やツールを使う方法など、さまざまな手法があります。ただし、挿入時に留意すべき事項は同一です。

スキルを高めるための学習ポイント

- SQLのINSERT文の他にも、IMPORT・LOADで一括にデータをDBに挿入する手法なども知っておきましょう。
- 制約違反やデータ定義違反など、DBMSにデータを挿入する際にエラー発生するパターンについて学習しましょう。

DE97 RESTやSOAPなどのデータ取得用Web APIを用いて、必要なデータを取得できる

分析をするためのデータには、社内のシステムに蓄積されたデータを利用するケースもあれば、公開されているWeb上のデータを取得して利用するケースもあります。

WebAPIは、HTTPなどのインターネット関連技術を利用してデータを送受信するための規格であり、代表的なものとしてRESTやSOAPがあります。このようなオープンな規格を利用すれば、異なるシステムからも同一の手順や仕様でデータを取得できます。

RESTを扱うREST APIや、SOAPを扱うWebサービスの呼び出し方法をマスターすると、これらのインターフェースを提供するさまざまなシステムから容易にデータを抽出できます。

プロトコル	概要
REST	・Representational State Transferの略 ・Webからのデータ取得において現在主流の方式 ・XMLやJSONでデータを取得する ・入力パラメータの少ない検索サービス等での利用に適している
SOAP	・Simple Object Access Protocolの略 ・XMLのデータを送受信する ・WSDLという言語によりサービスの定義を行う ・複雑な入力を必要なサービスや、入出力に対してチェックを必要とするようなサービスに適している

RESTとSOAP

Web上のデータを、APIを通じて取得する場合、どういったフォーマット・パラメータなのか、どのようなレスポンスがくるのか、認証方式はどのようなものか、有償なのか無償なのかといった点を、事前に確認する必要があります。

スキルを高めるための学習ポイント

- REST APIを使って実際にデータを取得する練習をしましょう。
- REST APIとWebサービス（SOAP）の特徴とその仕様の違いを理解しましょう。

スキルカテゴリ データ共有　サブカテゴリ データ連携　頻出

DE104 FTPサーバー、ファイル共有サーバーなどから必要なデータファイルをダウンロードして、Excelなどの表計算ソフトに取り込み活用できる

分析をするためのデータファイルを、社内外のFTPサーバーやファイル共有サーバーに配置し、プロジェクトチームのメンバーや部署のメンバーなど、複数人で共有することがあります。

このようなファイル共有サーバーは、社内など自らの管理スペース内にサーバーを設置するオンプレミス型で設置されることもありますが、最近ではクラウド上のファイル共有サービスの利用が広まっています。

クラウド上のファイル共有サービスを利用するメリットとしては、自社で端末の用意やサーバーの管理が不要となる点、すぐに使うことができる点があります。一方で、デメリットとしては災害や通信障害の際に接続できなくなり、サービスの復旧を待つ必要がある点などがあります。分析するデータファイルの重要性や用途に応じて使い分けるようにしましょう。

ファイル共有には、FTPサーバーを使うこともあります。FTPサーバーとのファイルの転送にはFTP（File Transfer Protocol）を使います。しかしFTPによる通信は暗号化されていないため、機密情報を扱う場合には注意が必要です。通信を暗号化する方法もありますが、大半のFTPサーバーは暗号化されずに使われているため、オンプレミスの環境で用いられることが多くなります。

分析担当者は、共有されたデータファイルを、Excelなどに取り込んで分析します。ファイルのデータを一旦手元にダウンロードして分析することもできますが、Excelの機能で指定されたネットワーク上のファイルを読み込み、Excel上でピボットテーブルを用いて集計だけを行うこともできます。ネットワーク上のファイルを読み込む方法で分析を行うと、ファイル共有サーバーのデータが更新されたときに、手元のExcelファイルを更新することで簡単に集計し直すことができ、分析時間を短縮することができます。

● スキルを高めるための学習ポイント

- FTPにおいてファイルをアップロード・ダウンロードする方法を理解しましょう。
- 手元にダウンロードしたデータをExcelで分析する方法と、ネットワーク上のファイルを直接Excelで読み込み分析する方法の違いを体験してみましょう。

スキルカテゴリ データ共有　サブカテゴリ データ連携

DE105 BIツールからデータベース上のDBテーブルを参照して新規レポートやダッシュボードを作成し、指定のユーザグループに公開できる

BIツールとは、ビジネスインテリジェンスツールの略で、社内にあるさまざまなデータを集約し、一目でわかるように見える化するためのツールです。一般的に、BIツールには以下のような基本機能が備わっています。データサイエンティストとして、まずはレポーティング機能を活用したデータの「見える化」が重要です。

機能	概要
レポーティング	分析結果をグラフや表といった形で視覚化し、ダッシュボードにまとめて整理する
OLAP分析	Online Analytical Processingの略で、蓄積したデータをさまざまな角度から解析して、問題の分析や検証を行う
データマイニング	蓄積したデータを分析し、ビジネス上価値のある法則を見つけ出す
プランニング	蓄積した過去のデータで、将来予測のシミュレーションを行う

BIツールの基本的な機能

BIツールは大きく、エンタープライズBIとセルフBIに分けることができます。エンタープライズBIは、2000年頃から登場したBIツールです。データの加工・集計・分析・出力が複雑であり、IT部門など専門部署にて管理されます。そのため、使用したい場合は、IT部門にレポートの作成を依頼しなければならず、時間がかかります。

この課題を解決するために登場したのが、セルフBIです。セルフBIでは、わかりやすいUI（ユーザーインターフェース）上で、ユーザー自身がレポート作成やデータ分析を行うことができます。また、直感的に蓄積されたデータをさまざまな角度から分析できるような機能が備わっています。

機能	概要
ドリルダウン	階層になったデータを掘り下げて表示する（例：年→月→日）
ドリルアップ	ドリルダウンの逆で、階層を上げて表示する（例：日→月→年）
ドリルスルー	説明用の別レポートを作成しておき、グラフをクリックしたら飛べるようにする
ダイス	集計に使うための軸を変更する
スライス	一定の条件でデータを絞り込み表示する

セルフBIの機能の例

スキルを高めるための学習ポイント

- BIツールのレポートやダッシュボードを作成するために必要な手順を学習しましょう。
- ドリルダウン、ドリルアップ、ダイスといった操作を練習してみましょう。

スキルカテゴリ データ共有　　サブカテゴリ データ連携

DE106 BIツールの自由検索機能を活用し、必要なデータを抽出して、グラフを作成できる

BIツールにはレポーティング機能として、表やグラフを作成する機能が備わっています(DE105参照)。特にグラフは視覚的に分析結果を理解するうえで大きな助けになります。

主要なグラフは、以下のとおりです。なお、グラフの選択は、DS122もご参照ください。

グラフ	概要
棒グラフ	同じ尺度の量の大小の比較をする
積み上げ棒グラフ	複数項目のデータの割合を比較をする(DS106参照)
折れ線グラフ	時系列での変化を見る
円グラフ	単体項目の構成割合を見る
散布図	2つのデータ間にある関係性を見つける(DS33,105参照)
バブルチャート	3つの観点でデータを分析する(2軸に加えて円の大きさの3つ目の観点を利用する)
レーダーチャート	複数のデータの特性を見る

主要なグラフ

BIツールで必要なデータを抽出してグラフを作成するためには、一般的に以下の①～⑥で示す作業が必要です。なおグラフの種類によって、設定する必要のある要素(X軸、Y軸、グループ化項目、凡例)が異なる点には注意してください。

①対象となるデータソースを選択する。データソースをオープンデータなど外部から読み込んだ場合は、不要な行や列の削除やデータ型が適切かを確認する
②データソースの中からグラフ作成に必要なデータを抽出する
③目的に合わせて、適切なグラフを選択する
④グラフの軸を選択する(DS105参照)
⑤抽出条件を設定してデータを絞り込む
⑥グラフの見栄えを整える(グラフの色やサイズ、メモリの幅、凡例の追加など)

● スキルを高めるための学習ポイント

- 主要なグラフごとに設定する要素(X軸、Y軸、グループ化項目、凡例)を理解しましょう。
- BIでレポートを作成するための手順と流れを学習しましょう。

DE110 小規模な構造化データ(CSV、RDBなど)を扱うデータ処理(抽出・加工・分析など)を、設計書に基づき、プログラム実装できる

データ分析は、必要なデータを抽出し、分析できる形に加工し、そして最後に分析を行う、というステップを取ります。

ステップ	ポイント
データの抽出	・条件を定めてデータを抽出(条件と等しい、条件より大きいなど)
データの加工	・結合処理(2か所以上から取得したデータを結合する) ・ソート処理(条件に合わせてデータを並べ替える) ・集計(合計値やデータ数など観点を決めてデータを整理する) ・データの追加(新たなデータをDBに追加する)
データの分析	・平均や分散、検定などの統計処理(DS12,13,45参照) ・ライブラリ(Python)やパッケージ(R)を活用した機械学習、ディープラーニングによるデータの分類や予測(DE131参照)

データ分析のステップ

こうした一連のプロセスにおいて、特に大量のデータを扱う場合は、プログラムを書いて処理を行うことが一般的です。その際、R、Python、SQLなどの言語が用いられ、プログラム実装されています。

言語	概要
R	・統計解析に特化したプログラミング言語 ・オープンソースで、無償で利用することが可能 ・簡単なコードで複雑な統計計算ができる「パッケージ」が豊富
Python	・少ないコードでプログラムが書けるとして人気のプログラミング言語 ・オープンソースで運営されており、無償で利用することが可能 ・Webアプリケーション、機械学習、ゲーム開発など幅広く活用できる ・専門的な「ライブラリ」が豊富
SQL	・データベースを操作するためのデータベース言語 ※正確にはプログラミング言語ではなく、データの分析は不可

プログラム実装に用いる言語の例

スキルを高めるための学習ポイント

- PythonやRで小規模な構造化データのCSVにアクセスし、データフレームとして読み込む方法を学習しましょう。

スキルカテゴリ プログラミング　サブカテゴリ 基礎プログラミング

DE111 プログラム言語や環境によって、変数のデータ型ごとに確保するメモリサイズや自動型変換の仕様が異なることを理解し、プログラムの設計・実装ができる

プログラムの中でデータを保持する領域のことを**変数**と呼び、そのデータがどういった種類のものなのかをコンピュータに解釈させるために付与される属性を**データ型**と呼びます。

多くのプログラミング言語では、整数を扱う**整数型**、小数を扱う**浮動小数点型**、真偽の2値を扱う**ブール型**、文字列を扱う**文字列型**といったデータ型が備えられています。しかし、プログラミング言語ごとに定義されているため、同じ「整数型」であっても表現できる整数の範囲が異なることがあります。また、この違いは、同じプログラミング言語であったとしても、32bit環境／64bit環境といった環境の違いでも発生します。

これらの違いは、そのデータ型の変数を定義した際に確保されるメモリサイズの違いに起因して発生します。つまり、同じ「整数型」の変数だとしてもプログラミング言語やその実行される環境によって、4バイト確保されたり、8バイト確保されたりするということです。そのため、極端に大きい値や小さい値を使用する際や、異なるプログラム言語・異なる環境間で通信を行う際に、意図しない値になってしまうことがあるので注意が必要です。

多くのプログラミング言語は、異なるデータ型同士では算術演算子による処理が行えないため、データ型の変換をする必要があります。この型変換を明示的に指定して行うことを**明示的型変換**、明示的に指定せずコンピュータの判断によって自動的に行わせることを**暗黙の型変換**と呼びます。2バイトが4バイトになるようなデータ型の変換は情報が欠落することはありませんが、4バイトが2バイトになるようなデータ型の変換が行われると情報が欠落してしまう可能性があるため非常に危険です。

データサイエンティストがよく使用するプログラミング言語の1つであるPythonは、変数生成時にデータの型宣言を必要としないプログラム言語のため、自身が扱っている変数のデータ型が扱うデータによって自動的に決まります。そのため、意図しない暗黙の型変換が発生しやすく、思わぬバグを埋め込んでしまうため注意が必要です。このように暗黙の型変換は、意識して使用する分には非常に便利であるものの、意識せずに使用するとバグの温床となりやすく、プログラミング言語によっては、暗黙の型変換そのものを許可していないものもあります。

スキルを高めるための学習ポイント

- 一般的なプログラミング言語が扱うデータ型やそのサイズを把握しておきましょう。
- 実際にデータ型を意識してプログラムを書いてみましょう。

DE112 データ処理プログラミングのため分岐や繰り返しを含んだフローチャートを作成できる

フローチャートとは、各処理を長方形やひし形といった記号で表し、その流れを矢印でつないで表現することで、プログラム全体の処理を図示したものです。

フローチャートでは、プログラム全体が直感的に表現されるため、複雑な処理を行う場合に特に有用です。また、設計書としてフローチャートを残すと、他の人のソースコード解析の助けとなり、保守性が向上するため、フローチャートはプログラムの作成前だけでなく、プログラム作成後に作成されることもあります。

フローチャートで用いられる記号の標準の1つとして、JIS-X0121があります。しかし、実務におけるフローチャートは、精緻にプログラムの流れを表現するというよりは、大まかな流れを図示するのに用いられることが多く、その書き方にはローカルルールが存在することもあるので気をつけましょう。

記号	説明
（角丸長方形）	端子と呼びます。プログラムの開始と終了に配置され、記号内に「開始」「終了」と記載します。
（長方形）	処理と呼びます。記号内に、プログラムで行われる処理について記述します。
（ひし形）	判断と呼びます。記号内に判定処理を記載し、真・偽によって処理を分岐させます。
（上端・下端の角を落とした六角形の組）	ループ端と呼びます。記号内には、繰り返し名称と繰り返し条件を記述します。

フローチャートでよく使われる記号と意味

例えば、1から5までを出力しつつ、2の倍数の時は「！」も出力する処理は、次のようなフローチャート図で表現されます。

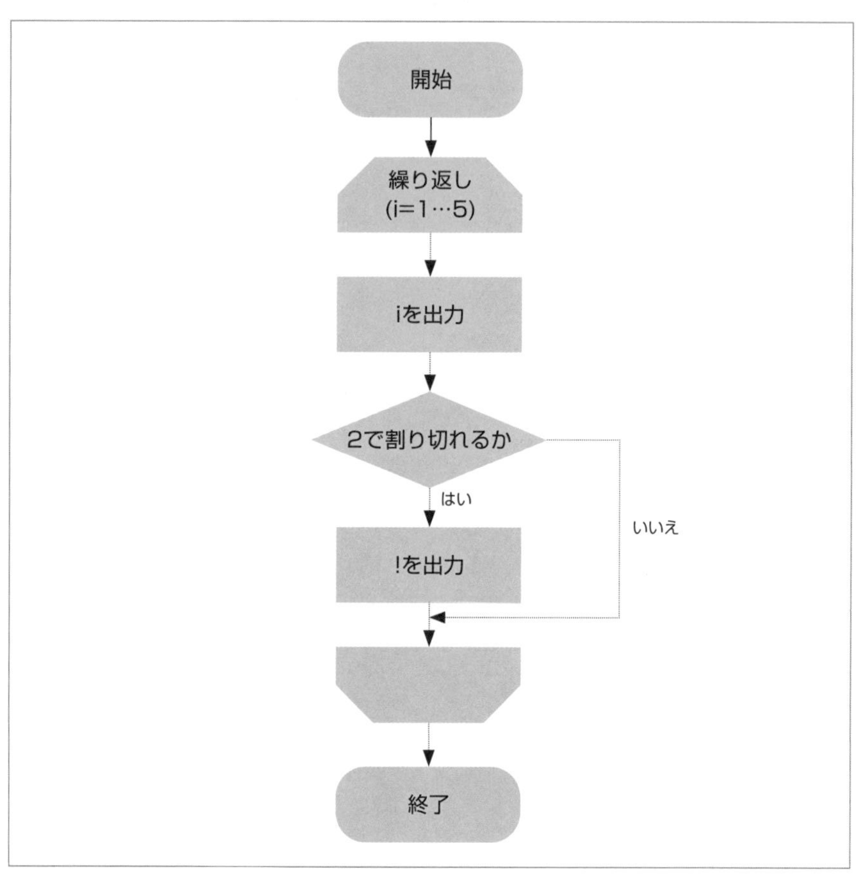

フローチャートの一例

スキルを高めるための学習ポイント

- フローチャート図を実際に記述してみましょう。
- フローチャート図でよく使われる記号を覚えておきましょう。

DE113 オブジェクト指向言語の基本概念を理解し、スーパークラス(親クラス)を継承して、スーパークラスのプロパティやメソッドを適切に活用できる

データ(プロパティ)とそれらを操作する処理(メソッド)を1つにまとめたものを、オブジェクトやクラスと呼びます。そして、それらを組み合わせてソフトウェア全体を構築しようとする考え方をオブジェクト指向と呼びます。オブジェクト指向を取り入れているプログラミング言語をオブジェクト指向言語と呼び、代表的なものとして、Java、C++、Python、R言語などがあります。

オブジェクト指向には、「継承」「カプセル化」「ポリモーフィズム」という3つの特徴があります。

●継承

あるクラスがもつ機能を引き継いで新しいクラスを作成することができ、これを継承と呼びます。そして、引き継ぐ元となるクラスをスーパークラス(親クラス)と呼びます。またスーパークラスを継承して、親(継承元)の特徴を引き継いだクラスをサブクラス(子クラス)と言います。次の例の場合、乗り物がスーパークラス、車と自転車がサブクラスになります。

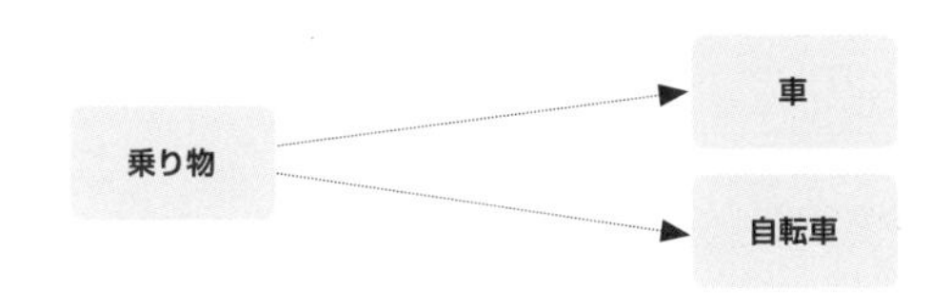

継承のイメージ

●カプセル化

そのクラスがもつデータや処理をクラス外から参照できないようにすることができ、これをカプセル化と呼びます。カプセル化によって、そのソースコードの影響範囲が限定的になり、「バグの発生を抑制できる」「ソースコードの可読性が向上する」といった効果が期待できます。

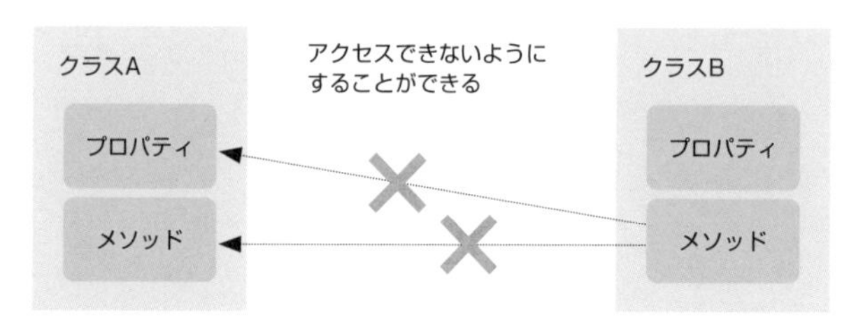

カプセル化のイメージ

外部のクラスからアクセスできるか否かは、ソースコード上で明確に記述します。Javaの場合、privateをつけると外部クラスからアクセスできず、publicをつけると外部クラスからアクセスできます。また、外部のクラスからプロパティを操作する際は、アクセサと呼ばれる操作メソッドを用意し、そのメソッド経由で操作させるのが一般的です。これらはよくgetter/setterと呼ばれます。

●ポリモーフィズム

継承した機能の一部を変更することができ、これをポリモーフィズムと呼びます。ポリモーフィズムによって、同じ「鳴く」メソッドでも、犬クラスの場合は「ワン」、猫クラスの場合は「ニャン」と出力させることができ、ソースコードがより簡潔に記述しやすくなります。

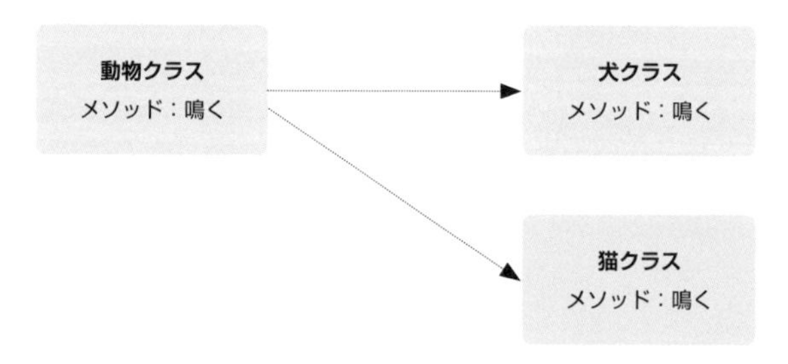

ポリモーフィズムのイメージ

● スキルを高めるための学習ポイント

- オブジェクト指向の特徴について理解しておきましょう。
- 実際にオブジェクト指向言語を用いて、簡単なプログラムを書いてみましょう。

DE114 ホワイトボックステストとブラックボックステストの違いを理解し、テストケースの作成とテストを実施できる

ホワイトボックステストとは、システムの内部構造を意識して行うテストのことです。

ホワイトボックステストの特徴

プログラムの内部構造を理解していないとテストの実施が難しいため、実務ではエンジニアが行うケースが多いです。プログラムのソースコードがテストされた割合は、一般的にはコードカバレッジ(コード網羅率)という値で評価します。

テストケース作成の際には、「制御フローテスト」や「データフローテスト」という手法を用いることがあります。

制御フローテストとは、プログラムのフローチャートの分岐条件に着目し、分岐条件を網羅するようにテストをする方法です。複雑なプログラムの場合は分岐条件が多岐にわたり、すべてのフローを網羅的にテストするのが困難なため、一定の基準を設けてテストをするのが一般的です。基準には、対象プログラム中のすべての命令を一度は実行する命令網羅、対象プログラム中のすべての分岐を一度は実行する分岐網羅、対象プログラム中の条件分岐についてそれぞれの条件が真または偽になる場合は少なくとも1回は含める条件網羅といったものがあります。

データフローテストとは、プログラムの中で使用されるデータ(変数)に着目し、それがどこで定義され、どこで使用され、どこで消滅するのかを検証するテストです。

ブラックボックステストとは、システムの入出力を意識して行うテストのことです。

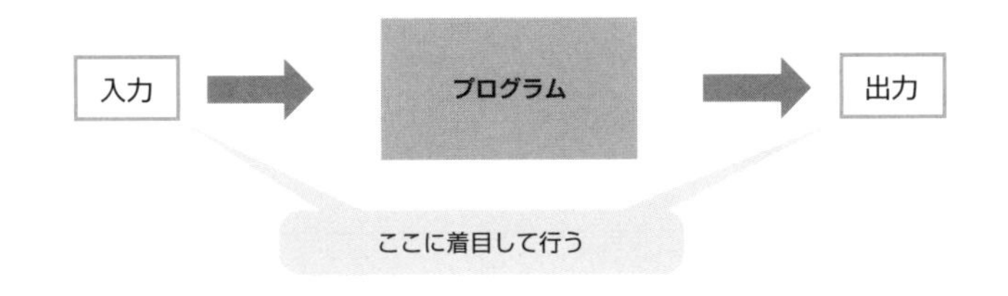

ブラックボックステストの特徴

プログラムの入出力さえわかっていればテストの実施ができるため、実務ではエンジニア以外がテストを行うこともあります。

テストケース作成の際には、「境界値分析」や「同値分割法」といった手法を用いることがあります。

境界値分析とは、出力が同じになる入力をグループとしてまとめ、グループが隣接する境界やその前後の値を入力としてテストを行う方法です。例えば、入力が1から3のときと、4から6のときでそれぞれ出力が異なる場合は、以下の丸がついた数字がテストを行う入出力のテストパターンとなります。

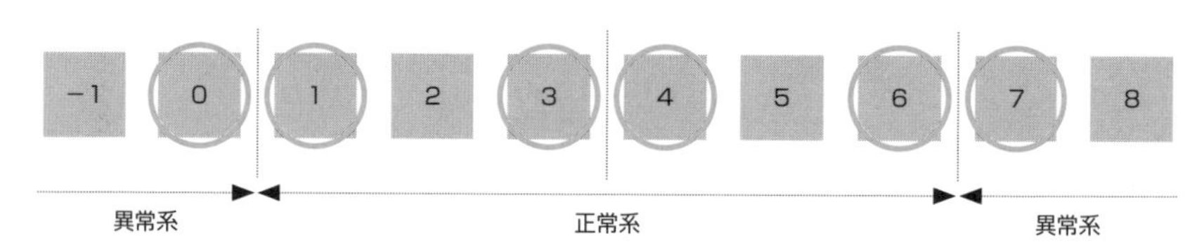

境界値分析によるテストパターン例

同値分割とは、出力が同じになる入力をそれぞれグループにまとめて、グループの中から代表を選んでテストを行う方法です。例えば、入力が1から3のときと、4から6のときでそれぞれ出力が異なる場合は、以下の丸がついた数字がテストを行う入出力のパターンとして考えられます(各グループの中から代表を選ぶため、以下はテストパターンの一例です)。

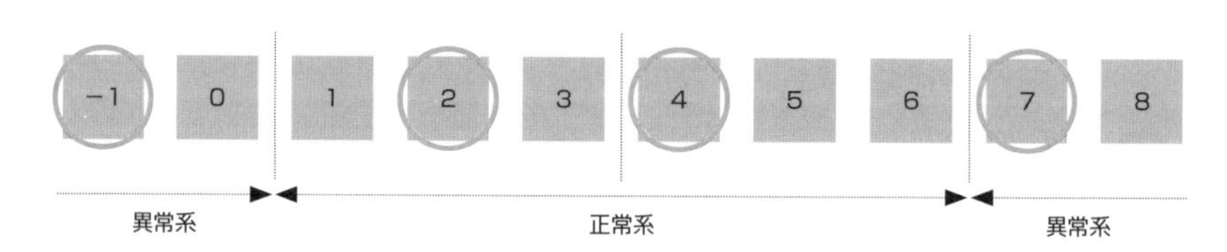

同値分割によるテストパターン例

● スキルを高めるための学習ポイント

- 代表的なテストケース作成方法について理解しておきましょう。
- 自分でプログラムを書き、ホワイトボックステストのテストケースを書いてみましょう。
- 公開されているAPIを見て、ブラックボックステストのテストケースを書いてみましょう。

DE115 JSON、XMLなど標準的なフォーマットのデータを受け渡すために、APIを使用したプログラムを設計・実装できる

JSONはJavaScriptのオブジェクト記法でデータが定義され、同じファイル内でデータ定義もされます。一方でXMLは、データとは異なるXMLSchemaのファイルでデータ定義されます。このため、データフォーマットに応じて、プログラム開発用のAPIライブラリや、データ編集ツールが異なります。

JSONやXMLは、表形式のCSVと異なり、配列や入れ子になる場合があるため、データ定義を確認し、階層を意識してデータ処理を行う必要があります。

例として、具体的なJSONフォーマットと各要素へのアクセスイメージを紹介します。

```
{
"name" :" kitagawa" ,
"age" :18,
"hobby_id" :[3,6,9]
"detail" :{
"birth" :" 2001/06/01" ,
"address" :" Osaka"
}
}
```

{}で囲まれた部分が、keyとvalueで構成されるデータで、この例では、keyがnameやageで、valueがkitagawaや18となります。

[]で囲まれた部分が、配列です。この例では、hobby_idというkeyに対して、valueが3,6,9という配列になります。

また、{}や[]は入れ子構造になり、この例では、detailというkeyに対して、{}が入れ子構造で、birthやaddressというkeyの情報が再度入ることがわかります。

一般的なプログラミング言語では、keyとvalueのデータに対して、keyを指定することで、配列はindexと呼ばれる0起点の値を指定し、値を取り出します。この例では、データがuserという変数に入っていると、nameの値(kitagawa)はuser["name"]で、同様に、hobby_idの2番目の値(6)は、user["hobby_id"][1]で、birthの値(2001/06/01)は、user["detail"]["birth"]で取り出されます。

スキルを高めるための学習ポイント

- 開発APIを利用し、JSONのある値を、変数を用いて取得する方法を学習しましょう。
- JSONファイルとXMLファイルの特徴と違いを理解しておきましょう。

スキルカテゴリ プログラミング　サブカテゴリ 拡張プログラミング

DE116 外部ライブラリが提供する関数の引数や戻り値の型を調べて、適切に呼び出すことができる

一般的なプログラミング言語には、「組み込み関数」や「標準ライブラリ」が備わっています。組み込み関数とは、特別な手順なしに呼び出せる関数であり、Pythonの場合はprint関数などが該当します。標準ライブラリとはプログラミング言語が用意している機能群のことで、使用したいライブラリを読み込んで使用します。C言語だと「#include <stdio.h>」、Pythonだと「import math」と記述します。

昨今のプログラミングでは、組み込み関数や標準ライブラリのみで組み上げることはほとんどなく、世界中の開発者が他の人にも使いやすい形で公開している外部ライブラリを使用して開発します。

外部ライブラリの一例に、Pythonの機械学習ライブラリscikit-learnが挙げられます。多くの機械学習エンジニアがPythonをプログラミング言語として使用するのは、機械学習で利用可能な外部ライブラリが豊富にあるためです。

Numpy	標準ライブラリであるmathを更に拡張しているライブラリで、数値処理を効率的に行うことができます。
Requests	HTTP通信を行うライブラリで、スクレイピングなどを行うことができます。
matplotlib	様々なグラフを描画することができるライブラリです。
openpyxl	Excelファイルの読み書きなどの操作を行うことができるライブラリです。

Pythonの外部ライブラリ一例

外部ライブラリは、標準ライブラリと同様、基本的に関数のインターフェース仕様書が提供されるため、記載されている引数や戻り値の型を調べれば使用できます。また、有名な外部ライブラリであれば、その使い方を説明したWebサイトも多くあります。

外部ライブラリは、プログラムの作成効率をあげるのに欠かすことができない反面、Javaのログ出力で頻繁に利用された外部ライブラリのLog4jに脆弱性が見つかったケースのように、脆弱性やバグが見つかる可能性があることを忘れずに利用しなくてはいけません。

スキルを高めるための学習ポイント

- いくつかの外部ライブラリのインターフェース仕様書を読み込んでみましょう。
- 実際に外部ライブラリを使用してみましょう。

DE123 他サービスが提供する分析機能や学習済み予測モデルをWeb API（REST）で呼び出し分析結果を活用することができる

昨今、データ分析の領域では、自らが1から分析機能を作成するだけでなく、他のサービスが提供する高度な分析機能や学習済み予測モデルを利用して、迅速で効果的な分析作業を行うことが一般的となっています。この新しいアプローチは、Web API（REST）の活用によって可能になりました。

こうした他サービスの活用は以下のようなメリットがあります。

- 外部サービスを活用し短期間での分析機能の実現が可能
- 外部サービスが提供する最新のテクノロジーやアルゴリズムを利用可能
- 分析機能や予測モデルを開発するコストを削減可能
- 必要なサービスを組み合わせて柔軟で効率的な開発が可能

このように多くのメリットがある一方で下記のような点で注意が必要です。

- APIの認証や通信の暗号化などセキュリティの確保
- 外部サービスに送信するプライバシーデータの扱い
- 外部サービスの仕様の変更やサービスの停止が発生する可能性
- 外部サービスの課金体系確認やコスト見積もり

● スキルを高めるための学習ポイント

- 実際に他サービスが提供する分析機能や学習済み予測モデルを活用してみましょう。

スキルカテゴリ プログラミング　サブカテゴリ AIサービス活用

DE124 目的に応じ音声認識関連のAPIを選択し、適用できる(Speech to Textなど)

音声認識APIの種類は日々増え続け、それらAPIを用いてできることも増大し続けています。本章では、音声認識をして解決したい課題と向き合ったとき、どのような観点で音声認識APIを選択すればよいかを紹介します(DE34参照)。

ある人が発話している音声から発話内容を文字に起こすAPIを比較検討する状況を考えてみましょう。その選択では、精度、レスポンス速度、対応可能な音声ファイルの大きさや長さ、料金システムなどを考慮しなければなりません。また、使用したい環境で用いることができるかなども重要です。文字起こしをするシステムの精度比較をする際は、単語誤り率(WER)と文字誤り率(CER)を指標として用いることが一般的です。WERとCERはそれぞれ次の式で定義されます。

WER＝(挿入単語数＋置換単語数＋削除単語数)／正解単語数
CER＝(挿入語数＋置換語数＋削除語数)／正解語数

※挿入(単)語数は発言に無い不要な(単)語が挿入されている数、置換(単)語数は発言した(単)語とは異なる(単)語で認識されている数、削除語数は発言した(単)語が認識されていなかった数を指します。

WERやCERなどの比較をする際は、録音する機材や録音場所、話者の数、話すトピックなど、実際に利用するシーンとできるだけ同じ環境下で取得したデータを用いるようにしましょう。

また、「電話営業の通話データから、営業成績が優秀な人とそうでない人の話す内容の違いを分析したい」としましょう。この分析をする上では、文字起こしだけでなく、発話者の分離を行ってくれるAPIを用いるのが適切です。なぜならば、話者分離する機能がないAPIを利用してしまうと、営業の人とお客様が発話した内容が混同しているテキストデータがAPIから返却される事となり、営業の人が発話した内容を分析するという作業をするために、まずは返却されたテキストデータから営業の人が話した部分を抽出するという作業から行う必要が生じるからです。

このように自身が分析したい内容に合わせて適切にAPIを選択する必要があります。

スキルを高めるための学習ポイント

- WERとCERの定義を説明できるようにしておきましょう。
- APIの性能を比較する際は、実際に利用するシーンとできるだけ同じ環境下で取得したデータを用いるようにしましょう。

DE127 AIを用いたソースコードのレビュー機能・チェック機能を活用してプログラムのバグ修正や性能改善を実現できる

近年、AIを活用したソースコードのレビュー機能・チェック機能が著しく向上し、これらの機能が広く利用されるようになりました。この新たなアプローチは、プログラムのバグ修正や性能改善において画期的な進歩をもたらしています。

これらの機能を活用することは以下のようなメリットがあります。

迅速なバグ検出と修正

AIを用いたソースコードのレビュー機能は、コード中の潜在的なバグやエラーを迅速かつ精緻に検出してくれることがあります。これにより、開発者は早い段階で問題に気付き、修正に取り組むことができます。

品質向上と一貫性の確保

AIはコーディング標準やベストプラクティスに基づいてコードを評価し、一貫性のある高品質なコードを維持します。これにより、開発者間のコーディングスタイルの違いを埋め、品質を向上させやすくなります。

リソースの最適な利用

自動化されたレビュープロセスにより、開発者はより戦略的な仕事に時間を費やすことができます。単純な構文エラーやスタイルの問題に気を取られることなく、より重要な作業に集中できます。

一方で、AIはアプリケーションの要件やプログラマの意図を理解しているわけではなく、過去の実績や標準的なコーディングルールを元にバグの可能性やソースの修正を指摘するため、AIが目的に適さない指摘を行うことがあります。

利用者はAIの指摘が正しいかを評価して採用するかを判断するスキルが必要になります。

クラウド上の統合開発環境を活用することで、データサイエンスや機械学習プロジェクトを効率的に進め、共同作業を強化することが可能です。適切なプロバイダーの選択とセキュリティ対策に留意しながら、柔軟性と効率性を最大限に引き出しましょう。

● スキルを高めるための学習ポイント

- 実際にAIを用いたソースコードのレビュー機能・チェック機能を活用してみましょう。

スキルカテゴリ プログラミング　　サブカテゴリ アルゴリズム

DE128 入れ子の繰り返し処理(二重ループ)など計算負荷の高いロジックを特定しアルゴリズムの改善策を検討できる

パソコンの性能が上がり、プログラムの処理時間は昔と比べると非常に早くなりましたが、効率の良いプログラムを書く重要性は今も昔も変わりません。昨今は、AWS、Azure、GCP、IBMといったクラウドサービスを使うことも増えてきました。これらのクラウドサービスは、その多くが従量課金制を採用しており、効率の良いプログラムを書けば使用時間を短縮することができるため、費用削減が可能です。

効率の良いプログラムを書くためのコツのひとつに、繰り返し処理を見るというものがあります。例えば、右のような二重ループの処理があったとします。

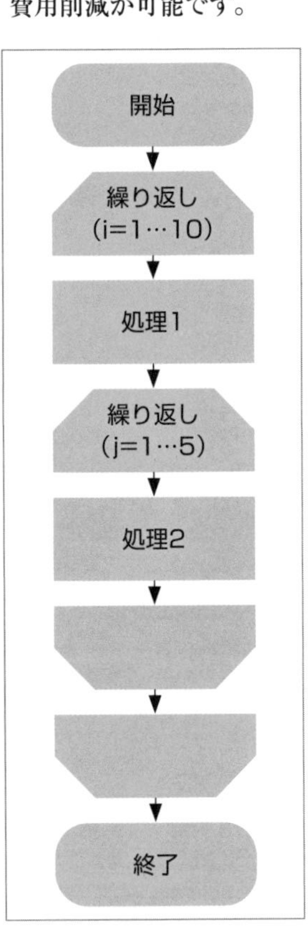

この例の場合、実行回数は、「処理1」の部分の処理は10回、「処理2」の部分は50回となります。当然のことながら、実行回数が多い処理を効率化する方が、その恩恵は大きいです。この例だと、「処理1」の箇所を1秒早くした場合は10秒の改善となりますが、「処理2」の箇所を0.5秒早くした場合は25秒の改善となります。そこで、処理2部分に対して、無駄な処理がないか、処理1に移せる処理がないか、並列処理ができないかなどの改善策を検討します。

また、Linuxのtimeコマンドなどを用いて実行時間を確認し、時間のかかっている処理を探すといったこともよく行われます。こうした実行時間計測は、プログラムがCPUを使用している**ユーザーCPU時間**と、OSが使用している**システムCPU時間**に分けて計測されることが多いです。これらの実行時間を見て、例えばシステムCPU時間が長い場合は、**システムコール**(OSの機能を呼び出している箇所)を減らせないかを検討します。

スキルを高めるための学習ポイント

- 実際にプログラムの実行時間を測り、どこに時間がかかっているかを特定してみましょう。
- 同じ処理でも複数の記述方法で記述してみて、それぞれ記述方法で実行時間がどう変わるか見てみましょう。
- 使用している関数やモジュールが「重い」処理なのか「軽い」処理なのかを意識しながらプログラムを書いてみましょう。

DE131　Jupyter Notebook（Pythonなど）やRStudio（R）などの対話型の開発環境を用いて、データの分析やレポートの作成ができる

データ分析のためのプログラミングを実施するうえで、利便性が高く、作業効率よい開発環境として、Jupyter NotebookやRStudioがあります。これらの開発環境は、1つのプログラムについて、対話をするように段階的に実行できることから、対話型の開発環境と呼ばれています。

PythonやRを単体で動かしたときは、図表が別画面に出力されたり、プログラムの途中でのデータの状況を確認するのに時間がかかったりします。対話型の開発環境では、前述の点を含めてデータ分析をより簡単に、より分かりやすく行うための工夫がされています。また、通常はプログラム言語の実行環境を整備したり、分析に必要なライブラリを準備・設定するのに時間がかかりますが、これら開発環境では分析に必要な機能やライブラリ群が最初から用意されており、短時間で分析環境を準備できます。

Jupyter NotebookやRStudioでは直感的に操作が可能なGUI画面が準備されており、プログラミングやOSのコマンド操作が不慣れなユーザーでも容易にプログラムの実行制御を行えます。

Jupyter Notebookは、PythonやRubyでの開発でよく利用されます。この開発環境は、プログラムを入力し実行すると、すぐその下の行に結果が返ってくるため、実行結果を一つ一つ確認しながらデータ分析をすることができます。また、ソースコード、実行結果、図表、文書などを1つのファイルに保存することができ、作業関係者との情報共有がしやすくなっています。

RStudioは、Rを用いた開発でよく利用されます。この開発環境は、多くの人が汎用的に使うプログラムとしてまとめられた、パッケージの管理が容易にできます。さらに、コーディングの入力補助もあるため、正確なプログラムを短時間で書くことが可能です。また、データフレームや変数の中身を画面で確認することができるため、プログラムのデバッグに効果的です。1つの画面の中で、分析結果となる図表も確認でき、その画像を簡単に出力することもできます。

なお、Jupyter NotebookとRStudioは、無償で利用することが可能です。

● スキルを高めるための学習ポイント

- Jupyter NotebookやRStudioの学習環境を準備し、基本操作を演習してみましょう。
- Jupyter NotebookやRStudioのデータソースの設定方法、ライブラリ・パッケージの拡張・追加方法を学習しましょう。

スキルカテゴリ プログラミング　サブカテゴリ 分析プログラム　ver.5新設 頻出

DE132 クラウド上の統合開発環境（AWS SageMaker Studio Lab、Google Colab、Azure Data Studio、IBM Watson Studioなど）で提供されるNotebookを用いてPythonやRのコードを開発して実行できる

データサイエンスや機械学習の進化と共に、クラウド上の統合開発環境はますます重要なツールとして浮上しています。AWS SageMaker Studio Lab、Google Colab、Azure Data Studio、IBM Watson Studioなどが提供するNotebook環境を使って、PythonやRのコードを開発して実行するスキルを身につけることは、効率的で柔軟なデータ分析とモデリングを可能にします。

こうしたクラウド上の統合環境の活用は、以下のようなメリットがあります。

柔軟なリソース管理

クラウド上の開発環境はリソースの柔軟な管理が可能です。必要な計算リソースを必要なときに使用し、プロジェクトの要求に応じてスケーリングできます。

共同作業とリアルタイムコラボレーション

クラウド上のNotebook環境はリアルタイムでの共同作業が容易であり、異なる場所にいるチームメンバーと効果的に協力できます。コードやデータの共有が即座に行え、プロジェクトの進捗がスムーズに把握できます。

事前構築されたライブラリとツール

主要なクラウドプロバイダーが提供するNotebook環境には、データサイエンスや機械学習のための事前構築されたライブラリやツールが含まれています。これにより、環境のセットアップに時間を費やすことなく、すぐにプロジェクトに着手できます。

一方で、クラウド上の統合環境は安定したインターネット接続環境が必要な点やデータをクラウド上に配置するためセキュリティには十分留意が必要です。

また、利用する機能やリソース、処理時間により課金体系が変化する場合があるため、事前に確認が必要です。

クラウド上の統合開発環境を活用することで、データサイエンスや機械学習プロジェクトを効率的に進め、共同作業を強化することが可能です。適切なプロバイダーの選択とセキュリティ対策に留意しながら、柔軟性と効率性を最大限に引き出しましょう。

スキルを高めるための学習ポイント

- 実際に、クラウド上の統合開発環境が提供しているNotebookを活用してみましょう。

スキルカテゴリ プログラミング　サブカテゴリ SQL　頻出

DE135 SQLの構文を一通り知っていて、記述・実行できる(DML・DDLの理解、各種JOINの使い分け、集計関数とGROUP BY、CASE文を使用した縦横変換、副問合せやEXISTSの活用など)

SQL(Structured Query Language)はリレーショナルデータベースのデータを操作する言語です。さまざまなリレーショナルデータベースがこのSQLを標準のデータ操作用言語として採用しており、SQLによりデータベースの定義・DBテーブル上のデータの操作を行うことができます。ここではSQLの体系と、基本的な用途を説明します。

SQLは、テーブルやインデックスを定義するDDL文と、データを操作するDML文に分類されます。ここでは、データを操作するためのDML文の基本を記載します。

データの操作には、以下に示すオペレーションがあります。

SELECT	データの参照
INSERT	データの挿入
UPDATE	データの更新
DELETE	データの削除

SQLの4つのオペレーション

DML文はテーブルに格納されたレコードに対して操作を行いますが、実際の運用では条件を指定した特定のレコードの抽出や、複数のテーブルの結合、特定レコードの集計など、応用した操作が必要になります。DML文の基本構文に、下記のSQL記述を組み合わせて操作を行います。

FROM	操作対象のテーブルを指定
JOIN	2つ以上のテーブルの結合の設定
WHERE	操作対象データの条件抽出
GROUP BY	データの集計
HAVING	GROUP BYで集計した後のデータに対する条件抽出
EXISITS	外側のSQLとEXISTS句内SQLの存在判定や相関副問合せ
CASE	SQLの中で条件分岐

SQLの基本的な操作の構文

● スキルを高めるための学習ポイント

- 本文で紹介した(標準)SQLの基本的な操作の構文は一通り覚えておきましょう。
- 実際にSQLを記載し、データベースから値を取得してみましょう。

スキルカテゴリ ITセキュリティ　サブカテゴリ 基礎知識　頻出

DE139 セキュリティの3要素(機密性、完全性、可用性)について具体的な事例を用いて説明できる

セキュリティの3要素は、情報セキュリティの対策を検討する際のポイントとなる機密性(Confidentiality)、完全性(Integrity)、可用性(Availability)を示し、その頭文字から情報セキュリティのCIAと呼ばれます。

情報セキュリティにおける、CIAの各要素の考え方を以下に記載します。

1. 機密性(Confidentiality)

認可された認証ユーザーだけがデータにアクセスできることを保証します。

対策例：パスワード認証、アクセス権限制御、暗号化

2. 完全性(Integrity)

データが不正に改ざんされておらず、正確で完全であることを保証します。

対策例：電子署名、ハッシュ関数

3. 可用性(Availability)

データに対してアクセスを許可されたユーザーが要求したときに、いつでも利用可能であることを保証します。

対策例：システムの二重化、データバックアップ

セキュリティの標準規格であるISO/IEC 27001 (JIS Q27001)ではISMS(情報セキュリティマネジメントシステム)に求められる要素としてCIAの3要件の実現を求めています。

分析対象のデータを扱う際や、データ分析を行うシステムを開発・調達する際などは、情報セキュリティを維持するため、常にこの3つの要素を念頭に置いて行動することが重要となります。

● スキルを高めるための学習ポイント

- セキュリティの3要素について、各要素の概要を理解しましょう。
- CIAの要求事項を実現するための具体的な例を理解しておきましょう。

DE141 マルウェアなどによる深刻なリスクの種類(消失・漏洩・サービスの停止など)を理解している

マルウェアとは、ユーザーに不利益をもたらす悪意のあるソフトウェアの総称です。マルウェアには複数の種類があります。既存のソフトウェアを改ざんして不正な動作を引き起こすコンピュータウイルスや、他のプログラムを介在せず単独で複製して増殖するワーム、有益なソフトウェアに偽装してユーザーにインストールしてもらい、背後で不正な動作を行うトロイの木馬などがあります。他にも、データの破壊や盗聴を行う「悪意のある」ソフトウェアなども含まれます。

名称	概要
コンピュータウイルス	他のプログラムに寄生して伝染し、システム障害などの意図しない動作を引き起こす
ワーム	ネットワークを介して伝染し、単独で他のプログラムやデータに対して障害を発生させる
トロイの木馬	有用なソフトウェアに偽装してインストールしてもらい、後に不正侵入の裏口を作成するなどの動作を行う
スパイウェア	利用者の意図に反してシステムに入り込み、個人情報などの収集を行う
ランサムウェア	勝手にファイルなどを暗号化し、復元のための身代金を要求する
ボット	感染したコンピュータを乗っ取り、ネットワーク経由で不正に操作する

マルウェアの例

マルウェアの侵入方法は、年々巧妙化しています。コンピュータウイルス対策ソフトなどを導入していても、セキュリティの知識がないと、誤った操作によりマルウェアの侵入を許してしまい、データ流出などの大きな社会問題につながる可能性もあります。そのため、セキュリティが専門でないデータサイエンティストにおいても、マルウェアやコンピュータウイルスのパターンを理解した上で、セキュリティ対策の知識を持つ必要があります。そして、データ資産に対して適切なセキュリティ対策を実施することが求められます。

スキルを高めるための学習ポイント

- 代表的なマルウェアの種類と攻撃パターンを理解しましょう。
- 重要なデータ資産を扱うにあたり実施すべきセキュリティ対策を学習しましょう。
- セキュリティの観点で、実施してはいけないNGパターンを知っておきましょう。

スキルカテゴリ ITセキュリティ　サブカテゴリ 攻撃と防御手法

DE142 OS、ネットワーク、アプリケーション、データなどの各レイヤーに対して、ユーザーごとのアクセスレベルを設定する必要性を理解している

データ資産へのアクセス(参照・作成・更新・削除)においては、OS、ネットワーク、アプリケーションのレベルで、ユーザーもしくはグループに対して、**アクセス権限**を制御する設定ができます。このアクセス権限を特定し、付与するアクションを**認可**といいます。また、ユーザーを特定するアクションを**認証**といいます。データのセキュリティを保持するためには認証と認可を用いて、データ資産に対して適切なアクセス権限を設定する必要があります。

アクセス管理に関しては、以下のように複数のレベルでのアクセス権限管理があります。

1. OSレベル

OSにログインするユーザーに対して、OSのリソース(ファイル、機能)について参照、更新、フルコントロール(アクセス権限設定変更可能)といったアクセス権限を設定できます。

2. ネットワークレベル

ファイアウォールやルータにより、アクセス元のIPアドレスや通信プロトコルの制限を行います。またVPNなどでリモート接続を行う場合は、認証するユーザーに対してリソースに対する認可を行います。

3. アプリケーションレベル

データベースや業務アプリケーションにおいて、認証するユーザーに対して、アプリケーションの制御でデータへのアクセスや利用できる機能の制限を行います。

セキュリティを確保するために実施すべきアクセス制御の方針や適用ルールは、業務要件や運用コスト・体制により異なります。アクセス制御の仕組みとビジネス要件を理解し、適切なアクセス権限を設計することが重要です。

● スキルを高めるための学習ポイント

- データアクセスの許可、データ更新の許可、機能の利用の許可といった基本的なアクセス権の考え方を理解しましょう。
- 対象のビジネスシーンでどのようなアクセス権限が適切であるかを考えられるようにしましょう。

DE149 暗号化されていないデータは、不正取得された際に容易に不正利用される恐れがあることを理解し、データの機密度合いに応じてソフトウェアを使用した暗号化と復号ができる

暗号化の仕組みを理解するには、鍵の考え方が重要です。データの暗号化及び復号には、それぞれ鍵が必要になります。暗号化に使用する鍵を暗号鍵と呼び、鍵によって結果が決まります。また復号に使用する鍵を復号鍵といいます。この鍵が流出するとデータの復号が第三者で行えてしまうため、鍵の管理が必要になります。

暗号化鍵と復号鍵が同一な暗号化方式を、共通鍵暗号方式といいます。この方式では、データの送信者と受信者の間で1つの共通鍵が必要になります。同じ送信者と受信者が何回も通信をやり取りする際は有用です。ただし、送信先が多人数になると、それぞれの鍵を管理する必要が生じ、その管理が複雑になります。

一方で、不特定の送信先に暗号化した通信を行う際に有用なのが、公開鍵暗号方式です。この方式では、暗号化と復号で別々の鍵を用いて、一方のみを公開鍵として公開し、一方は秘密鍵として送信者本人が保管しておきます。秘密鍵と公開鍵には、下記のルールが成り立ちます。

①秘密鍵で暗号化されたデータは公開鍵で復号可能
②公開鍵で暗号化されたデータは秘密鍵で復号可能

暗号化を検討する際には、その要件に応じてどの暗号化方式を採用するかの検討が重要になります。共通鍵暗号方式は公開鍵暗号方式より暗号化・復号の処理が高速ですが、鍵を当事者間で共有するため、漏洩リスクは公開鍵暗号方式より高いと言われています。また、両方式を組み合わせて使用するケースもあります。例えば、インターネット通信の暗号化で使われるSSLでは、公開鍵暗号方式を用いて通信を行う2者間で一時期的な共通鍵を共有して、その後は共通鍵暗号方式で暗号化を行います。

スキルを高めるための学習ポイント

- 共通鍵暗号方式と公開鍵暗号方式の違いを理解しましょう。
- 共通鍵暗号方式、公開鍵暗号方式の主要なアルゴリズムを理解しましょう。
- 公開鍵暗号方式の暗号から復号化までの一連の流れを学習しましょう。

スキルカテゴリ ITセキュリティ　サブカテゴリ 暗号化技術　頻出

DE150 なりすましや改ざんされた文書でないことを証明するために、電子署名が用いられることを理解している

電子署名とは、対象のデータが作成者本人によって作成されたもので、改ざんされていないことをチェックするための仕組みです。

インターネット上のデータ通信で、公開鍵暗号方式を活用して電子署名を実現する動作の流れは以下のようになります。

①送信者は送信するデータをハッシュ関数でハッシュ値に変換する(DE152参照)
②送信者はハッシュ値を秘密鍵で暗号化する→この暗号化データが電子署名となる
③受信者はデータと電子署名を受信する
④受信者は添付されていた電子署名を送信者の公開鍵を用いて復号してハッシュ値を取得する→送信者の公開鍵で復号できることにより送信者を確認できる
⑤受信者は受信したデータを同じハッシュ関数を用いてハッシュ値を取得する
⑥上記④で取得したハッシュ値と⑤で取得したハッシュ値が一致するかチェックする→一致すればデータが改ざんされていないことを確認できる

このような仕組みを用いることで、送信者が送信したデータである点は確認が可能です。しかし、送信者と送信者の公開鍵が信用できるものであるかは確認できません。もしかしたら悪意のあるクラッカーが、他人になりすましてデータを送信し、公開鍵も不正なものかもしれません。

そこで、送信者と送信者の公開鍵の関係を保証し、送信者が信頼できる人物や組織であることを証明するため、**公開鍵認証基盤**(PKI：Public Key Infrastructure)という仕組みがあります。公開鍵認証基盤では、利用者からの申請時に、信頼できる人物・組織であるかを審査します。審査により許可された申請者情報とその公開鍵が、PKIで運営する認証局に登録されます。利用者は、このPKIの認証局に登録された利用者情報と公開鍵を信用してデータ通信を行います。

スキルを高めるための学習ポイント

- 電子署名のベースとなる公開暗号方式とハッシュ関数の仕組みを理解しましょう。
- 認証局のホームページにアクセスして、認証局の概要や役割、PKIの仕組みを学習しましょう。

DE151 公開鍵暗号化方式において、受信者の公開鍵で暗号化されたデータを復号化するためには受信者の秘密鍵が必要であることを知っている

データの取り扱いにおいて、セキュリティはとても重要な要素です。このスキル項目は、データの機密保持のために、暗号化技術に関する知識を確認するものです。データサイエンティストとしては主に利用者として暗号化技術の基礎知識を把握し、意味を理解しながら適切に利用できることが求められています(DE140参照)。

ここでは公開鍵暗号化方式の主な用途である、データ送信時の暗号化とデジタル署名について、IPAの解説に沿って確認します。まず、公開鍵暗号化方式の用途の1つ目として、データを送信する際に「メッセージの暗号化」を行って、安全にデータを送ることができるというものがあります。その仕組みは、以下の図のようになっています。

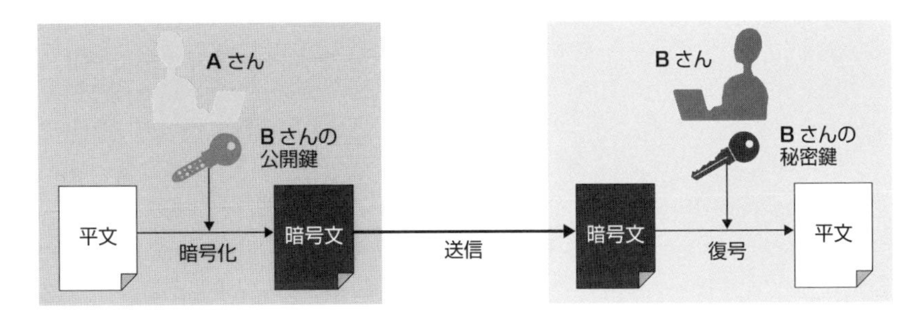

公開鍵暗号方式によるメッセージの送信
出典：IPA「PKI関連技術情報」
(https://warp.ndl.go.jp/collections/info:ndljp/pid/12308150/www.ipa.go.jp/security/pki/022.html)

データ送信者であるAさんが、データ受信者であるBさんにのみ送りたいデータがあった場合、まずはBさんが生成した「公開鍵」を使ってAさんが自らのデータを暗号化したデータを作成します。

この暗号化されたデータは、Bさんのみが保有している「秘密鍵」でしか復号化できません。そのためBさん以外には解読できないので、Aさんが「公開鍵」によって暗号化されたデータをBさんに送信することで、安全にデータを送信できます。

次に、公開鍵暗号化方式の2つ目の用途である、デジタル署名について説明します。これは、Aさんが送信したデータが本物のAさんによって送られたという本人確認のために利用されるもので、以下の図のような仕組みになっています。

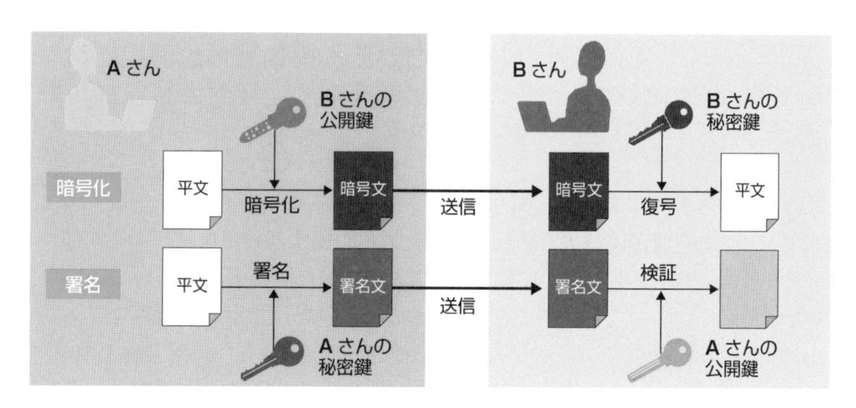

暗号化とデジタル署名
出典：IPA「PKI関連技術情報」
（https://warp.ndl.go.jp/collections/info:ndljp/pid/12308150/www.ipa.go.jp/security/pki/022.html）

この場合、先ほどとは反対に、Aさんの方で秘密鍵と公開鍵を用意し、かつAさんの秘密鍵を使って自らのデータを暗号化します。それをBさんが受け取って、Aさんの公開鍵を使って復号化した際に解読できれば、Aさんが送ったものであることを示す証拠となります。

これらの技術を利用することで、匿名性の高いインターネットでも安全にデータのやり取りをできるようになります。公開鍵と秘密鍵の特性と鍵の作成者の関係性、その鍵を使って、データの暗号化とデジタル署名をどのようにするかについて理解しておきましょう。

参考：IPA「PKI関連技術情報」
（https://warp.ndl.go.jp/collections/info:ndljp/pid/12308150/www.ipa.go.jp/security/pki/022.html）

● スキルを高めるための学習ポイント

- それぞれの知識を単なる知識ではなく、データ活用において暗号化技術がどのように有効利用できるのかについてイメージをもっておきましょう。
- 鍵の生成者と、秘密鍵と公開鍵の特性を理解しておきましょう。
- データの暗号化とデジタル署名において、秘密鍵と公開鍵がどのように機能するのかについて理解しておきましょう。

DE152 ハッシュ関数を用いて、データの改ざんを検出できる

ハッシュ関数は、特定の文字列を別の数値文字列に変換する関数です。例えばABCDEFGという文字列は、ハッシュ関数により8E5Aという別の文字列に変換できます。

ただし、ハッシュ関数は非可逆の性質を持つため、ABCDEFG→8E5Aの変換はできても、逆方向の8E5A→ABCDEFGは変換できません。ハッシュ関数で変換された値は、要約値やハッシュ値と呼ばれます。

例えば、ABCDEFGという元の文字列が更新されてACBDEFGとなった場合、ハッシュ値は9G7Hというように以前の8E5Aとは別の値に変換されます。本例のように元データの2文字目と3文字目を入れ替えるだけでも、ハッシュ値はまったく異なる値に変換されます。

ABCDEFG→8E5A　　　ACBDEFG→9G7H

このように元の文字列が更新されていると、ハッシュ値は異なる値になるため、ハッシュ値を管理してチェックすることによって、元の値に悪意のある改ざんが行われていないかを判定することができます。

ハッシュ値は改ざんを検出する手法として大変よく用いられる方法です。データを送信する際やデータを格納する際に、ハッシュ値を一緒に格納することによって、改ざんを検出する仕組みを実現することができます。ただし、ハッシュ関数は改ざんを検出する方法であって、改ざんを防止する手法ではない点には注意が必要です。

また、ハッシュ値は、改ざん検出の他に、元データを効率的に検索するためのキーとして活用することもあります。

ハッシュ関数にはいくつかの種類があります。ハッシュ関数により変換されるハッシュ値の長さやパターンも異なります。ハッシュ値が短いと、元データが別でも同一のハッシュ値に変換される「衝突」という事象が発生します。そのため、元データのデータ量やハッシュ関数の活用の目的に応じて、ハッシュ関数を選択する必要があります。

スキルを高めるための学習ポイント

- ハッシュ関数の活用ケースを学習してみましょう。
- アルゴリズム名などを暗記するだけではなく、ハッシュ関数の根本的な考え方を理解しましょう。

スキルカテゴリ ITセキュリティ　**サブカテゴリ** 認証

DE154 ｜ OAuthに対応したデータ提供サービスに対して、認可サーバから取得したアクセストークンを付与してデータ取得用のREST APIを呼び出すことができる

OAuthはリソースへのアクセスの認可(Authorization)を行うための標準仕様です。OAuthは主に異なるWebサイト間でWebサービスのアクセス権限の認可を行います。このWebサイトへのアクセスやREST APIへのアクセスを許可する仕組みを認可と呼びます。また認可で保護されるWebサイトやAPIをリソースと呼びます。

OAuthによりA社のWebサイトにログインした利用者は、追加のユーザ認証なしで連携するB社のWebサイトにアクセスすることができます。

OAuthでは異なるリソースへの認可を管理するためにアクセストークンを使用します。利用者であるアクセス主体は認証成功後、認可サーバから一定期間有効なアクセストークンを取得します。アクセス主体はアクセストークンをリソースサーバに渡すことにより、IDやパスワードを共有することなくリソースサーバ上のリソースへアクセスすることができます。

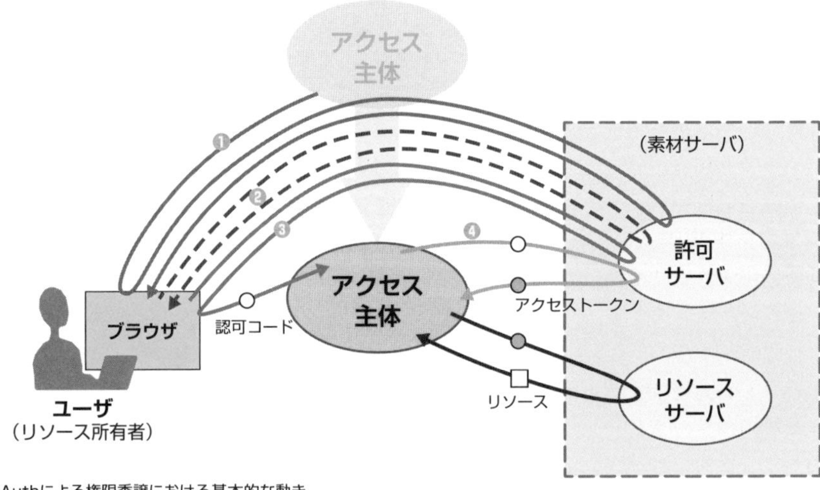

OAuthによる権限委譲における基本的な動き
出典：IPA「セキュア・プログラミング講座」
(https://www.ipa.go.jp/archive/security/vuln/programming/web/chapter8/8-10.html)

● スキルを高めるための学習ポイント

- OAuthの利便性とリスクについて学習を進めておきましょう。
- OAuthの動きを理解し、リソース提供者なのかリソース利用者なのかなど、さまざまな立場で利用ケースを想定して、動きを理解しておきましょう。

DE159 AutoMLを用いて予測対象を判定するために最適な入力データの組み合わせと予測モデルを抽出できる

AutoMLとは、Automated Machine Learning(自動化された機械学習)の略です。スキルや知識の必要なモデルの構築や、反復的な調整が必要な学習モデル作成時のチューニングを自動化し、コンピューティングパワーによって最適なモデルの選定、特徴量の加工と選択、パラメータチューニングなど機械学習で必要な作業を自動化するサービスです。AutoMLには、ソフトウェアとして提供される形態と、クラウドのマネージドサービスとして提供されるケースがあります。

AutoMLは、内部的には複数の分析モデル、変数の候補、チューニングパラメータを事前に用意しています。そして、コンピュータの計算能力を駆使して、これらの要素を組み合わせて試行錯誤し、検証データに対する精度が最も高くなるモデル、特徴量、パラメータの組み合わせを選び出します。

AutoMLが提供する機能は製品やサービスにより異なりますが、下記のような機能を提供する場合が一般的です。

モデル選定：目的の判定を行うために最も精度の期待できる判定モデルを選定
チューニング：分析モデルで精度を向上するためのパラメーター（ハイパーパラメータ）の自動チューニング(自動最適化)
入力変数：モデルで使用する説明変数(入力変数)の最適な組合せ選定
特徴量：より精度の高いモデルができるように説明変数を加工・変換
クレンジング：外れ値や欠損データの自動削除

AutoMLは時間のかかる分析モデルの精度比較検討、さまざまな特徴量の作成、分析モデルのチューニングパラメータ設定などを自動的に実施します。

手動で作成した予測モデルも改めてAutoMLを適用することにより、モデル開発時には評価しなかったアルゴリズムやハイパーパラメータのチューニング結果を取得し、モデルの改善やモデル作成時のヒントを取得することができます。

● スキルを高めるための学習ポイント

- オープンソースや無料トライアル利用できるクラウドサービスもあるので、まずはAutoMLを試してみるとよいでしょう。
- AutoML製品のマニュアルを読み、採用しているモデルの種類や特徴量作成のロジックなどを確認してみましょう。

DE160 GitやSubversionなどのバージョン管理ソフトウェアを活用して、開発した分析プログラムのソースをリポジトリに登録しチームメンバーと共有できる

バージョン管理は、開発するソフトウェアのソースファイルを蓄積し、ソースコードの変更を追跡管理する機能です。

特に複数のプロジェクトメンバーで1つのアプリケーションの開発・改修を行う際は、ソースファイル単位ではなくソース行単位での更新履歴を管理する仕組みが必要になります(BIZ97参照)。

オープンソースのバージョン管理システムとして特に有名なのがGitとSubversionで、実際に多くのプロジェクトの開発現場でこれらバージョン管理ツールが採用されています。特に、Gitをベースとしたウェブサービスである GitHubは、オープンソースソフトウェアの開発ソースやドキュメントの公開に広く活用されています。

バージョン管理ツールのドキュメントの格納領域をリポジトリといいます。Subversionは集中リポジトリ方式であるのに対して、Gitは分散リポジトリ方式をとっています。分散リポジトリ方式のリポジトリはサーバ上だけでなく各クライアント上でも分散管理されるため、柔軟なソース管理運用ができます。

RやPythonなどの開発言語を用いて分析モデルをプログラミング開発する場合も、バージョン管理ツールは有用です。バージョン管理ツールを導入するメリットを、下記の活用例を用いて説明します。

- 開発した分析モデルのプログラムソースや設定を一元管理してプロジェクトメンバーで共有する
- 複数のプロジェクトメンバーが同時に1つのアプリケーションを開発し、誤ったソースファイルの上書きや重複作業が発生しないように管理する
- 過去の更新履歴を管理し、過去バージョンの変更箇所の確認や変更実施者を参照する
- 最新版で不具合が見つかった際に過去バージョンへの復旧を行う

● スキルを高めるための学習ポイント

- GitHubのリポジトリはインターネットで公開されているため、興味があるプロジェクトのソースを参照してみましょう。
- GitHubは無料で利用できるため、ユーザ登録しGitによるソース管理を試行してみましょう。ただしGitHubは公開することが前提のため、個人情報、機密情報の登録には留意してください。

DE161 MLOpsの概要を理解し、AIモデル性能の維持管理作業の基本的な流れを説明できる

MLOpsは、DevOpsのエンジニアリング手法やプラクティスを応用し、機械学習モデルの開発から運用までのライフサイクルを統合して分析モデルを継続的に発展させるための実践的手法です。DevOpsは開発(Development)と運用(Operations)を組み合わせた造語ですが、MLOpsは機械学習(Machine Learning)と運用(Operations)を組み合わせた造語です。

DevOpsでは、ITシステムや開発アプリケーションのライフサイクル管理と継続的な開発手法を定義するのに対し、MLOpsは機械学習モデルの開発と展開に加えて、継続的なモデルの評価と訓練データの再取得、モデルの再学習などのライフスタイルを管理します。

機械学習モデルの開発フェーズにおいては、ウォーターフォール型のソフトウェア開発と異なり、目標とする精度を達成できない場合は、データの収集から見直して反復的にモデルの改善を継続します。

決められたロジック通り動作することを確認すればよいITシステムとは異なり、機械学習モデルは予測が100%正解することが難しく、一定数の誤判別も発生します。そのため、ビジネスへの適用に必要な精度を見極め、さまざまなテスト手法を用いて要求される性能(精度)を達成することを評価する必要があります。

また機械学習モデルをビジネスに適用した後も運用の中で定期的に精度の評価を実施し、必要に応じて訓練データの追加や再学習によるモデルの更新なども検討する必要があります。これら運用の必要性は訓練データの特性や機械学習モデルの安定性にも依存するので、MLOpsのライフサイクルの中で学習モデルの特性に合った運用を検討する必要があります。

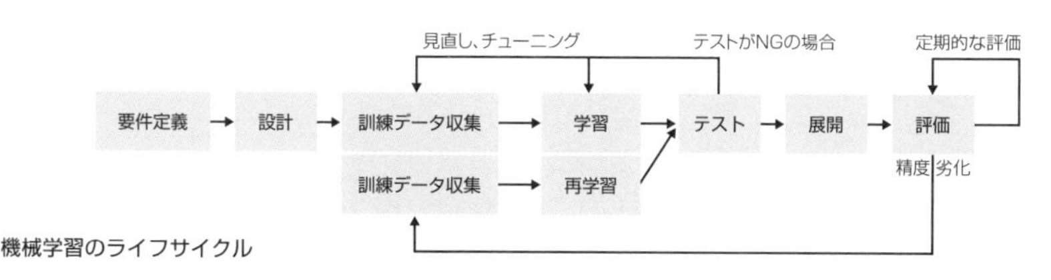

機械学習のライフサイクル

スキルを高めるための学習ポイント

- 開発した機械学習モデルをシステム化して運用した経験のない方は、必要な運用について整理してみましょう。
- 先行して発展してきたDevOpsのライフサイクルやプロセスはMLOpsにおいても参考になるため、一緒に学習しておきましょう。

スキルカテゴリ AIシステム運用　サブカテゴリ MLOps

DE162　AIシステムのモニタリング項目を理解し、AIモデルの劣化状況や予測対象データの不備、AIシステムの異常を検知できる

一度開発して評価した機械学習モデルも、ビジネス環境の変化や新しいデータパターンの出現により、運用する中で予測性能(精度)が劣化する場合があり、時にはそれがAIシステムの異常として問題になるケースがあります。そのため、モデル構築・評価後も定期的な精度の評価と維持・改善活動が必要になります。そこで当初より、予測した結果をビジネスに適用して、どれだけ正解したかを評価する仕組みを作っておくことが求められます。

この評価を行うためには、実績のデータを収集したり、ビジネスの利用者に定期的な評価を実施してもらったりするなど、モデル学習時の評価とは異なる評価方法が必要になる場合もあります。また予測モデルが実績よりも大きく乖離した予測結果を出力した場合は自動検出する仕組みも必要になります。

精度の劣化が確認された場合は、データの分析を行い、データ分布の変化などを可視化することで原因を調査します。必要に応じて、最新の学習のデータの収集とモデルの再学習が必要になる場合もあります。例えば、モデル初期構築時には存在しなかった異常データや外れ値が原因でモデルが劣化する場合は、異常値や外れ値を取り除くクレンジング処理を追加し、修正を試みます。

機械学習モデルの継続的な評価により定期的な訓練データの再取り込みと再学習が必要なことがわかった場合は、訓練データの更新やモデルの再学習を自動化することも考えてみるとよいでしょう。訓練データの再取得のタイミングや古いデータの削除の有無、再学習のタイミングや学習パラメータなどは、運用を行いながら定期的に見直し、最適化を進める必要があります。

● スキルを高めるための学習ポイント

- 自身が過去に作成した機械学習の予測モデルを事例に、継続的なモデルの精度維持のためにどのような評価や改善活動が必要か検討してみましょう。
- 訓練データの見直しと再学習により学習モデルの精度が変化することを理解し、どのような運用が有用であるか検討してみましょう。

DE168　ITシステムの運用におけるAIOpsの概要とメリットを説明できる

AIOpsは、Artificial Intelligence for IT Operationsの略称です。人工知能の技術分野を活用して、コストや負荷のかかるIT運用管理を自動化、簡素化するとともに、IT運用に関わるさまざまな問題を解決し、システムの品質向上、安定運用を目指すソリューションです。

IT環境は年々多様化、複雑化しています。ITシステムの維持管理に必要な監視やメンテナンス操作も複雑になり、障害発生時の原因の切り分けや回復も難しくなってきています。これに伴い、IT運用者には少ない労力で多くのタスクをこなすことが求められており、かかる作業負荷も高いものになっています。

AIOpsの対象業務や手段に明確な定義はありません。大量に発生するITシステムのログやデータを、統計的手法や機械学習により分析することにより、IT運用を効率化させる取り組み全般がAIOpsとして位置付けられています。一般的には各種ログ(アプリケーション、ネットワーク、インフラ)、システムの設定値、メンテナンス実績などの複数のデータソースを取り込み、AIに関連する技術を用いて分析することにより運用の改善を行います。

AIOpsの活用事例としては、下記のような代表的なパターンがあります。

自動化：負荷のかかるオペレーションをAIのオートメーション技術により自動化して運用者の作業負荷を軽減する

最適化：ログ分析の結果からシステムの設定を変更し最高のパフォーマンスが出せるように最適化する

可視化：複雑なシステムの運用状況を簡素化したグラフで表示することにより運用状況を可視化する

予防：ITシステムのログを分析して障害や不具合のリスクのある挙動を検出し早期に対応することにより障害やセキュリティ事故を予防する

問題解決：障害やセキュリティ事故が発生した際に、ログからその原因や回復手法を探索して、システムの早期復旧・回復、問題解決を実現する

スキルを高めるための学習ポイント

- Webページなどでさまざまな AIOpsの事例を学習しましょう。
- DevOps、MLOpsといった似たキーワードがあります。それぞれ内容が異なるため、各キーワードの違いを調べて理解しましょう(DE152参照)。

スキルカテゴリ 生成AI　サブカテゴリ プロンプトエンジニアリング　ver.5新設 頻出

DE170 生成AIを活用する際、出力したい要件に合わせ、Few-shot PromptingやChain-of-Thoughtなどのプロンプト技法の利用や、各種APIパラメーター（Temperatureなど）の設定ができる

生成AIを活用する際は、出力したい要件に合わせ、Few-shot PromptingやChain-of-Thoughtなどのプロンプト技法（プロンプトエンジニアリング）を利用したり、各種APIパラメーター（Temperatureなど）の設定を行う必要があります。

プロンプト技法とは、生成AIに対して目的に応じた入力や出力の形式を示すことで、より望ましい結果を得るための方法です。代表的なものにFew-shot PromptingやChain-of-Thoughtと呼ばれるものがあります。

- **Few-shot Prompting**：生成AIに対して、同じタスクの入出力のペアを数個与えることで、そのパターンを学習させます。
- **Chain-of-Thought**：生成AIに対して、思考過程の複数のステップを順番にFew-shot Prompting等で学習させてから実行させることで、より複雑なタスクを解決させます。

APIパラメータとは、生成AIの挙動を調整するためのオプションです。代表的なものとして、生成AIが単語の多様性や創造性を制御するためのパラメータとなるTemperatureやTop-pがあります。

- **Temperature**：モデルが予測する各単語の確率分布に影響を与え、選択肢の確率の大きさを調整します。Temperatureが高いと、確率の差が小さくなり、ランダムな単語が選ばれやすくなりますが、文法や論理性が損なわれることがあります。Temperatureが低いと、確率が高い単語が選ばれやすくなり、文法的で論理的な文章が生成されますが、創造性が低くなることがあります。
- **Top-p**：次に選ばれる単語の候補を確率の高いものから順に選び、累積確率が閾値pを超えるまで制限します。Top-pは、選択肢として考慮される単語の範囲を制御します。Top-pが高いと、選択肢が広がり、多様な単語が選ばれる可能性がありますが、生成品質が低下することもあります。

スキルを高めるための学習ポイント

- ここで取り上げていないRAGやファインチューニングなどの、特定領域の精度改善手法についても、理解しておきましょう。
- 同様に、Zero-Shot Prompting、Tree of Thoughtsなどの他の手法も含め、実践して理解しておきましょう。
- 生成AI関連は、情報がすぐに古くなるので、常に最新技術のチェックをしておきましょう。

DE171 画像生成AIに組み込まれた標準機能の利用(モデル選択)や、画像生成プロンプトルール(強調やネガティブプロンプトなど)を理解し、適切に入力することで、意図した画像を生成できる

画像生成AIは、頭の中でイメージしている画像に関する文章(プロンプト)を入力することで、それに該当する画像を自動で作成してくれるAIです。この技術の登場によって、イラストを描くことが得意でない人でも、簡単にリアルな立体の画像やアニメーション調のイラストなど、様々なテイストの画像を生成できるようになりました。

画像生成AI(マルチモーダルAI含む)サービスには、Midjourney、Gemini、DALL・E3、Stable Diffusion、Image Creator from Microsoft Designerなど、様々な種類のAIがあり、標準機能として事前学習済みモデルを選択することができます。また、サービスによっては、自ら用意したデータとLoRA(Low-Rank Adaptation)と呼ばれる技術を活用することで、効率よくチューニングすることも可能です。それぞれのAIサービスの特性・利用条件やプライバシーが異なるため、用途にあったものを選択する必要があります。

画像生成AIを用いて意図した画像を生成するには、画像生成プロンプトのルールを理解し、適切に入力する必要があります。具体的には、以下のようなものがあります。

1. 入力は明確で具体的であること。自分が生成したいものを明確にするために、主語やキーワードを含み、直接的でシンプルな表現にする
2. 入力は説明的であること。イメージにあった画像を生成するために、説明を細かく付け加えていく
3. 入力は正しい文法や表記であること。ネガティブプロンプトや強調構文等の記法は、画像生成AI毎に違うので、それぞれのルールに合わせて利用する

ネガティブプロンプトとは、画像を生成する際に生成してほしくない要素や除外したい要素・特徴などを指定する表記方法です。画像生成AIサービスによって、-noコマンドに表示させたくないものを記述する方法や、ネガティブプロント専用の入力エリアにに、表示を避けたい項目を列挙する方法などがあります。この手法を用いることで、生成画像がイメージしていないいびつな形になることを防ぐことや、表示したくないテキストや要素の生成を回避することができます。

強調構文とは、入力テキストに特定の記号や単語を追加することで、画像生成AIに対して、生成する画像の色や形・位置などの情報をより詳細に伝え、プロンプト

の影響を強める方法です。例えば、強調したいキーワードに対して、()や：などの記号と数字で追加することで、そのキーワードがより強く表現された画像を生成することができます。

● スキルを高めるための学習ポイント

- 様々な種類の画像生成AIを試してみましょう。
- 生成AI関連は、情報がすぐに古くなるので、常に最新技術のチェックをしておきましょう。

DE174　大規模言語モデルを利用して、データ分析やサービス、システム開発のためのコードを作成、修正、改良できる

データ分析やシステム開発を行う際には、通常、プログラミングが必要になりますが、大規模言語モデル(LLM)を利用することで、文章で指示するだけでコードの作成、修正、改良が可能となりました。これをうまく活用できれば、効率的にデータ分析・システム開発を行うことができます。

大規模言語モデルを利用してコードを生成するメリットは、以下のようなものが挙げられます。

- プログラミング言語やフレームワークの知識が不足していても、自然言語で要求や仕様を入力するだけで、適切なコードを生成できる可能性がある。
- 多様なプログラミング言語に対応しており、例えばPythonでコード生成したものをR言語で書き直したりさせるなど、プログラミング言語の壁を超えるような対応ができる可能性がある。
- 既存のコードに対して、バグの修正や機能の追加、パフォーマンスの改善などを行う際に、最適な変更点を提案してくれる可能性がある。
- 新しいアイデアやインスピレーションを得るために、オリジナルなコードやアルゴリズムを生成してくれる可能性がある。

大規模言語モデルを利用してコードを生成する注意点は、以下のようなものが挙げられます。

- 大規模言語モデルは、学習したテキストデータに基づいてコードを生成するため、そのデータに含まれるバイアスや誤りがコードに反映される可能性がある。
- 大規模言語モデルは、コードの正確さや安全性を保証するものではないため、生成されたコードに対しては必ず検証やテストを行う必要がある。
- 生成されたデータ分析のコードを利用した場合、エラーが出ない事と分析が正しいかどうかは別なので、値の確からしさの定量的な観点と、その可視化やビジネス的示唆などの定性的な観点の両面で人による分析結果の確認が必要である。
- 大規模言語モデルは、著作権や倫理などの法的・社会的な問題に配慮するものではないため、生成されたコードに対しては必ずそのような観点からも評価しなければならない。

以上のように、大規模言語モデルを利用してコードを生成するスキルは、多くのメリットを享受できる一方で、色々なチェックが必要なため慎重に扱う必要があります。

● スキルを高めるための学習ポイント

- 大規模言語モデルが生成するコードの確認のため、何らかのプログラミング言語は自分でも書けるようにしておきましょう。
- コード生成でもハルシネーションは発生するので、実際に自分でコード生成を試してその対策に慣れておきましょう。
- 生成AI関連は、情報がすぐに古くなるので、常に最新技術のチェックをしておきましょう。

DE175 大規模言語モデル(LLM)を利用して、開発した機能のテストや分析検証用のダミーデータを生成できる

開発したシステムの機能テストやデータ分析の検証を行う際に、適切なダミーデータを準備することは重要です。しかし、システム要件や分析要件に合った大量のデータを手作業で用意するのは非常に手間がかかります。大規模言語モデルでは、必要としているデータのサンプルと適切な要件の指示を与えることで、類似するダミーデータを自動的に作成させることが出来ます。

これには、以下のようなメリットがあります。

- 実際のデータを使わずに、機能の動作や性能を確認できるため、プライバシーやセキュリティの問題を回避できます。
- ダミーデータの生成に時間や労力をかける必要がなくなり、開発や分析の効率が向上します。
- ダミーデータの質や量を自由に調整できるため、さまざまなシナリオや条件での検証が可能になります。

一方で、以下のような注意点があります。

- 大規模言語モデルは、学習したテキストデータに含まれるバイアスや誤りを反映する可能性があるため、ダミーデータが要件通りでなかったり、重複があったりする事もあります。
- 大規模言語モデルは、生成されたダミーデータに対して著作権や責任を持たないため、ダミーデータを第三者に公開したり、商用目的で使用したりする場合は注意が必要です。
- 生成されたダミーデータが対象に関する実データと一致するとは限らないため、そのまま信用することはできません。

ダミーデータで得られた結果や評価を使って、その特定事象に対しての統計的性質や将来的な予測などはできないため、実データで再度検証することが重要です。

スキルを高めるための学習ポイント

- 実データの理解を深めて、ダミーデータのサンプル作成や要件定義の明確化に慣れましょう。
- ダミーデータのハルシネーションや重複の影響を考慮し、大規模言語モデル毎の特徴もおさえられるように、一通り実践しておきましょう。
- 生成AI関連は、情報がすぐに古くなるので、常に最新技術のチェックをしておきましょう。

第4章

ビジネス力

スキルカテゴリ 行動規範　　サブカテゴリ ビジネスマインド　　頻出

BIZ1　ビジネスにおける「論理とデータの重要性」を認識し、分析的でデータドリブンな考え方に基づき行動できる

ビジネスにおける論理とデータの重要性を認識しているとは、分析の目的に応じた論理構成を考えた上で、そのために必要なデータを準備・分析できることです。そして、分析的でデータドリブンな考え方に基づき行動できるとは、次の①～④ができることを意味しています。

①分析対象となるビジネスに関わるステークホルダーの利害や目的と合致している
②分析目的を満たすための論理構成となっている
③論理構成から必要となるデータを想定・準備できている
④分析によって得られた結果から意思決定できる

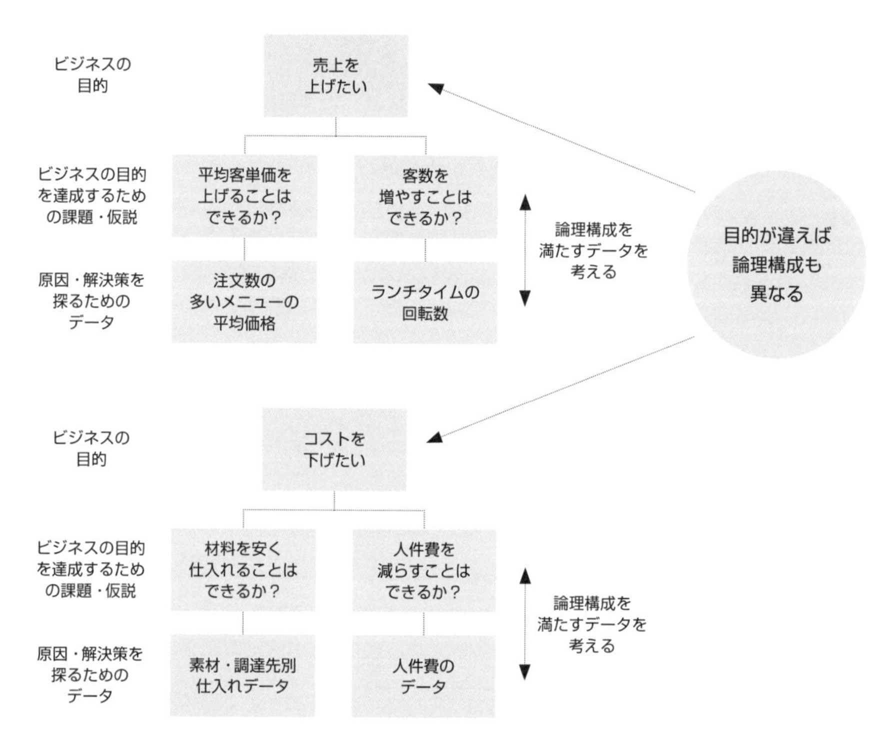

ある商店における分析の目的に沿った論理構成とデータの関係

はじめに、ビジネスにおける分析の目的と論理構成について考えてみましょう。

そもそも、論理とは、正しい結論や主張のための考えの筋道です。結論や主張のためにどんな枠組みで構成すると良いか、そのためにどのようなデータ・情報で枠組みを支えると良いか、という点において論理的であることが重要です。また、データ・情報からそこにある事象について解釈し、結論・主張を導き出すこともあります。つまり、結論や主張のために事実としてデータや情報を用いる場合と、データや情報から解釈し、結論や主張を導出する場合があります。

例えば、ある商店で分析する場合で考えてみましょう。ここでの論理構成とは、ビジネスの目的、ビジネスの目的を達成するための課題・仮説、原因・解決策を探るためのデータの3階層で構成しています。

まずは、ビジネスの目的について考えていきます。ビジネスの目的にはさまざまなものが考えられるので、ステークホルダーである商店の経営者にとって、どの目的を重要視しているかを確認することから始めます。ここでは、「売上を上げたい」「コストを下げたい」という目的だったとします。

次に、ビジネスの目的を達成するための課題・仮説を考えていきます。「売上を上げたい」という目的では、「売上＝平均客単価×客数」と構造化した上で、平均客単価向上、客数増加のための要因・解決策を探索することを課題として考えています。「コストを下げたい」という目的に対しては、材料の仕入れ、人件費について挙げています。

そして、考えた論理をもとに、原因・解決策を探るためのデータを準備します。例えば、平均客単価については、注文数の多いメニューの平均価格など、分析を行う上で有力になりそうなデータを想定し、それらを準備します。

最後に分析によって得られた結果を、適切な意思決定につなげていきます。データが目の前にあると、いきなり加工・処理してみたくなるかもしれませんが、それでは分析をビジネスに生かすことはできません。目的・論理構成・データの関係を常に意識し、それにもとづいた分析と意思決定を行うことが重要なのです。

ビジネスにおける論理とデータの重要性は、一見すると簡単そうに思えます。ところが目的が異なると、論理構成や取り扱うデータはまったく別のものとなります。どんなに論理的であっても、どんなに素晴らしいデータ分析ができたとしても、ステークホルダーが考えている目的とは合致しないものとなってしまいます。目的を理解し、目的に応じた論理構成を立て、論理構成を満たすためのデータを準備すること、目的・論理・データの三階層を常に意識することが重要になります。

スキルを高めるための学習ポイント

- ステークホルダーが抱く関心事を整理し、重要視されている要素を目的として位置付けてみましょう。
- 分析対象のドメイン知識を学習し、構造的に整理する習慣を持ちましょう。

BIZ2 「目的やゴールの設定がないままデータを分析しても、意味合いが出ない」ことを理解している

担当するプロジェクトにおいて、達成したいゴールやビジネス上の目的を明確にし、プロジェクトの対象となる事業・業務のKGI（Key Goal Indicator：重要目標達成指標）、KPI（Key Performance Indicator：重要業績評価指標）の変化を、数値目標として定義しておくことは、重要かつ必要な要素です。

プロジェクト活動中も、「このやり方やプロセスで本当に目的を達成できるか？」という観点を常に意識し、データを見る際の視点・視座、集計期間、データの粒度、分析手法を選択します。分析結果に対しても、「目的やゴールから考えたときにどのような意味合いがあるか」を念頭に置きながら、解析を進めていくことが肝要です。

このような視点を欠いているために陥りがちな行動としては、次の①〜③が挙げられます。

①目的やゴールを明確に設定しないまま分析に取り組んでしまう
②取得したデータを手当たり次第に集計し、凝ったグラフをひたすら作ってしまう
③最先端の機械学習アルゴリズムを適用し、重箱の隅をつついた分析をしてしまう

以上のような場合は、ビジネス上の成果や価値が出せず、自己満足な分析となってしまうことがほとんどです。例えば「顧客データはあるのでいろいろと分析してほしい」といった依頼は①の典型例であり、分析という行為を目的化してしまっています。このケースでは、「分析の目的を話し合いましょう」「業務のことをもう少し詳しく教えてください」といった、活動開始前のコミュニケーションが重要になります。分析には検証的分析と探索的分析があります。検証的分析の場合、KGIやKPIと関連付けて分析することが有効です。一方で、必ずしもKGIやKPIと関連付けられないこともあります。例えば、課題や仮説がわかっていない、大量のデータから起きている事象を把握・理解したいといった探索的分析の場合です。依頼主に分析の目的やゴールを確認した上で、そこから逆算し、意味のある分析結果につなげるための計画を練りましょう。

● スキルを高めるための学習ポイント

- データ分析の実例、成功・失敗例を、Web記事などで調べてみましょう。
- 周囲のデータサイエンティストに、分析プロジェクトの成功・失敗例や、プロジェクトの勘所について聞いてみましょう。

BIZ3 課題や仮説を言語化することの重要性を理解している

課題や仮説の言語化は、問題解決スキルの1つです。特にデータサイエンティストにとっては、分析プロジェクト全体を通して、成果に直結する重要なスキルとなります。

課題や仮説はステークホルダーへのヒアリングや、分析プロジェクトメンバーの検討によって整理されていきます。また分析を進めていく中で、分析結果と考察から当初立てた仮説に立ち返り、再考することもあります。つまり課題や仮説は、プロジェクト遂行する上での「軸」であると同時に、「変化」するものなのです。

このため、プロジェクトの各段階において、適切に言語化し、関係者間で共有することが重要です。ここでは、課題や仮説の言語化が、分析プロジェクトの各段階において、どのように必要となり、どのようなメリットがあるのかを図示します。

①プロジェクト初期段階	②プロジェクト中期段階	③プロジェクト後期段階
ステークホルダーへのヒアリングを通して、業務の課題や分析課題の洗い出し、課題解決のための仮説を構築します。分析プロジェクトのチームメンバーや、ステークホルダーへフィードバックすることで、プロジェクトの共通課題認識を持つことができます。	データ集計や分析フェーズにおいて、当初の仮説と合致しているか、新しい仮説はあるか、といった観点で意味合いを言語化することによって、プロジェクトチームの知恵が集約され、より良い結果を生み出しやすくなります。	プロジェクト活動を通じて課題や仮説を言語化したものに基づいて、資料化します。分析の目的に沿った、課題整理、分析のアプローチ、用いたデータと分析手法、分析結果など、ステークホルダーへの報告の際に、正しく伝えていくことができます。

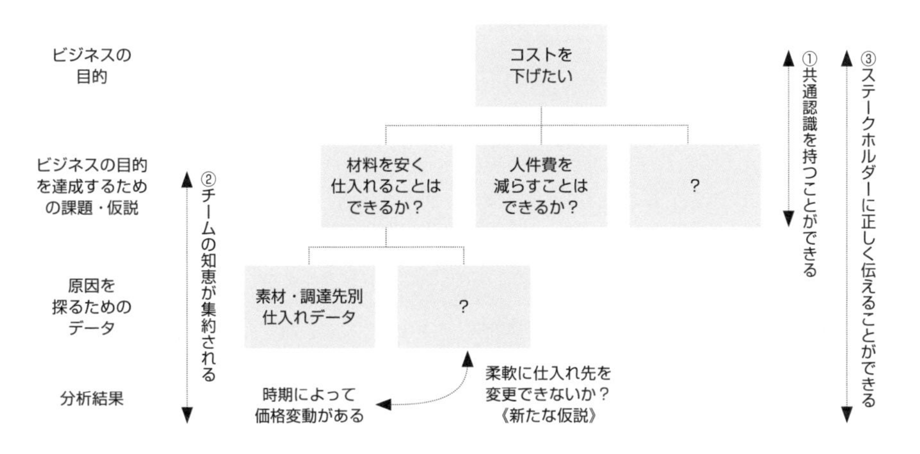

分析プロジェクトの各段階における、課題と仮説の言語化の重要性

分析プロジェクトにおいて、分析活動は時間・作業量が膨大となることも多く、言語化を疎かにしてしまいがちです。課題や仮説が言語化されていない、関係者に正しく伝わっていないと、分析内容・結果の説明段階で認識の齟齬が生じるなど、悪影響を及ぼすリスクがあります。プロジェクト活動の中で、関係者間で認識を共有するための活動や時間を、必ず計画に組み込むようにしましょう。

課題や仮説を言語化する際に有益なのが、問題解決力(プロブレムソルビング)、論理的思考(ロジカルシンキング)、メタ認知思考、デザイン思考といった考え方・フレームワークです。

問題解決力(プロブレムソルビング)
本当に解くべき「問題」を見極め、「問題」に対して最も「インパクト」のある解を見つけることができる能力のこと

論理的思考(ロジカルシンキング)
問いに対する主張と根拠を論理的に構成し、筋道を立てて説明できる能力のこと
論理構成は、演繹的、帰納的、ロジックツリーで分解可能なもので構成する

メタ認知思考
考え・行動している自分自身(認知活動)を客観的に見ることで本質的な課題に気付き、課題を解決できる能力のこと

デザイン思考
プロダクトやサービスを作る際に、ユーザーの行動を理解し、仮説の検証を素早く繰り返していく問題解決のプロセスができる能力のこと

● スキルを高めるための学習ポイント

- 問題解決力、論理的思考、メタ認知思考、デザイン思考といった考え方・フレームワークを参考にしてみましょう。
- 打ち合わせの中で議論された内容を、構造的に図解・整理してみましょう。

BIZ4 現場に出向いてヒアリングするなど、一次情報に接することの重要性を理解している

一次情報とは、自身で収集したアンケートやヒアリング結果など、実際にデータ収集、体験した情報のことです。二次情報とは、他者が執筆した書籍や論文に掲載された調査結果など、他者から得た情報や一次情報をもとに編集された情報のことです。三次情報は噂話のような情報源がわからない情報のことです。

データ分析においては、自ら一次情報を集めることで、課題の明確化、データ元の信頼性確認など、プロジェクトのプロセスや進め方に確信を得ることができます。また、最も重要なことは、実務に使える分析の視点が得られることです。現場に出向いて、その業務に携わっている人と直接話すことで、課題を解決するための仮説が浮かび、データを扱う上での制約条件、集計条件、業務適用する際のイメージがつかめます。

例として、売上分析からマーケティング戦略を立案するプロジェクトにおいて、一次情報を集めずにデータ分析し、現場担当者に報告した際の会話を紹介します。

> 分析者：「A商品は20代男性に買われる傾向がありましたが、最近40代男性にも売れ始めています。もしかすると新たな戦略ターゲットと言えるかもしれません。」
> 現場担当者：「ああ、最近40代男性向けに販促してみました。その効果ですね。」
> 分析者：「この8、9月に首都圏で売上が落ち込んでいます。テコ入れが必要です。」
> 現場担当者：「ああ、言ってませんでした？　最近、東京の旗艦店をクローズしたんです。テコ入れと言われても、それが会社の戦略なので。仕方ないですね。」

データ分析者が「発見」と思っている結果でも、現場からすると「与件」かもしれません。このケースでは、ターゲット別販促費や閉店の情報を、ダミー変数として入れて分析すべきでした(DS90参照)。

他にありがちなケースとして、業務への落とし込みと分析粒度が合わないような場合があります。例えば、業務の運営上、週単位でしか施策を動かせないのに、「土日はこうだ」といった分析結果を出しても、現場では使えません。このような場合も、一次情報として、分析における与件や現場が感じている傾向(間違っている場合や新たな知見になる場合もあります)を知ることで、より効率的で実用的な示唆が得られます。

● スキルを高めるための学習ポイント

- 今まで関与した分析プロジェクトの中で、何が一次情報で、そこから何を得たかを、改めて整理してみましょう。

スキルカテゴリ 行動規範　サブカテゴリ ビジネスマインド　ver.5新設 頻出

BIZ5　様々なサービスが登場する中で直感的にわくわくし、その裏にある技術に興味を持ち、リサーチできる

・探究心を育てる「わくわく」という感情とデータサイエンティストにとっての重要性

「わくわく」するとは、未知の領域を探求し好奇心を抱く際に感じる前向きで活動的な状態を示す感情です。これは人々を新たな挑戦へ駆り立てる源泉となるものあり、データサイエンスの分野で新しい事柄を発見し探索する動機になります。また、あらゆる分野に関する学習への意欲を高め、データに潜むパターンを深く掘り下げる原動力となります。

データサイエンスやAIに関連する技術、それらを活用したサービスは常に新しいものが生まれ、日々進化しています。新しい技術やトレンドの理解には、どのようなデータを用いて、どのような課題を解決していくのか、ある程度イメージできる必要があります。基本的な知識があることも大切ですが、新しい技術や手法に対する好奇心がないと、最新の進歩や革新的なアプローチを見逃すことになり、結果的に競争力を失う場合もあります。また、探究心が欠けていると、データの背後にある知見やパターンを発見する能力が向上せず、斬新な解決策を提案し、複雑な問題を構造的に読み解くことができません。

・探求心はリサーチ力向上と新市場の開拓や課題解決の精度向上につながる

「わくわく」という感情を伴った探究心はリサーチ力向上にも貢献します。新しい知識の獲得や未知の領域の探索を行う際、「わくわく」する人は表面的な理解のみに満足せず、アルゴリズムの背景やデータに潜む原因や関連性を深く探る活動を行うことができます。探究心は新しい手法やアプローチに対しリサーチの質と範囲を広げることに繋がります。

新しい領域への興味・関心は、ビジネスの視点から見たとき、未探索の市場やニーズの発見につながります。新たな技術に常に関心を持つことで、新たに効率的な方法で課題解決ができるかもしれません。また、新たなツール・技術の適用により、効率的なデータ収集、処理、分析が可能にもなります。新しい領域のデータを深く観察し、そこから革新的なインサイトやひらめきを獲得することもできるでしょう。新たな統計・機械学習のモデルを用いて、かつてない解決策やアプローチを開発することにも繋がります。“データサイエンス力、データエンジニアリング力をベースにデータから価値を創出し、ビジネス課題に答えを出すプロフェッショナル”には、常に新しいことに「わくわく」し探求する姿勢が求められるのです。

スキルを高めるための学習ポイント

- 定期的に業界のニュースや論文を読む習慣を持ちましょう。
- 少しでも興味を惹かれた新しいツールや言語を試してみましょう。理論だけでなく実践的なスキルとして身につける事が重要です。

BIZ11 データを取り扱う人間として相応しい倫理を身に着けている（データのねつ造、改ざん、盗用を行わないなど）

データを取り扱うための倫理は、データサイエンスに携わる人であれば、絶対に身に付けるべきものです。特に重要な倫理としては、不正行為をしないことが挙げられます。

不正行為に該当するものとしては、捏造（Fabrication：存在しないデータの作成）、改ざん（Falsification：データの変造・偽造）、盗用（Plagiarism：他人のアイデアやデータを適切な引用なしに使用）などがあります。この3つは、頭文字をとってFFPとも言われています。この倫理が侵されてしまうと、データサイエンスの健全な発展が阻害されるとともに、データサイエンティストに託された信頼が失われてしまうことにつながります。

この他にも、「データや文献の引用元を明らかにする」「集計結果はサンプルサイズを表記する」「グラフの誇張表現をしない」など、データを取り扱う人間として、誤解が起きないように注意を払うことが肝要です（DS120参照）。

この倫理の問題は、昨今のAIやプライバシー保護の観点でも、社会的に重要な問題になっています。例えば、データバイアスによるAIの差別的判断、自動運転の誤動作、AI医師による医療判断の是非、ディープフェイクと呼ばれるディープラーニング技術で2つの画像や動画を結合させることで実在しない画像や動画を作る技術の危険性などが挙げられます（DS167, BIZ12参照）。近年では、2018年に米国のある企業が採用活動用のAIツールを開発しましたが、訓練データが男性に偏っていたため、女性を差別する結果となり、プロジェクトは中止されました。

データ倫理は、データの倫理、アルゴリズムの倫理、実践の倫理という3つの軸から成るとも言われており、ELSI（Ethical, Legal and Social Issues：倫理的・法的・社会的課題）の研究も盛んになっています。2019年に内閣府から発表された「人間中心のAI社会原則」も、このデータ倫理の問題に対する政府の意思が一部反映されています（5章参照）。以下のサイトもご参考ください。

参考：人間中心のAI社会原則
https://www8.cao.go.jp/cstp/aigensoku.pdf（平成31年3月29日　統合イノベーション戦略推進会議決定）

● スキルを高めるための学習ポイント

- 基本的な不正行為について学ぶことから始めましょう。
- ELSIやAIにまつわる倫理的課題とその対応を学んでおきましょう。
- 「人間中心のAI社会原則」など、政府機関・団体が公開している情報・レポートを参考にしてみましょう。

スキルカテゴリ 行動規範　サブカテゴリ データ・AI倫理　頻出

BIZ12 データ、AI、機械学習の意図的な悪用（真偽の識別が困難なレベルの画像・音声作成、フェイク情報の作成、Botによる企業・国家への攻撃など）があり得ることを勘案し、技術に関する基礎的な知識と倫理を身につけている

近年では、データやAIを意図的に悪用し、社会問題にまで発展するケースが少なくありません。これらの問題に対し、適切な倫理を身につけ、技術的な裏付けに基づいて行動する姿勢がデータサイエンティストには求められます。データ、AI、機械学習の意図的な悪用例は多数あり、ここではいくつかのケースを紹介します。

・フェイク画像、フェイク動画（BIZ11参照）

有名人や政治家などがあたかも本当に発言したかのような偽動画を、ネットニュースやTVで見ることがあります。これらは**フェイク動画**と呼ばれ、それによる人権侵害や詐欺行為、政治や選挙への干渉が大きな社会問題になりつつあります。

ディープフェイクとは、このようなフェイク動画を深層学習で作り出す技術です。技術的には**敵対的生成ネットワーク**（GAN：Generative Adversarial Network）の発展による影響が大きく、本物の画像とフェイク画像を競い合わせながら学習を続けることで、本物に近い画像を生成させます。GAN以外には**オートエンコーダー**などの深層学習技術が使われており、これらの技術を組み合わせて、顔画像生成と音声合成を行い、本物とほぼ見分けがつかない人物の画像や音声の生成が可能です。

・フェイクニュース、Botの悪用

過去の米大統領選挙で、有権者それぞれの政治的方向性に合わせて虚偽の情報、フェイクニュースを流し、それをSNS上で拡散することで世論の誘導が行われたことは、民主主義の根幹を揺るがす大きなニュースとなりました。また、昨今では**Bot**を大量生成し、そのBotがフェイクニュースを流す、もしくは拡散させる媒介となっていることも大きな社会問題となっています。

近年このような動きが加速している一因として、**生成AI**の発展があります。OpenAI社が発表したChatGPTやMicrosoft社のAzure製品への組み込みなど、**大規模言語モデル**が実用的になりました。あたかも人間が作ったような自然な文章を作成する能力を備えた非常に有用な技術ですが、一方で悪用もされており、フェイクニュースを検出するAIとのいたちごっことなっています。

・公平性を欠くAIシステム

インプットデータの偏り（バイアス）によって、意図的でなくともAIシステムが差別的なものとなり、社会問題化する場合があります。2018年に米大手ECが開発を進めてい

た人材採用システムは、男性の候補者に有利に働くという男女差別をすることが判明し、運用を取りやめました。原因としては、そもそも採用実績として人種や性別に関して偏りがあり、過去の採用実績を基にした機械学習は男性有利に働いたためです。他にも犯罪予測AIが人種差別をしたり、宗教的、性的に偏った発言を多く学習したチャットボットが暴言を吐いたりと、さまざまな問題となる事例が起きています。AIの公平性や信頼性に関わる大事な観点です。これらの対策としては、データの公平性の度合いを表す指標の活用、透明性、説明可能性の高い機械学習アルゴリズムの採用、AI企画・開発における品質評価や倫理評価のためのAIガバナンス組織の立ち上げや標準プロセス化など、様々な取り組みを行う必要があります。

近年ではこのような問題に対策する技術はもちろんですが、「AIをどのように活用すべきか？」という原理原則に立ち返り、さまざまな機関がAI原則に関する発表を行っています。日本においても、2019年に内閣府から「人間中心のAI社会原則」が発表されました(5章参照)。この原則では、私たちはこれからもAIを利用し続けるが、その利用は大前提として「人間の尊厳が尊重され、多様な背景を持つ人々が多様な幸せを追求できる持続性のある社会を目指す」という原理原則に基づくことが触れられています。生成AIなどの普及に伴い、誰もがAIを使いこなせる社会が見えてきました。だからこそ、データサイエンティストはデータやAIの扱いに対し、高い倫理感を保ち、責任のある行動を心がけなければなりません。

また、データ、AI、機械学習を利用したシステム開発に関する技術的、機能的リスクを評価する組織やガイドラインのあり方、問題や事故が起きた場合の組織的対応方法など、実務に即した具体的対応についても、さまざまな機関で発表がされていますので参考にしてください。

参考：
- 「人間中心のAI社会原則」(平成31年3月29日統合イノベーション戦略推進会議決定)
  (https://www.cas.go.jp/jp/seisaku/jinkouchinou/pdf/aigensoku.pdf)
- 「AI事業者ガイドライン案」(2024年1月19日総務省、経済産業省発表)
  (https://www.meti.go.jp/shingikai/mono_info_service/ai_shakai_jisso/20240119_report.html)
- 「EU AI ACT (EUのAI規制法案)」(2023年12月8日EU発表)
  (https://digital-strategy.ec.europa.eu/en/policies/regulatory-framework-ai)

● スキルを高めるための学習ポイント

- ニュースや最新事例に気を配り、「自身やプロジェクト、あるいは社会にどのような影響があるか」「具体的にリスクを低減する方法は何か」などについて考えましょう。
- セキュリティ、プライバシー、ELSI (Ethical, Legal and Social Issues)、信頼できるAI(Trustworthy AI)など、これらの問題と関連性の深い議論についても調べてみましょう。

BIZ16 データ分析者・利活用者として、データの倫理的な活用上の許容される範囲や、ユーザサイドへの必要な許諾について概ね理解している(直近の個人情報に関する法令:個人情報保護法、EU一般データ保護規則、データポータビリティなど)

昨今、個人データやプライバシー保護の観点において、見直しの潮流が世界的に生まれています。データサイエンティストは法律の専門家ではありませんが、「どのような場合に法令に注意すべきか」「何がリスクか」「倫理的に許されないことは何か」といったことは理解しておくべきです。

この世界的な潮流は、欧州を発端としています。2018年に施行されたGDPR(General Data Protection Regulation:EU一般データ保護規則)では、個人データの識別、セキュリティ確保の方法、透明性要件、漏洩の検知と報告方法など、厳格で細かい要件が定められています。EU域内の居住者が適用対象となるため、日本においても、海外向けの商品を扱うECや、海外からのアクセスがあるサービスの場合は対応が必要です。

CCPA(California Consumer Privacy Act:カリフォルニア州消費者プライバシー法)も、2020年から適用開始となりました。プライバシー保護という観点では、GDPRに近い法令であり、これをさらに発展し、2023年からはCPRA(California Privacy Rights Act:カリフォルニア州プライバシー権法)が施行され、消費者の権利が強化されています。

日本でも2022年に改正個人情報保護法が施行され、権利保護の強化、事業者の責務の追加、法令違反に対するペナルティ強化、第三者提供におけるルールなど、データの利活用方法が明確化されました。これに呼応し、2023年には改正電気事業法が施行され、新たに外部送信規律、いわゆるCookie規制が追加となるなど、新たな対応が必要になってきています。ここでは、改正個人情報保護法における大きな情報分類を示します。

情報分類	概要
個人情報	生存する個人に関する情報です。特定の個人を識別できるもの、あるいは個人識別符号が含まれるもののことです。氏名、住所、指紋・顔画像データ、マイナンバー、移動履歴や購買履歴などが該当します。また、個人情報の一部に、さらに厳格に扱うべき要配慮個人情報があります。
仮名加工情報	個人情報を他の情報と照合しない限り、個人識別できないように加工したものです。復元は可能です。
匿名加工情報	個人情報を、個人識別不可能、復元不可能にしたものです。
個人関連情報	上記以外の生存に関する個人情報です(IPアドレス、Cookieなど)。

改正個人情報保護法における大きな情報分類

今後も企業はパーソナルデータ活用において、透明性やアカウンタビリティを確保し、生活者/利用者のプライバシーを保護することが強く求められます。単に関連法律を遵守するというだけでなく、倫理的に問題のない形でのデータ活用やセキュリティ面の十分な対応も必要になります。これらは単にデータに関する規制を強化しようと動きではなく、一定のルールやガイドラインを敷いた上で、データ流通やデータ活用を試みる動きでもあります。GAFAや一部のプラットフォームでは自分のデータを自分で管理し、AサービスからBサービスへ移設できるデータポータビリティという機能を実装しています。他にも自分が企業に預けたデータを自分でコントロールする同意管理機能を設けるサービスも増えています。企業は生活者/利用者のデータを何のために預かり、何に活用するかについてしっかりと説明し、同意を取得するという動きがグローバル標準となっていると言えます。

● スキルを高めるための学習ポイント

- 個人情報に関する法令の改正や、業界規制と具体事例のガイドラインなどについて、最新動向をチェックし、分析プロジェクトに適用するようにしましょう。

スキルカテゴリ 論理的思考　　サブカテゴリ MECE　　頻出

BIZ19 データや事象の重複に気づくことができる

MECE（ミーシー）とは「漏れなく重複なく」という意味で、Mutually（お互いに）、Exclusive（重複せず）、Collectively（全体的に）、Exhaustive（漏れがない）の頭文字を取ったものです。ビジネスの場面でよく使われるこの言葉は、論理的思考（ロジカルシンキング）の最も基本的な考え方の1つです。論理的思考が求められるデータサイエンティストの仕事において、MECEを意識することは、業務の遂行上あらゆる場面で必要です。

例えば、百貨店の顧客を来店時の移動手段で分類し、購入金額に違いがあるか分析する場合を考えてみましょう。このとき、移動手段として「公共交通機関」「電車」「バス」「自動車」「徒歩」が挙がったとします。いずれも移動手段という意味では正しいのですが、電車やバスは公共交通機関に含まれてしまいます。そのため、来店時の移動手段をデータとしてカウントしたとき、重複して含まれる顧客が出てしまい、移動手段ごとの顧客の特徴を適切に比較できません。つまり、MECEの「重複なく」という要件を満たしていないことになります。

さらに、「自転車」などで来店する顧客がいる可能性もありますが、この分類ではそれに対応することができません。この意味で、MECEの「漏れなく」という要件についても満たしていません。

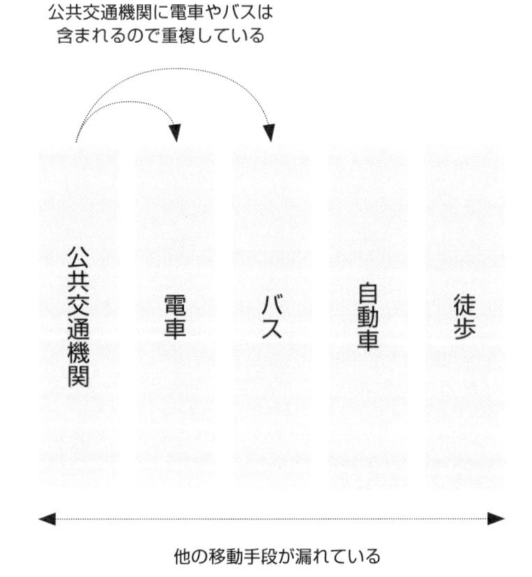

漏れ・重複がある分類

そこで次のように分類することで、漏れ・重複がないMECEを満たした形に改善することができます。

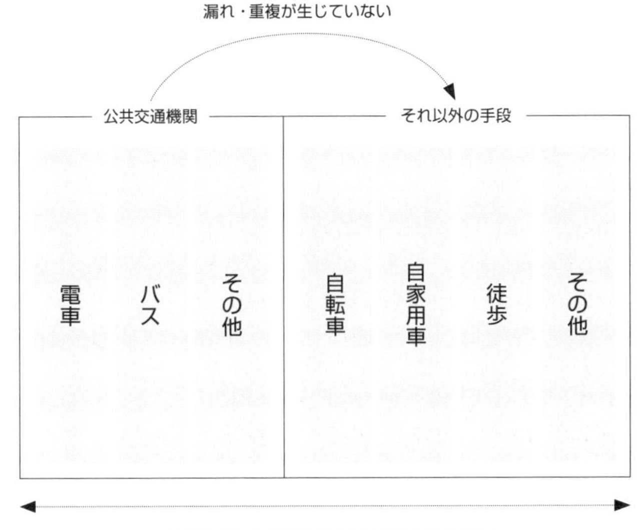

漏れ・重複のない分類

データを複数のアプローチで集計・可視化して比較する際に、適切な方法で集計処理をしなかったために誤った値が出力され、それぞれのアプローチで集計処理した結果と一致しないということがしばしば起きます。集計結果が一致しないときには、データ処理工程と集計仕様の確認を行い、データに漏れや重複があるために異なる結果が出ている可能性を考えましょう(DS62参照)。

こうした状況に気付くためには、検討した仮説、取り扱うデータ、分類方法に漏れや重複がないかチェックすることはもちろん、集計・可視化を実施する前に、データの変数ごとの代表値などをしっかりと把握しておくことも肝要です(DS12,13参照)。対象となる事象を漏れなく重複なく整理することで、価値のある分析につながります。

● スキルを高めるための学習ポイント

- 身近にある事象を、MECEに分類し、漏れ・重複がないか確認してみましょう。
- 分類されている資料や情報を見て、MECEになっているかチェックしてみましょう。

スキルカテゴリ 論理的思考　サブカテゴリ 構造化能力　頻出

BIZ22　与えられた分析課題に対し、初動として様々な情報を収集し、大まかな構造を把握することの重要性を理解している

分析課題が与えられた際に、単に指示待ちするだけでなく、事前に情報を収集し、構造を把握またはイメージしておくことで、より効率的・効果的な分析につながります。具体的には、初動として次のようなことが素早くできるとよいでしょう。

・分析課題周辺のビジネスの実態や背景知識をイメージ

→与えられた分析課題に対し、ビジネス構造・共通する領域の課題、一般的なデータをイメージし、デスクリサーチや現場リサーチを行う

→分析課題の解決が困難になりそうな制約(契約や時間制約など)はありそうか？

・インプットとアウトプットのイメージ(DS62参照)

→必要なデータは何か？　その中でも中心的な役割のデータは何か？

→手に入りそうなデータ、難しそうなデータは何か？

→アウトプットはどんな形が望ましいか？

・分析手法やその手順をイメージ(DS71参照)

→どんな集計、分析手法が必要そうか？　進める順番はどうか？

最初から完璧を求めてやり遂げることを意識する必要はなく、「勘所を付けておく」「あたりを付けておく」という程度に留め、30分から場合によっては数時間くらいで調べられる範囲で問題ありません。結果として、以下について自分なりに想定ができていれば、初動としては十分です。

- 事前に準備すべきことは何か？
- 分析課題や当該領域の重要なポイントの整理
- 進め方の仮案のイメージ

● スキルを高めるための学習ポイント

- 正解があるスキルではないので、実践した上でチームや上司からのフィードバックを受けたり、事前相談をしながら進めるとよいでしょう。

BIZ24 対象となる事象が通常見受けられる場合において、分析結果の意味合いを正しく言語化できる

季節の移り変わりや曜日などに応じた規則性のある変化など、日常において何らかの事象が起きると、データとなって現れます。このようなデータの集計結果と、それを可視化したグラフの分析では、分析者自身の「目で見て捉えた事実」と、考察から導かれた「意味合い」の言語化が重要となります。例えば、あるオフィスで二酸化炭素の濃度を測定し、時間ごとの変化を可視化したとします(DS73参照)。

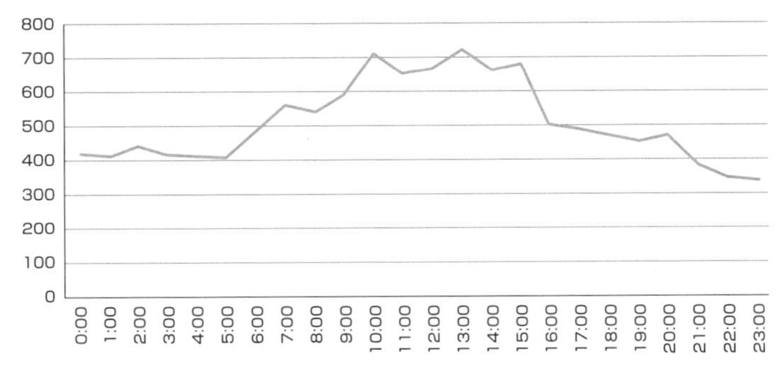

あるオフィスの二酸化炭素の時系列変化(単位：ppm)

グラフを「目で見て捉えた事実」として、「日中を中心とした山型である」が挙げられますが、具体的ではありません。「早朝から正午にかけて濃度が上昇している」や「15:00から17:00にかけて濃度が下降する」とすると、変化を具体的に把握できます。

さらに、この事実から「意味合い」を導き出してみます。仮説として、「就業開始・終了の時間帯は人が出退勤するため、二酸化炭素濃度が急激に変化する」などが挙げられます。さらに、19:00 ～ 20:00に下降現象に逆らうように上昇している点については、「清掃業者などの出入りする人がいるのではないか」という仮説が考えられます。読み取れる「意味合い」としては、「人の出入りによって二酸化炭素濃度は変化する」「就業時間外においても人の出入りや活動がある」ということになります。

このように、集計したデータやグラフに対して、分析者自身が「目で見て捉えた事実」と「意味合い」の両方を言語化することが、データ分析の価値です。

スキルを高めるための学習ポイント

- 集計・可視化した結果を見て、類似点や相違点を捉えるようにしましょう。
- 「目で見て捉えた事実」と「意味合い」について、ディスカッションしてみましょう。

スキルカテゴリ 論理的思考　サブカテゴリ ストーリーライン　頻出

BIZ27 一般的な論文構成について理解している（序論⇒アプローチ⇒検討結果⇒考察や、序論⇒本論⇒結論など）

分析プロジェクトでは、分析の目的に沿って課題を整理し、取り扱うデータや分析手法を選定し、仮説を検証することで結論を導出します。得られた結果をもとにビジネスにどのようなインパクトがあるのか、そのために何をすべきかについて提言します。このようなレポートを作成・報告するためには、一般的な論文構成の流れを理解しておくと有益です。

序論	背景	研究領域における社会的な背景や、学術領域としての意義について整理したもの。なぜこのテーマに自分自身が取り組むのかについて言及する
	先行事例・研究	取り扱うテーマについて、過去にどのような取り組み、研究がなされてきたか、取り扱うテーマの課題は何かを整理したもの。取り組むべき課題の整理、スコープ、新規性などについて言及する
本論／アプローチ	アプローチ	取り扱うテーマに対して課題を構造化し、それぞれどのように仮説検証に取り組むか、アプローチを整理したもの。取り扱うテーマをどのような論理構成で提言するか、論理構成とアプローチについて言及する
本論／検討結果	具体的な取り組み	構造化した課題に対して、どのように仮説検証したか整理したもの。仮説検証の結果、新たな課題が生じた場合はその深掘りについても言及する
結論／考察	考察・結論	構造化した課題の仮説検証した結果から、取り扱うテーマについて、どのようなことが言えるのか考察し、結論を導出したもの。導出した結論の今後の取り扱いや、残された課題についても言及する

論文の論理構成の例

論文では、取り扱うテーマや領域において何が課題なのか、どのような仮説が考えられるか、どのように仮説検証できるか、仮説検証した結果として何が言えるのか、取り扱う課題は解決したのか、といったことを論理的に述べる必要があります。論理構成にはいくつかの型がありますが、いずれの場合においても論理的に課題を整理して、テーマについて何らかの結論を導出することに変わりはありません。

スキルを高めるための学習ポイント

- 研究計画や論文執筆に関する論理構成について、Webなどで調べてみましょう。
- 取り扱うテーマについて、先行事例・研究を調べ、自分なりに課題整理してみましょう。
- 論文や学会・ビジネスイベントの発表資料を調べて、どのような論文・書籍を参考としているか、引用・出典元を調べてみましょう。

BIZ30 データの出自や情報の引用元に対する信頼性を適切に判断し、レポートに記載できる

分析結果報告書や論文などにおいて自身で立てた仮説検証の結果などを述べる際、さまざまなところから得た先行研究の論文・情報・データから、図表やグラフなどを引用する機会は多く存在します。世界中の情報へアクセスすることは容易ですが、入手した情報がしっかりとしたエビデンスに基づいたものか、データが適切に取得されたものであるかの判断を行うことは、意外にも置き去りにされがちです。

検索で得た情報・データの真偽を疑うことなしに信頼して用いてしまうと、後にそれらが不確かであることが判明したときに論理構成が成立しなくなり、それを論じた自身の信頼も失墜してしまいます。エビデンスやデータの信頼性があらゆる場面で求められるデータサイエンスの実行場面において、成果物として提示されるレポートに情報の引用元やデータの出自・取得背景が触れられていなければ、それはほとんど意味を持ちません。

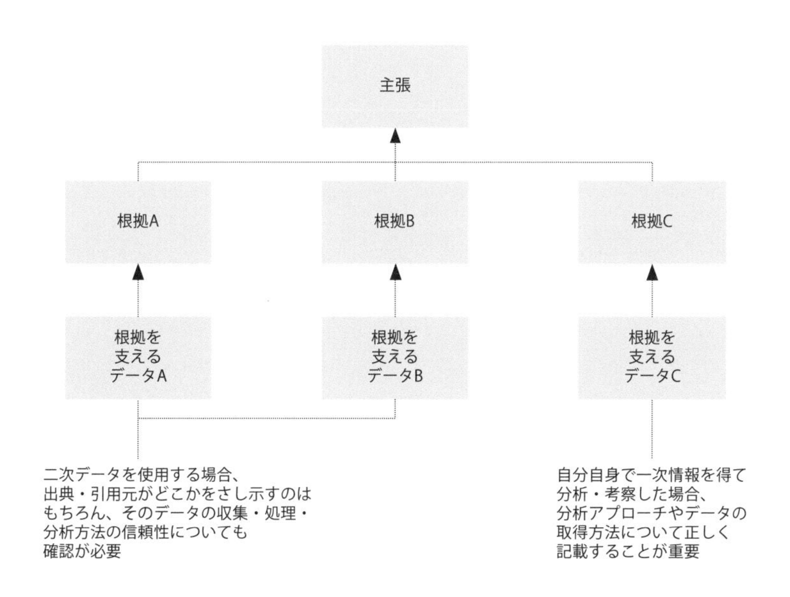

論理構成における根拠を支えるデータと信頼性の確認

情報を得た際に常に一次情報を参照することは基本です。さらには、それが「どこから」「誰から」「いつ」発信されたものかのチェックは必ず行いましょう。一次情報へ

アクセスできない場合にも、二次情報の情報源はどこなのかを押さえておけば、大きなリスクを防ぐことができます。データについても、「都合の良いデータのみを用いていないか」「可視化グラフに恣意的な表現が用いられていないか」「相関関係なのか因果関係なのか」「絶対値なのか比率なのか」など、確認するポイントはシンプルなものでも多く存在します。

さらには、もし信頼できるとされる公的機関や政府発信の統計データであったとしても、その取得方法が不適切であった、というケースも過去には存在しました。統計の不正などについては、残念ながら日本にもさまざまな例があります。

組み立てた論理がしっかりと形作られるように、そしてそのレポートや論文を見る立場の方々が同様のチェックを行えるように、情報の引用元やデータの出自を確認し、信頼性を判断し、時にはその信頼度合いもレポートに記載するように心がけましょう。

直接引用の部分が短い場合は、「」を用いて本文中にその部分を記載します。長い場合は、出典として記載します。書籍であれば著者・出版年・出版社、論文であれば投稿された学会や論文集などの名称とその発表年を添えるようにしましょう。また、報告に記載する図表などが著作権や商標権などに抵触していないか、適切に提示してあるかどうかも確認を怠らないようにしましょう。

● スキルを高めるための学習ポイント

- 情報に接した際に、一次情報や二次情報を確認しましょう。
- 情報に接した際に、データの取得方法や使い方が意図的でないかのチェックを行いましょう。

BIZ31 1つの図表〜数枚程度のドキュメントを論理立ててまとめることができる（課題背景、アプローチ、検討結果、意味合い、ネクストステップ）

分析プロジェクトにおけるステークホルダーへの報告・提言など、多人数に向けた説明では、図表やイラストを用いたスライドによるプレゼンテーションを行うことがあります。複雑な内容であっても視覚的に表現できるので、メッセージが伝わりやすくなるといったことが利点として挙げられます。

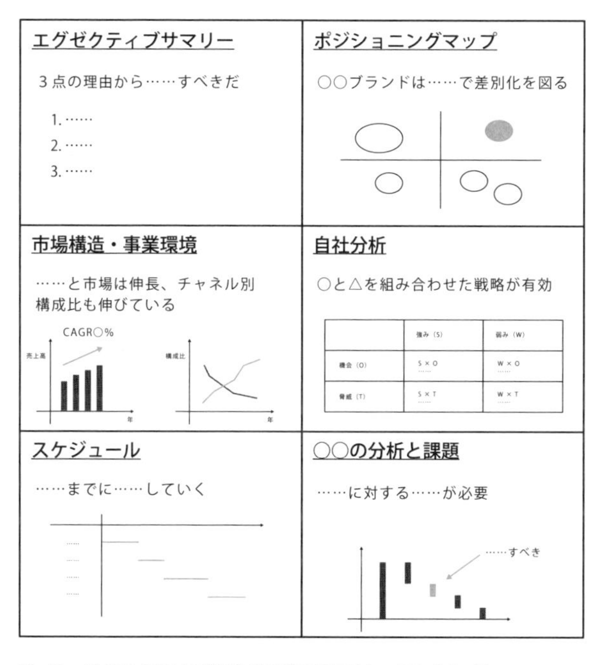

図・表・イラストを用いた資料を作る際のラフスケッチのイメージ

メッセージを伝わりやすくするためには、図表を単純に並べるのだけではなく、論理立てた構成にすることが重要です。このためには、いきなり資料を作成するのではなく、人に理解してもらうためのストーリーラインを持った構成を先に作ることが重要です。これにはいくつか方法があり、「WHYの並び立て」や「空・雨・傘」と呼ばれるピラミッド構造で構成すると作りやすくなります。

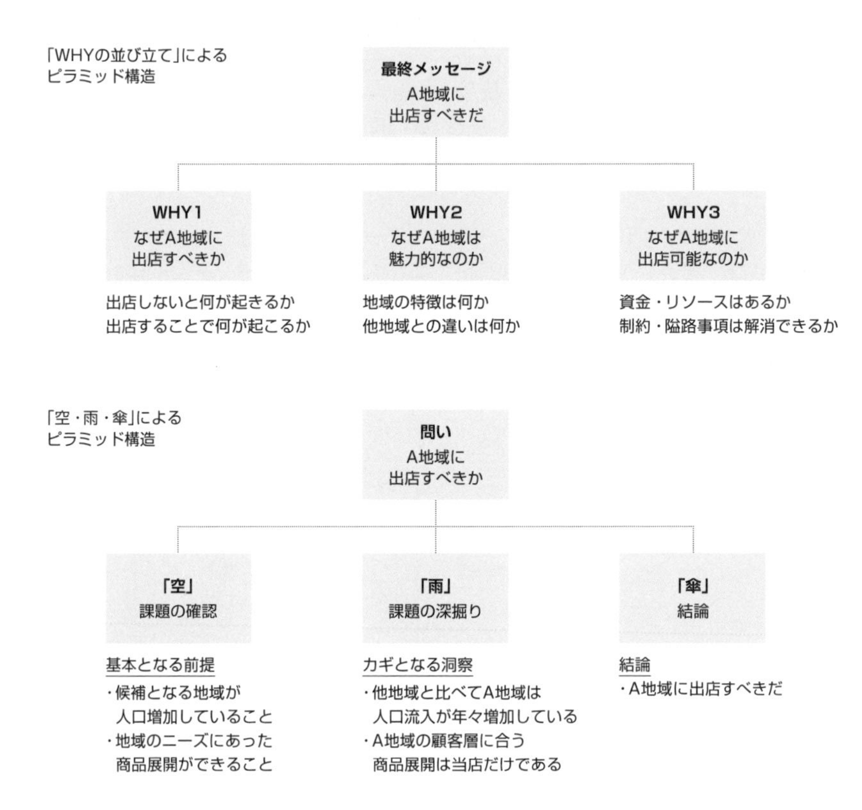
「WHYの並び立て」による
ピラミッド構造
最終メッセージ
A地域に
出店すべきだ
WHY1
なぜA地域に
出店すべきか
WHY2
なぜA地域は
魅力的なのか
WHY3
なぜA地域に
出店可能なのか
出店しないと何が起きるか
出店することで何が起こるか
地域の特徴は何か
他地域との違いは何か
資金・リソースはあるか
制約・隘路事項は解消できるか
「空・雨・傘」による
ピラミッド構造
問い
A地域に
出店すべきか
「空」
課題の確認
「雨」
課題の深掘り
「傘」
結論
基本となる前提
・候補となる地域が
人口増加していること
・地域のニーズにあった
商品展開ができること
カギとなる洞察
・他地域と比べてA地域は
人口流入が年々増加している
・A地域の顧客層に合う
商品展開は当店だけである
結論
・A地域に出店すべきだ

ある商店のA地域進出を提言するためのピラミッド構造

「WHYの並び立て」は、自分が言いたい最終的なメッセージに対して、理由や具体的なデータなどを、並列に構成することです。なぜか(なぜならば)の形式で最終的なメッセージをサポートしていくことで、論理的にまとめることができます。

「空・雨・傘」は、ある問いに対して、課題の確認、課題の深掘り、結論で構成することで、主張を支えるというものです。

このように、分析のアプローチ検討段階から最終段階まで、ストーリーラインを意識して取り組むことで、論理的に構成された報告につなげることができます。

● スキルを高めるための学習ポイント

- 伝えたいメッセージを支えるためのストーリーラインを作ってみましょう。
- 構成したストーリーラインをわかりやすく伝える図表を作ってみましょう。

BIZ34 報告に対する論拠不足や論理破綻を指摘された際に、相手の主張をすみやかに理解できる

分析の各プロセスでは、ステークホルダーに対して報告を行う必要があります。例えば、開始時には目的に沿った分析計画の報告、終盤では分析結果をもとにした業務の改善提案などを行ったりします。こうした報告の場面において、論拠不足や論理破綻を指摘される場合があります。

ステークホルダーへの報告は、限られた時間の中でのやり取りとなります。重要なことは、自分の主張を構成している論理と、相手の指摘を構成している論理の類似点、相違点を正確に把握することです。そして、ステークホルダーの指摘事項が、論理構成のどの点について言及しているのかを理解することが求められます。

例として、以下の論理構成に対して、どのような指摘が想定されるかを紹介します。

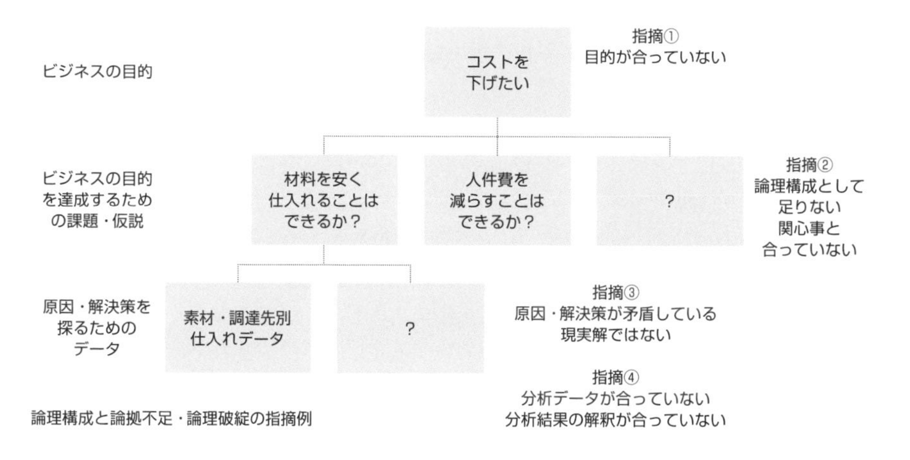

論理構成と論拠不足・論理破綻の指摘例

①ビジネスの目的が合っていない
　例：ステークホルダーが考えている目的が「コストを下げたい」ではなく、「売上をあげたい」

②論理構成として足りない、関心事と合っていない
　例：原材料の調達コスト、人件費だけでなく、営業時間やお店の賃料

③原因・解決策が矛盾している、現実解ではない
　例：原材料の調達コストを下げるために品質の劣る原材料に切り替える

④分析データが合っていない、分析結果の解釈が合っていない
　例：調達コストの原因分析のために調達先の担当者の性格を調べる

指摘を受けたときには、分析作業にミスがなかったかなどに気をとられて、指摘と論理構成の対応を確認することを疎かにしてしまいがちです。さらに、「データドリブンな自分の示唆が間違っているはずがない」と躍起になってしまい、トラブルに発展するケースもあります。そのようなことがないように、次の点を心がけておくことが大切です。

- ・分析の途中段階で定期的に関係者からのレビューを実施しておく
- ・どのような論理構成で分析を進めたか、論理構成を可視化し、メンバーに共有しておく
- ・論拠不足・論理破綻の指摘が論理構成のどの点を示しているか理解する
- ・周囲の意見を柔軟に受け入れるマインドセットを持つ

なお関係者は、自分なりの意見としてコメントすることもあれば、上司として成長を促すために敢えて反対の意見を言うこともあるでしょう。こうした周囲の意見を柔軟に受け入れるマインドセットを持つことは非常に大切であり、傾聴のスキルが必要となります。

また、プロジェクト以外のメンバーや、分析者としては素人でも業界や対象領域に詳しい人に聞くことで、新たな仮説や考察結果が得られることもあります。例えば、商店や似た業界でアルバイト経験のある人であれば、社員とアルバイトのシフト構成や店舗内の役割分担などについて情報が得られるかもしれません。1か月当たりのアルバイトの稼働時間や支払った賃金総額だけではなく、時間帯ごとの混雑具合とシフト構成を比較し、余剰がないか調べてみることができます。この他にも商店の現場に赴くことで、顧客への応対時間の測定と従業員ごとの比較といった新たなデータ収集ができます。

報告時の論拠不足や論理破綻の指摘は、分析活動のやり直しや、考え方の見直しなど、作業計画の大幅な変更・遅れにつながるかもしれません。早い段階から関係者との対話やレビューを行い、認識齟齬が生じないようにしましょう。

● スキルを高めるための学習ポイント

- どういう論理構成で分析を進めたかを事前に可視化・共有しておきましょう。
- 論理構成のどの点に対する指摘なのかを理解することに意識を向けましょう。
- 分析結果を過信せず、周囲の意見を柔軟に受け入れるマインドセットを持ちましょう。

ver.5新設
頻出

BIZ43 既存の生成AIサービスやツールを活用し、自身の身の回りの業務・作業の効率化ができる

多くの企業・組織において、生成AIサービス・ツールの活用が進んでいます。一人ひとりがユーザーとして使いこなすだけでなく、企業・組織単位での業務プロセス改善や作業の効率化に取り組む動きが進んでいます。また、生成AIサービス・ツールは、データサイエンティストの分析業務・作業だけでなく、データや情報を取り扱うあらゆる分野・業種・職種での適用が可能です。

部門・職種	主なシーン	活用事例
職種共通	グローバル会議の会話内容から議事録をまとめる	オンライン会議のスクリプトを読み込み、翻訳やポイント整理した上で議事録を作成する
営業部門	ウェビナー集客のために興味・関心を引くようなメルマガ文面を作成する	ウェビナー概要やコンセプトと、集客したいターゲット層を記述してメルマガ文面を生成する
システム開発部門	ソフトウェア開発のためにソースコードの生成・検証を行う	データ処理や分析に必要なソースコードを生成し、また適切な記述かどうか、欠陥がないかといった検証を行う

業務・作業での生成AIサービス・ツールの活用イメージ

重要なのは、データサイエンティストがどの業務プロセスに生成AIを適用するかを見極め、その効果を最大化することです。データサイエンティストは、現場が主導で生成AIを活用し、業務改善を継続的に行えるような環境と仕組みを構築・提供します。この取り組みにより、企業や組織内で生成AIの活用を推進します。さらに、データサイエンティストは経営層や現場の関係者に生成AIの目的と必要性を明確にする啓発活動を行います。加えて、生成AIの適用にあたって、データの取り扱いやセキュリティ面への配慮も重視します。こうした包括的なアプローチにより、組織全体で生成AIの潜在能力を理解し、その恩恵を受ける体制を整えることが、データサイエンティストが取り組むべき事となります。

● スキルを高めるための学習ポイント

- 担当する業務において、生成AIサービス・ツールを用いて業務の効率化を図ることができるか検討・適用してみましょう。

スキルカテゴリ 課題の定義　　サブカテゴリ KPI

BIZ51 担当する分析プロジェクトにおいて、当該事業の収益モデルと主要な変数を理解している

分析プロジェクトの対象となる事業・業務のKGI（Key Goal Indicator：重要目標達成指標）、KPI（Key Performance Indicator：重要業績評価指標）がどのようなものか理解していることは重要です。そのためには、対象事業のビジネス構造、収益モデルの理解が必要です。収益モデルには製品・サービスの販売、アフターサービス、広告収入などさまざまなものがあります。

製品・サービスの販売における、一般的な収益方程式は「売上＝平均客単価×客数」ですが、分析プロジェクトで担当する業務において、KGI、KPI、収益方程式を正しく理解し、構造化することで、分析データやアプローチが明確になります。

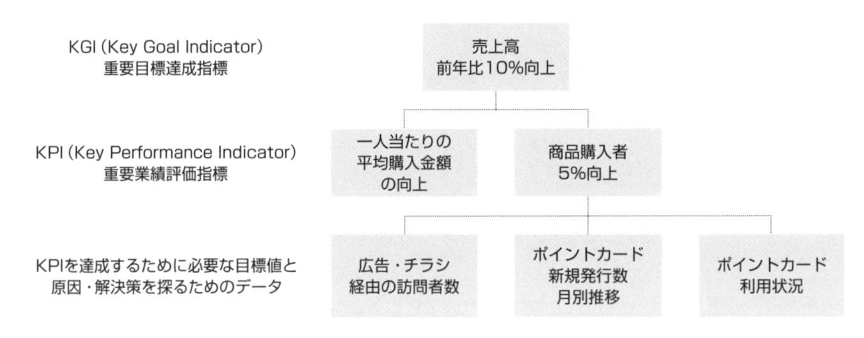

ある商店におけるKGI、KPIの構造

KGIから影響度が高いKPIを選定していくのが一般的な検討プロセスで、KPIを要素分解したツリー図がよく使われます。KPIツリーを作成・整理し、測定可能なものに絞り込むことで、課題解決に用いることができるKPIの洗い出しが可能になります。KPIを達成するために必要な目標値が具体的であれば、達成できなかった原因の深掘りや、目標達成のために洗い出した解決策の実現可能性を分析・考察することで、KGIのための具体的な提言につなげることができます。分析・考察することで当該事業の収益モデルにおける主要な変数を特定することが重要です。このため、業績改善のための報告には、KGI、KPIを正しく理解できていることが必要です。

スキルを高めるための学習ポイント

- 担当する業務のKGI、KPI、収益方程式を調べてみましょう。
- KPIツリーを作成し、目標達成に測定可能なデータを洗い出してみましょう。

スキルカテゴリ 課題の定義　　サブカテゴリ スコーピング

BIZ54　担当する事業領域について、市場規模、主要なプレーヤー、支配的なビジネスモデル、課題と機会について説明できる

データを分析するということは、データが発生・処理・加工・可視化・分析する対象となるビジネスが存在することを意味します。データサイエンティスト協会では、ビジネスとは社会に役に立つ意味のある活動全般と定義しています。このビジネスの理解がなくては、分析することはできません。意味合いを抽出するためには、分析結果がビジネスにどのようなインパクトをもたらすかを考察する必要があるからです。

対象となるビジネスは千差万別です。もし、クレジットカードに関連するデータを分析するプロエジェクトに参画したとします。ビジネスを理解するためには、クレジットカード業界の業界構造を捉える必要があります。具体的には、クレジットカード業界の市場構造、主要な企業・プレーヤー、ブランド、クレジットカードを利用することで発生するさまざまな取引や手数料などのビジネスモデル、といった業界構造を理解しつつ、内包する課題・機会を整理することです。

クレジットカードの主な機能・サービスには、ショッピング・キャッシング機能、ポイント・特別優待といったサービスがあります。主要な企業・プレーヤーには、カードを保有・使用する利用者、飲食店やコンビニエンスストアなどのカード導入・加盟店、クレジットカード会社が挙げられ、ビジネスモデルとして年会費・手数料があります。このビジネスモデルのメリットは、利用者の立場であればキャッシュレス決済や分割払いによる購入が可能となることです。デメリットは、加盟店の立場であれば、手数料が発生すること、実際の入金まで時間が掛かることが挙げられます。どのような利用者が、いつ、どこで、どのような決済をしているのか、データから特徴を捉えることで新たなビジネス機会があるかもしれません。クレジットカード不正利用被害の実態・変化から業界における課題が見えてくるかもしれません。

分析の対象となる業界において、市場構造の変化など大きな変動を見極めるためには、業界内の大手企業や、ビジネスモデルの根幹となる領域を担っている企業の動向などを把握しておく必要があります。分析を担当する業界・事業の構造を理解していくことで、適切な仮説検証ができます。また、想定した結果と異なるデータが発生した場合も、仮説の深掘りや新たな仮説立案など精度の高い分析につなげることができます。

● スキルを高めるための学習ポイント

- 業界の主要な企業のIR情報、業界レポート、政府統計、白書、専門書、新聞、口コミなどのメディアを用いて、市場動向を把握してみましょう。
- 業界地図のような書籍などを用いて、世の中にどのような業界、ビジネスモデルがあるのか調べてみましょう。

BIZ55 主に担当する事業領域であれば、取り扱う課題領域に対して基本的な課題の枠組みが理解できる（調達活動の5フォースでの整理、CRM課題のRFMでの整理など）

スコーピングとは、分析対象となる事業領域に複数存在する課題の中で、どれを取り扱うかを絞り込む作業のことです。このためには、事業領域そのものや、対象事業における課題の枠組みへの理解が必要です。

例えば、あるPCメーカーの調達部門を分析対象の「事業領域」と設定した場合について考えてみます。

まずは対象の事業領域について、「取り扱う課題領域」を整理します。このPCメーカーでは、ハードウェア（CPU、HDD、メモリーなど）とソフトウェア（OS、文書作成、表計算ソフトなど）を自社開発していないため、調達部門は部品調達や製造委託を行っています。また、需要予測をしながら生産計画を行い、部品や製造委託のタイミングも計画します。課題領域はこのような、購買管理、製造委託といった業務・管理の単位で整理していくことが一般的です。

事業領域	PCメーカーの調達部門
取り扱う課題領域	購買管理、製造委託、外注管理、購買計画、受入検査など
基本的な課題の枠組み	品質(Quality)、価格(Cost)、納期(Delivery) **5フォース分析**など

PCメーカーの調達部門における課題整理のイメージ

続いて、「基本的な課題の枠組み」についての整理を行います。このとき、開発・生産における品質マネジメントの指標である品質(Quality)、価格(Cost)、納期(Delivery)を用います。

品質(Quality)：適切な品質を保証するため、品質をより良くするための活動

価格(Cost)：適切なコスト管理をするための活動

納期(Delivery)：適切な納期までの工程を管理するための活動

また、自社の競争優位性を探るために、「業界内での競争」「新規参入者の脅威」「代替品の脅威」「売り手の交渉力」「買い手の交渉力」という5つの競争要因から業界構造を分析する、5フォース分析を行うこともあります。

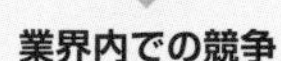

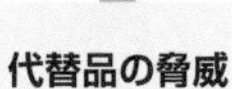
新規参入者の脅威
部品調達さえできれば
どこでも開発・販売が可能で、
参入障壁は低い
売り手の交渉力
CPUやソフトウェアは
PCを構成する重要要素のため、
売り手の交渉力は強い
業界内での競争
PCメーカーが乱立すると
価格競争が起こり、
熾烈な競いになる
買い手の交渉力
メーカーごとの差は少なく
選択肢も多いため、
買い手の競争力は強い
代替品の脅威
スマートフォンやタブレット
など、PCの機能を兼ね備える
製品が多く、脅威となる

5フォース分析のイメージ

ただし、事業領域によって、取り扱う課題や課題の枠組みは異なります。また、フレームワークがすべてではなく、課題定義やスコーピングのためには、関係者へのヒアリングや現時点で持っているデータや情報を用いて整理・構造化するなど、事業領域の特徴を踏まえつつ、柔軟に捉えることも必要です。

スキルを高めるための学習ポイント

- 事業領域における典型的な課題を調べ、課題整理のための枠組みを考えましょう。
- 事業領域における専門誌などを過去数か月分読み、業界特有の課題や、業界が取り扱う課題の変化を整理してみましょう。

スキルカテゴリ 課題の定義　　サブカテゴリ スコーピング

BIZ56 既知の事業領域の分析プロジェクトにおいて、分析のスコープが理解できる

分析プロジェクトにおけるデータサイエンティストとして、対象となる事業領域の理解は必要不可欠です。また、対象となる事業領域において、どのような課題があるか、あるいはどのような改善・変革が求められているのかを理解することが重要となります。

製造業の生産現場における分析テーマには、需要予測、在庫の最適化、設備機器の故障検知、製品の品質管理などがあります。例えば、製造業における生産リードタイムのさらなる短縮を目的とした分析プロジェクトで考えてみましょう。分析による改善効果として生産リードタイムがどのくらい短くなれば良いかを把握することで、生産プロセスごとの設備・機器の挙動に関するデータを取得する意味や重要性が理解できます。これらの目的・データを用いて、どのような分析アプローチを取るのか、データ分析にかかる時間や、分析モデル、分析の実行環境については、想定ができるはずです。

分析する上でプロジェクトとして把握すべき要素

- 分析目的において取り扱うデータの範囲(BIZ22参照)
- データ分析に必要となるデータの取得方法(DE45,46,97参照)
- データ分析にかかる時間
- データ分析のための統計解析や機械学習のモデル、実行環境(DS161,162,DE1,21参照)

業務課題や分析目的から対象となるサービスや業務プロセスの範囲、関連するユーザーや現場担当者、利用されるシステムなどを把握することで分析範囲が明確となり、分析のアプローチ設計につなげることができます。この範囲の特定とアプローチ設計をイメージすることが分析スコープの理解といえます。

スキルを高めるための学習ポイント

- 対象の事業領域について、自社だけでなく競合他社も含めた業界でのデータ利活用の実例について調べてみましょう。
- 対象となる領域において、主として取り組まれるデータ分析のアプローチや手法を理解しておきましょう。

BIZ62 仮説や既知の問題が与えられた中で、必要なデータにあたりをつけ、アクセスを確保できる

仮説や既知の問題が与えられる(定義されている)状態において、分析を進めていくためには、分析に必要となるデータを整理した上で、それにアクセスできるか確認をとることが重要です。必要なデータにあたりをつけ、アクセスを確保できるとは、次のようなことを意味します。

- 問題を探索する上で、どのような仮説を検証すれば良いのか理解できている
- 仮説の検証に必要なデータにどのようなものがあるのかを洗い出すことができる
- 洗い出したデータが入手・使用可能かどうかを検証できる

例えば、「ある商店の客数を増やすことができるか」という問題に対して、現状把握とその原因を探ることが提示されているとします。このとき、分析するデータとして何が必要かを洗い出します。ここでは、「店前交通量」「平日・休日の客数」「商品を購入しなかった理由」という3点について、仮説を検証したいと考えたとします。

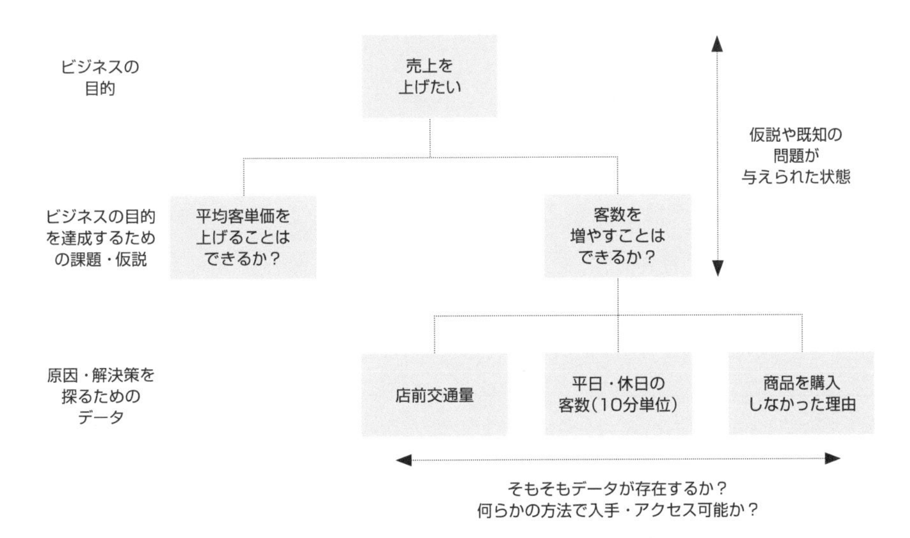

分析に必要なデータの洗い出しと、入手・アクセス可否の検討

「店前交通量」については、商店がデータを保有しているケースはほとんどありません。周辺地域の昼間・夜間人口であればオープンデータなどで入手できるかもしれませんが、追加調査が必要です。

「平日・休日の客数」は、売上データなどから分析ができるかもしれません。この場合、商店が保有するデータがどのような構成になっているか調べることが必要です。仮に売上データが時間単位で記録されていたら、今回のような10分単位の分析はできなくなります。また、データの保持期間によっては、過去に遡って分析することが難しいかもしれません。

「商品を購入しなかった理由」についても、商店にはデータが存在しない可能性が高くなります。その場合、商店内にカメラを取り付け、客の行動をデータとして取得するところから始めないといけません。すると、取得するデータに対して、セキュリティの観点から正しく取り扱うことができるかといった、新たな課題が生じます。

分析する上で必要となるデータは、必ずしも入手・利用可能とは限りません。分析プロジェクトであれば、データ入手元の信頼性、権限、セキュリティ、保持期間、集計単位、入手困難な場合の代替案などを考慮・検討することが、必要なデータにあたりをつけ、アクセスを確保するための具体的な行動となります。

逆に入手・利用可能にも関わらず、その存在に気付かないこともあります。どのようなデータを用いて仮説検証すると良いのか、そのためのデータは入手・利用可能かといった順で整理することが必要です。

● スキルを高めるための学習ポイント

- どのようなデータを用いて、仮説を検証したいのか整理しましょう。
- 仮説を検証するためのデータが入手・利用可能か確認しましょう。
- 分析する対象領域で用いられるデータの種類について調べてみましょう。

BIZ78　スコープ、検討範囲・内容が明確に設定されていれば、必要な分析プロセスが理解できる(データ、分析手法、可視化の方法など)

データサイエンスのプロジェクトでは、まず分析プロジェクトの目的を明確にします。目的が曖昧なままで分析プロジェクトを進めても、分析結果がビジネスや業務で使えるものにならず、分析にかけた稼働自体が徒労に終わってしまいかねません。そこで、プロジェクト関係者で分析の目的に対して合意をします。次に、その目的を達成するために、どのような結果がデータ分析の結果から導き出せるとよいか仮説を立てます。この仮説が明確になることで、分析アプローチの設計につながります。この際、プロジェクトのタスク量や人的リソースの見積もりなどもできるとよいでしょう。分析アプローチの設計では、その作業スコープ、検討範囲や分析内容を設定します。これは思いつきや手当たり次第の分析にしないよう、作業の手戻りや無駄な業務を行わないために必要な作業です。

例として、ある小売店舗における売上拡大という目的を定め、売上モデルを構築し、売上に貢献する変数を把握するというプロジェクトを考えてみましょう。店舗の売上には、「プロモーションの実施」「天候」「休日か平日か」などが関わっているのではないかという仮説が挙がりました。この仮説を踏まえ、分析のアプローチ設計を行う場合、まず必要なデータとして、「売上」データと、先述した「プロモーションの実施」「天候」「休日か平日か」などが挙げられます。次に分析手法としては、時系列データを扱うため、時系列解析の手法ARIMAに説明変数を加えたARIMAXや状態空間モデルなどがモデルの候補として挙げられるでしょう(DS219参照)。また、アルゴリズム設計前のデータ可視化手法としては時系列グラフ、曜日平均や移動平均の利用、外れ値検出のためのデータセットごとのヒストグラムなどが挙げられます。変数間の相関を確認するために、散布図行列も用いられるでしょう(DS124参照)。

このように分析アプローチ設計が完了したら、立てた仮説を検証するために必要なデータを定め、分析手法を選定し、可視化の方針を決めていきます。適切に選択できるようになるには、単にデータや分析手法、可視化の知識だけでなく、関係する業務知識とともに実践を重ねることが重要です。実践の機会が少ない方は、ビジネスや業務で、どのデータがどのように分析・可視化されているかを調べてみるところから始めるとよいでしょう。

スキルを高めるための学習ポイント

- データサイエンスプロジェクトにおける業務フロー、各タスクの目的、タスクリストを把握しましょう。
- データの特徴ごとに有効なアプローチ方法を整理しましょう。

スキルカテゴリ アプローチ設計　サブカテゴリ 生成AI活用

ver.5新設
頻出

BIZ82 大規模言語モデルにおいては、事実と異なる内容がさも正しいかのように生成されることがあること(ハルシネーション)、これらが根本的に避けることができないことを踏まえ、利用に際しては出力を鵜呑みにしない等の注意が必要であることを知っている

ハルシネーションとは、大規模言語モデルにおいて、出力された結果が事実と異なるにも関わらず、正しい回答かのように生成されることを意味します。例えば、自社の問い合わせ用のナレッジデータベースに蓄積された質問と回答内容を用いて、生成AIサービスとして活用する際に、不正確あるいは誤った回答内容が生成されてしまうといったことがあります。また、ソフトウェア開発において、データ分析用のソースコードを生成した際、分析手法として適切でない処理を行うコードが生成されるといったことが挙げられます。このような誤った回答結果を出力する要因としては、データが最新ではないこと、誤ったデータが活用されていること、学習するデータが不十分であることが挙げられます。また、インターネット上にある情報のすべてが正しく、適切なものだけが存在している訳ではなく、それらを訓練データとして扱うことはハルシネーションを生み出す要因とも言えます。

大規模言語モデルの出力結果の正確性を評価することは、高度なドメイン知識が必要な場合があります。例えば、「草津」という地名が出力された際、それが群馬県、滋賀県、または広島県のどの「草津」を指すのかを判別するには、地名に関する知識が必須です。

もう1つの重要な点は、大規模言語モデルが、人間でさえも識別できないような画像、映像、音声などを出力可能であることです。たとえば、モデルが生成した画像がある実在の人物に酷似していても、その画像が実際にその人物であるかどうかを確認することは不可能な場合があります。これは、モデルが非常に精巧な偽の画像や音声を作り出す能力を持っていることを意味します。そのため、出力結果が本物かどうかを判断する際には、特に注意が必要です。

これらの対策としては、出力された結果に対するファクトチェックを行う、プロンプトを工夫するなどといった対策がありますが、「これだけやれば問題ない」といった対策はありません。大規模言語モデルにおいて出力された結果に対する信頼性や信憑性には、限界があることを理解しておくことが重要です。

スキルを高めるための学習ポイント

- 大規模言語モデルにおいて出力された結果出力を複数メンバーで確かめてみましょう。
- プロンプトを詳細に記載することで出力に違いがないか確かめてみましょう。

BIZ83 ハルシネーションが起きていることに気づくための適切なアクションをとることができる（検索等によるリサーチ結果との比較や、他LLMの出力結果との比較、正確な追加情報を入力データに付与することによる出力結果の変化比較など）

ハルシネーションは、大規模言語モデルが事実に基づかない、あるいは誤った情報を生成する現象を指します。これは、大規模言語モデルが既存のデータから不正確な結論を導き出すことや、存在しない情報を「生成」することによって発生します。ハルシネーションは、主に下記のような理由から生じます。

理由	説明
訓練データの偏り	訓練されたデータに偏りがある場合、その偏りが反映された不正確な情報が生成される可能性があります。
文脈の欠如	モデルが入力されたテキストの文脈を正確に理解できない場合、不適切な出力が生じることがあります。
事象の過剰な一般化	モデルが過去のデータから学んだ一般的なパターンを特定のケースに誤って適用することがあります。たとえば、特定の地域でのみ行われた医療研究のデータを基にしたモデルが、その結果を全ての人に適用する場合です。
データの不足	特定のテーマに関するデータが不足している場合、モデルは正確な情報を生成できない可能性があります。
言語の曖昧さ	自然言語は本質的に曖昧で複数の解釈が可能なため、モデルが誤った解釈をすることがあります。

・ハルシネーションのリスク

ハルシネーションに気づかないと、誤った情報に基づく意思決定や、不正確な知識を拡散してしまうことになります。誤った情報が共有されてしまうと、不正確な知識が拡散し、誤解を招くことになり、場合によっては重大なリスクを生じさせ、信頼性を著しく低下させてしまうことになります。

・対処法と必要なマインド

生成された情報に対しては常に批判的な姿勢を持ち、生成された情報の根拠を追求していく姿勢が重要です。他に信頼できる情報ソースや他LLMの出力結果と比較して、一貫性や正確性を検証することは必須です。また、正確で信頼できる情報を追加入力して、出力結果の変化を観察し、モデルの反応を評価していく姿勢も求められます。LLMのアルゴリズムについての基本的な理解や、ハルシネーションの事例を知っておくことも対策に役立ちます。

● スキルを高めるための学習ポイント

- ハルシネーションの事例を研究し、どのようなケースで発生しやすいかを確認する。
- LLMの利用時はどのような訓練データを用いているのかを常に確認する姿勢を持つ。

スキルカテゴリ データ理解　サブカテゴリ 統計情報への正しい理解　頻出

BIZ87 単なるローデータとしての実数だけを見ても判断出来ない事象が大多数であり、母集団に占める割合などの比率的な指標でなければ数字の比較に意味がないことがわかっている

比較の際には、目的に合わせて単位を揃えて比較する必要があります。本スキルはその理解を求めるスキルです。ここでは「Alternative Olympics medal table」というコンテンツを引用して、何を基準に比較するかでまったく意味合いが異なることを理解しましょう。

まずは考える基準となる、オリンピック(リオ)メダルの実数のランキングです。

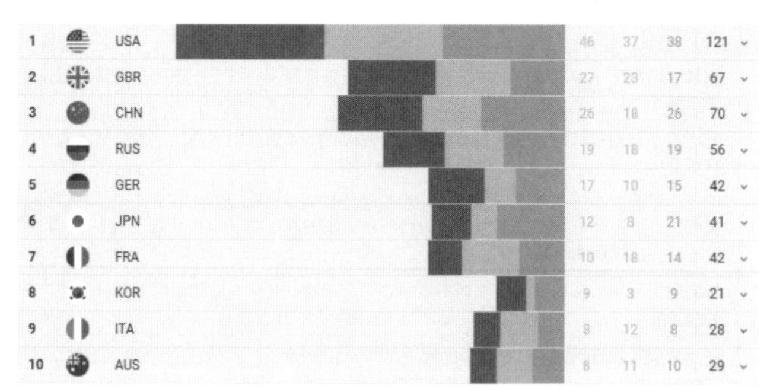

オリンピック(リオ)のメダルの実数
出典：https://news.yahoo.co.jp/expert/articles/31d66d20639b9047b48bc192ee3d3bb2c36ad151

1位がアメリカ、日本は6位です。この結果だけで「オリンピック競技における国別のランキング」を語ってもよいでしょうか。例えば、そもそものオリンピック参加者数、競技人口、総人口などが多ければ、それだけメダル獲得が有利に働くということも考えられるからです。

そこで、入手可能な総人口を用いて人口比で見ると、以下のように変化します。

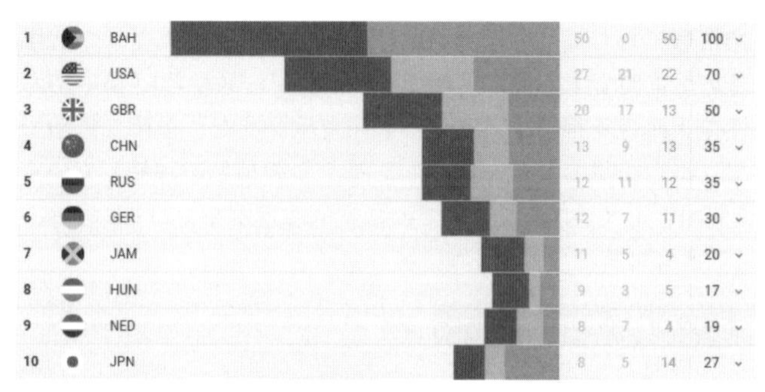

オリンピック(リオ)のメダルの人口比
出典：https://news.yahoo.co.jp/expert/articles/31d66d20639b9047b48bc192ee3d3bb2c36ad151

日本は10位に順位を落としました。1位にはアメリカを抜いてバハマが躍り出ています。比率のデータは、分母が極端に小さい場合には突出した値になりがちな点に注意が必要です。

次に、かけられるお金という側面から入手可能なデータであるGDPを用いて、GDP比で見ると、以下のように変化します。

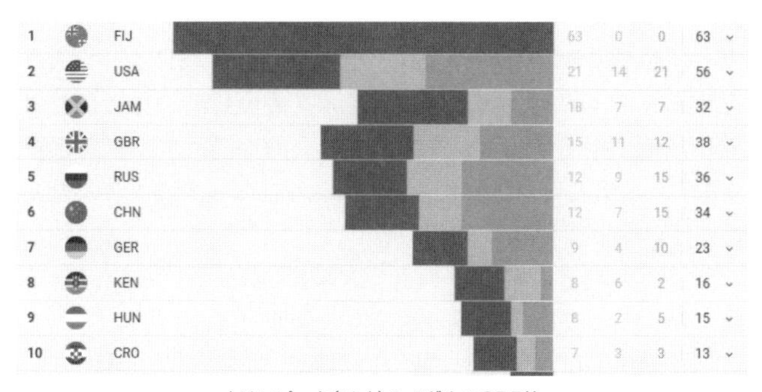

オリンピック(リオ)のメダルのGDP比

出典：https://news.yahoo.co.jp/expert/articles/31d66d20639b9047b48bc192ee3d3bb2c36ad151

日本は13位に順位を落としました。1位フィジー、2位アメリカ、3位ジャマイカです。

ここまで3種類のランキングを見てきましたが、どれが正解でしょうか。少なくとも言えるのは、「どれが正解ということはなく、目的による」ということです。あくまでも想像ですが、上記の例においては、日本のオリンピック強化委員会の方やスポーツ協会関係者の方にとっては、どの競技が相対的に日本の強みと言えるか？については2番目の人口比が有効かも知れませんし、どの競技にもっと予算を投下すべきか？については3番目のGDP比が参考になるかも知れません。このように、多くの場合、元データの値だけを見て判断するのではなく、分析の目的、ひいてはビジネス上の課題に応じて指標化し、その指標を比較することで妥当な評価につなげることが望ましいということを理解しましょう。

参考：矢崎裕一「オリンピック、国ごとの成績を比較するのに、獲得メダル数の単純な合計はフェアなのか」(https://news.yahoo.co.jp/byline/yazakiyuichi)

● スキルを高めるための学習ポイント

- 身近にある情報に対して「本当に正しい比較ができているか」という目で見ることで訓練しましょう。例えば、新型コロナウイルスの感染報道で都道府県別の感染者数が出ていますが、人口比で見たほうが良いのではないか、前週比で見たほうが良いのではないか、などと考えてみましょう。

スキルカテゴリ データ理解　サブカテゴリ 統計情報への正しい理解　頻出

BIZ88 ニュース記事などで統計情報に接したときに、数字やグラフの不適切な解釈に気づくことができる

私たちの身の回りには、多くの深刻な情報が、日々飛び交っています。特に、データや統計に基づく情報や可視化グラフは、その表現と解釈によって大きく異なる意味を持つことがあります。例えば、新型ウイルスの流行時に見られたように、事実と異なる情報や誤解を招くデータの解釈が、社会的な混乱や誤った意思決定に繋がることがあります。事実と異なるでたらめな噂話が広まったことで、特定の日用品が店頭から消えるという事態も起こりました。

インフォデミックが起きる原因は大きく2つの欠如が挙げられ、1つはエビデンスベースト欠如、もう1つがデータを読み解く力の欠如です。

エビデンスベーストとは、「根拠に基づいた」という意味で、個人の勘や思い込みではなく、事実やデータをベースに判断するという考え方です。社会的な動揺は、「過去にも似た事象があったので、なんとなく今回も同じことが起きるのではないか」という、感覚的な判断によって引き起こされることがあります。そのような判断を避けるためにも、定量データを探すことを習慣化しましょう。

定量データ、グラフ、統計情報を見つけた際に、数字やグラフの持つメッセージを正しく理解するにはデータを読み解く力が求められ、いくつかポイントがあります。まず「絶対数なのか比率なのか」という視点を持つことです。感染者の絶対数での比較と、感染率で考える場合とでは意味合いがまったく違います。「感染率」で考えるのであれば、母集団となるのは「検査をした人」であることに注意する必要があります。

また、「同時に比較してよいデータかどうか」を見極めることも大切です。政府発信の統計データであったとしても、感染者数の集計基準が変更になると、時系列での感染者数の増減は捉え方が異なり、比較できないことも生じます(DS44参照)。

他にも、「都合の良いデータのみを用いていないか」「可視化グラフに恣意的な表現が用いられていないか」「相関関係なのか因果関係なのか」など、確認するポイントは多くあります(DS120、121参照)。特にスケールの操作には注意が必要です。グラフの軸が不適切に設定されている場合、データの傾向が誤って解釈される可能性があります。例えば、軸が0から始まらない棒グラフは、実際の差を誇張する方法として時に多くのメディアで多用されています。データを読み解きエビデンスで語り、情報に惑わされず適切な意思決定を行うためにも、その基本姿勢を忘れないようにしましょう。

スキルを高めるための学習ポイント

- 統計情報に対する基本姿勢を身に付けておきましょう。
- データを見る際に確認すべきポイントに、どのようなものがあるかを理解しておきましょう。

BIZ91 ビジネス観点で仮説を持ってデータをみることの重要性と、仮に仮説と異なる結果となった場合にも、それが重大な知見である可能性を理解している

ビジネス観点で仮説を持つこと、課題を発見できることは、データサイエンスをビジネスに適用するための第一歩です。データ分析プロジェクトでは、ドメイン知識や、ステークホルダーとのヒアリングによって、データによって検証すべき仮説を構築した上で分析に取り組みます。ビジネス観点で事前に仮説を構築することで、必要なアウトプットやストーリーを明確にすることができます。ビジネス観点の仮説が定まらないまま進めると、不必要にアウトプットを大量に出さなければならない、という状況に陥りやすくなります。

次に、データ分析によって得られたアウトプットに対して、当初の仮説が正しかったか否かを見極めていきます。大切なことは、仮説と異なる結果が得られた場合の対応です。この場合は、データ処理やロジックにミスがないかを疑います。このときに、データの違和感に素早く気づき、ステークホルダーに報告する前に未然に防ぐことができる点も、ビジネス観点で仮説を持っておくことのメリットです。

一方、データの処理やロジックのミスがなかった場合、その仮説と異なる結果を受け入れる姿勢も重要です。仮説と異なる結果が得られたときこそ、データの真価が発揮されたときであり、従来型の取り組みでは得られなかった新しい知見が、データによって導かれたことを示しています。

ただし、これまでにない新しい発見をすぐに受け入れることが難しいことも、データサイエンティストとして理解しておかねばなりません。データ分析プロジェクトがPoC（Proof of Concept：概念実証）だけで終わってしまう1つの理由として、仮説と異なる結果をステークホルダーが受け入れず、「データ分析は使えない」という不名誉な烙印を押されるといったこともあります。

ステークホルダーの理解を得るためには、「AよりBを推進すべき」という結論だけでなく、「なぜならば」に対するファクトをデータドリブンで丁寧に説明することが大切です。真にデータをビジネスに活用してもらうためには、こうしたステークホルダーに対する丁寧な説明や、事業に対する深い理解が求められます。

スキルを高めるための学習ポイント

- 「ビジネス観点の仮説構築⇒仮説に沿った分析・アウトプット設計⇒分析結果の解釈と説明」という流れを、自主学習や実際のプロジェクトの中で実践してみましょう。
- 仮説と異なる結果が出たときに、どのように考察していくか関係者と話し合ってみましょう。

スキルカテゴリ データ理解　　**サブカテゴリ** 意味合いの抽出、洞察

BIZ94 分析結果を元に、起きている事象の背景や意味合い(真実)を見抜くことができる

データを加工・集計・可視化し、統計や機械学習のモデリングを実行して結果を得たら、その結果を解釈してどのようなことが言えるか、さらにはその解釈した結果からどのようなアクション(解決策の提示やさらなる追加検証など)を行うかを提示することが、データサイエンティストの仕事の本質です。このためには、仮説を考え、検証して実際に起きているかを把握する必要があります。

日本に沢山の拠点を持つ物流会社の、データ解析担当者の立場で考えてみましょう。月別の荷物の取扱量を集計し、下記のグラフが描けたとします。

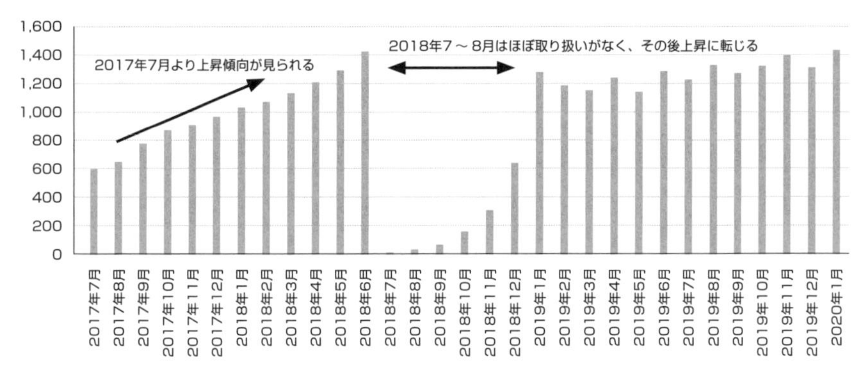

月別の荷物の取扱量のグラフ

では、このグラフはなぜそのようになっているのでしょうか。2018年7月は「平成30年7月豪雨」が起こったときで、多くの物流会社が影響を受けました。このグラフにも影響がはっきりと現れており、そこから災害前の値近くまで回復するのに半年かかっています。またその後も、災害前とはデータの振る舞いが異なっていますが、これには復興のために講じられた対策の影響などが考えられます。

データは何かが起きた(もしくは起きなかった)結果として分析者の手元にやってきます。起きたことを「見抜く」ためには、世の中の変化や分析しようとする対象に対する理解を深めておくことが重要です。

● スキルを高めるための学習ポイント

- 世の中でどのようなことが起きているかを常に意識しましょう。
- グラフや集計表などを見て「何が起きた結果なのか」を考えるクセを付けましょう。

BIZ106 結果、改善の度合いをモニタリングする重要性を理解している

データを集計・分析した結果・考察から、対象となる業務の改善や新たなサービスを提言し、事業に実装していきます。業務の改善やサービスが立ち上がることで、対象となる業務やビジネスでは新たな事象が発生するため、その結果をデータとして見て取ることができます。本来ならば一定の比率や量で改善されるべき業務が、思うように改善されないことや、逆に想定以上の業務効率を生み出すこともあるかもしれません。

モニタリングとは、ビジネスの本来の目的・目標を達成するために、何が起きているのか、今後どのようなアクションをすべきなのかといった判断につなげる評価・改善活動を指します。分析プロジェクトで構築したモデルを業務システムに実装した場合、システムを稼働監視するだけでなく、想定している業務改善や成果が得られているか、実装したモデルが適切に機能しているかを確認する必要があります。業務改善されていくことで、これまでと異なるデータが発生し、モデルの精度が落ちる場合があります。このような場合、モデルの再構築やメンテナンスが必要となります(DS154参照)。

ビジネスにおいて分析することは、ビジネスで達成したい目的に沿って、対象事業や業務を評価・改善し続けることを意味します。分析活動が一過性のものとならないよう、評価・改善する仕組みを構築し、仕組みを維持することが重要です。継続的な評価・改善のためには、対象となる事業・業務のKGI(Key Goal Indicator：重要目標達成指標)、KPI(Key Performance Indicator：重要業績評価指標)がどのように変化するか、モニタリングすることが効果的です(BIZ2参照)。そして、モニタリングによって得られたことを用いて、分析目的、KGI、KPI、構築したモデルなどを今後どのように変化させるかについて、定期的に関係者で話し合うことも重要です。このような継続的なモニタリングや関係者間での話し合いでは、BIツールの活用が有効です(DE105,106参照)。

● スキルを高めるための学習ポイント

- 対象となる業務をモニタリングし、定期的に評価・改善する仕組みを確認してみましょう。
- モニタリング結果をもとに次のアクションを検討してみましょう。
- モニタリングに役立つBIツールを活用してみましょう。

BIZ109 二者間で交わされる一般的な契約の概念を理解している（請負契約と準委任契約の役務や成果物の違いなど）

外部ベンダー・パートナーの持つ知見の活用や、社内リソースの負荷分散の実現など、二者の間の利害関係が一致した際、その利害関係や約束事のために何らかの契約をすることがあります。例えば、機密保持契約、販売許諾契約、個人情報の授受に関する契約、業務委託契約などがあります。

機密保持契約では、二者がそれぞれ持つ営業や技術に関する情報などを、ある一定の期間や範囲・用途において、相手側へ開示する範囲、情報の活用、漏洩しないためのルールなどの取り決めを行います。二者が初めて取引やプロジェクトを開始する際に、前もって締結されるものです。

販売許諾契約は、相手が持つ製品・サービスについて、決められた範囲においてその販売の許諾を得るもので、一定の期間で販売された売上の何%かをロイヤリティとして支払ったり、あるいは独占的に販売する権利を持つといったことを取り決めたりします。

個人情報の授受に関する契約とは、二者間でそれぞれの製品・サービスを利用する顧客に関する情報を取得・開示・管理・破棄するための取り決めです。

業務委託の際に取り交わす**業務委託契約**は、請負契約、委任契約、準委任契約に分類されます。**請負契約**とは、委託者が、仕事の完成と引き換えに、受託者に報酬の支払いを約束する契約です。**準委任契約**とは、委託者が、法律行為ではない事務処理を受託者に委託する契約です(準委任契約は、履行割合型と成果完成型で厳密には違いがあります)。

プロジェクトにおける分析や、IT関連の開発の業務は、請負契約か準委任契約で締結されることが一般的です。契約によって、成果や責任の考え方が変わります。

情報分類	請負契約	準委任契約
目的	仕事の完成	一定の事務の処理
責任	契約不適合責任	善管注意義務
仕事等が不十分だった場合の責任追及	契約不適合責任、民法の一般原則に従った債務不履行責任の追及	民法の一般原則に従った債務不履行責任の追及
報酬受取時期	仕事が完成していなければ報酬は受け取れない	仕事が完成していなくても報酬は受け取れる
報告義務	なし	あり
成果物	原則あり	原則なし

請負契約と準委任契約の主な違い(引用：https://houmu-pro.com/contract/60/)

プロジェクトにおいて、請負契約と準委任契約のどちらにするかの判断は、民法に則りつつも、プロジェクトの性質や会社の方針などで変わります。例えば、従来のソフトウェア開発は請負契約が主流でしたが、AI技術を利用する場合、事前の性能保証が困難なこと、探索的なアプローチが望ましいことなどから、準委任契約とするケースもあります。また、PoC（Proof of Concept：概念実証）プロジェクトを行う場合は、IT開発に近い作業でも準委任契約にするケースがあります。

スキルを高めるための学習ポイント

- 所属する組織やプロジェクトにおいて、発注時、受託時の契約形態や契約書がどのような内容か、調べてみましょう。その上で、契約の違いを押さえておくようにしましょう。

BIZ114 AI・データを活用する際に、組織で規定された権利保護のガイドラインを説明できる

AIやデータの活用は企業や団体に多くの利益をもたらす一方、情報漏洩やプライバシー侵害、不適切なデータの使用など、様々なリスクが伴います。これらは、企業や団体の信頼性損失や法的責任を問われる可能性を含むため非常に重要です。

例えば、大規模言語モデルに自社の秘密情報を入力してしまった結果、意図せずその情報が大規模言語モデルの学習に利用され、外部に流出し、企業や団体が謝罪する事態になる可能性があります。リスクを管理し、最小限に抑えるためには、ガイドラインを規定し遵守することが不可欠です。特に、AIやデータの活用の領域は新しい技術の登場や進化のスピードが早く法律が追いつかず、ガイドラインが唯一の指針となることがあります。企業や団体だけでなく、意図しない情報漏洩等のリスクから利用者を守るためにも、ガイドラインを理解し遵守することは重要です。

データサイエンティストは、「組織で規定されたガイドラインを遵守することの重要性」の理解が求められます。また、AIやデータの利活用を推進する立場から、個人情報や生成AIなど自身に関連するガイドラインについて他者に説明できることが求められます。ガイドラインの記載内容だけではなく、なぜそのような記載なのか、といった背景を理解しておくことです。さらに、ガイドラインの根拠となる法律や政府・業界団体が公開しているガイドライン等も調べて概要を押さえておくことが大切です。

また、AIやデータの活用にかかわる技術の進歩は早いため、ガイドラインの内容が古くなることも考えられます。そのような場合に、ガイドラインの記載を意図的に都合よく解釈することは、前述のような意図しない損失を企業や団体に与えるリスクにつながります。データサイエンティストとしては、最新の技術情報や政府・業界団体の動向等を把握するとともに、ガイドラインに改善すべき点がでてきたと感じた場合はガイドライン担当者に改訂を提案するなど、企業や団体をよりよくするという共通の目的のもと、より適切なガイドラインとなるよう協力する姿勢が大切です。参考情報として企業事例および政府が発行しているガイドライン例を示します。

＜企業事例＞

・リクルート社の事例

同社が提供する「リクナビ」や提携企業のサイト閲覧履歴等の情報を本人の同意なく利用し、選考離脱や内定辞退の可能性を予測して社外に提供していたことが発覚した。2019年に個人情報保護委員会から勧告・指導を受ける事態となったが、その反省を踏まえながらAIガバナンスの取り組みが進んでいる。同社では責任部署の明確化、第三者視点やレビュー体制の強化、アルゴリズムも含めた詳細チェック体制整

備など、複合的にガバナンスを強化し、社内ガイドライン整備を実施している。これらがなぜ必要だったか、どのように機能し得るのかを理解することが重要といえる。
https://www.recruit.co.jp/r-dmpf/
https://www.recruit.co.jp/privacy/ai_policy/ai_governance/

・NTTドコモ社の事例
同社は、生活者のプライバシーに配慮した顧客のパーソナルデータ活用について取り組んでいる。従来のプライバシーポリシーという形だけでなく、「パーソナルデータ憲章」という形で、社内外に対し、オープンに行動原則を示している。
https://www.docomo.ne.jp/utility/personal_data/charter/
また、「ドコモのパーソナルデータ活用」というイラストを多用したわかりやすいページを準備し、自分達の姿勢を明らかにしている。
https://www.docomo.ne.jp/utility/personal_data/

・Apple社の事例
同社は利用者のプライバシーを守るという姿勢を一貫して示し続け、iPhoneでの顔認証の仕組みの提供やプライバシー侵害に関わる広告を掲載しない方針など、自分達で強固なガイドラインを設けており、それがApple社のブランドとしての信頼醸成にまで連関している。社内のガバナンスは明らかにしていないが、AIやデータの安全な利用を推進している企業としてリーダーカンパニーといえる。
https://www.apple.com/jp/privacy/

<ガイドライン例>
AIやデータの利活用に関する注意事項等を整理した政府公開ドキュメント

・AI事業者ガイドライン(総務省、経産省)
https://www.meti.go.jp/shingikai/mono_info_service/ai_shakai_jisso/20240119_report.htm
・データ利活用のポイント集(経産省)
https://www.meti.go.jp/policy/economy/chizai/chiteki/data.html

以上のような取り組みにより、AIとデータの利用がもたらすリスクを適切に管理し、持続可能なビジネスの発展を支えることが可能となります。

スキルを高めるための学習ポイント

- 所属する企業・団体が規定しているガイドラインを確認し、他者に説明してみましょう。
- 組織が規定しているガイドラインの根拠となる法律や政府・業界団体が発行しているガイドライン等を調査し、概要を把握しましょう。

スキルカテゴリ PJマネジメント　サブカテゴリ プロジェクト発足

BIZ118 プロジェクトにおけるステークホルダーや役割分担、プロジェクト管理・進行に関するツール・方法論が理解できる

分析プロジェクトの発足タイミングにおいて、チーム内での個々のメンバーの役割、それに応じた情報管理や利用するツールの選定、連絡フローを決めていく工程があります。また、受注元・発注先・パートナーなどのステークホルダーと、スケジュール管理・情報共有・レビューをどのように進めるかなども決めていきます。

実際に決めていくのはプロジェクトリーダーや営業部門のメンバーかもしれませんが、これらに関する状況の把握や、ツールを利用するための知識・ノウハウは、ある程度実践的なレベルまで高めておいた方がよいでしょう。いくつか具体的な論点を例示します。

プロジェクトのステークホルダーや役割分担の把握

- 受注元や発注先、パートナー会社などとの契約状態、利害関係、人間関係
- プロジェクトの体制(指示命令系統、個々のメンバーの役割と立場)
- プロジェクトを進める上で関係性の不確実な部分、核心の部分

特にクラウド上でのプロジェクト管理、進行に関するツール、方法論の理解

- メール等でのコミュニケーションにおける所作、情報共有、管理に関する一般的な知識
- プロジェクト管理などのツールに関する基本的な理解と操作方法(DE160参照)
  (例) Slack、Google Docs、Backlog、BOX、GitHub、Wrike、チャットツール等の操作
- 各ツールのアカウント・権限・契約・セキュリティなど、進行管理や情報管理におけるリスク
- バージョンや変更履歴の管理、命名規則、アクセス管理などのポイントと社内ガイドラインなどの参照先
- 守秘に関わる情報をやり取りする場合の安全な方法(ファイル圧縮、パスワード管理、限定的な転送方法など)と自社ガイドライン

● スキルを高めるための学習ポイント

- プロジェクト管理や進行管理ツールを自ら提案したり、調べたりすることで、知識やノウハウを深めていきましょう。
- PMBOKなどのプロジェクトマネジメントに関する知識体系を学習しておきましょう。
- 会社内、組織内の情報ガイドラインや手続き・ルールは必ず確認し、遵守しましょう。

BIZ132 指示に従ってスケジュールを守り、チームリーダーに頼まれた自分の仕事を完遂できる

分析プロジェクトにおいて、プロジェクト全体のスケジュールを遵守するために、プロジェクトメンバーとして自身が担当する仕事を計画どおりに完遂することは非常に重要です。このためには、プロジェクトで計画している作業項目、作業期間、作業にかけるリソースなどを十分に理解しておく必要があります。特に作業期間、リソースの範囲の中で活動していくことが重要です。

データ分析においては、深淵かつ真の解に近づくための模索に夢中になることもあるかもしれません。模索というのは、例えば下記のようなことです。

- より高い精度のモデルを作りたくて何度も試行錯誤する(DS154参照)
- 文献で読んだ新しい分析手法やツールを色々と試してみる
- 現場にフィットした分析結果にするため、ヒアリングやリサーチ結果を深く洞察する
- わかりやすい資料作成のため、ビジュアライゼーションを研究して工夫を施す

これらはすべて、「データサイエンティストとしてのスキルを向上させる」という観点では望ましいですが、そのために、スケジュールを守れないようでは、プロジェクトの一員としての責務を果たしていないことになります。つまり模索を行いたいのであれば、指示された仕事を期日内にクリアすることが大前提だということです。

特に、複雑なプロセスやタスクの多いプロジェクトにおいては、あるタスクのアウトプットがないと、別のタスクが始められない場合もあります。プロジェクト全体の成果創出において、一人のスケジュール遅延が致命的になる場合もあります。

スケジュール管理、タスク管理のためのツールや手法にはさまざまなものがあります。簡単な方法としては、メモ帳やスケジュール表でタスク管理を行うこともできます。あるいはWBS(Work Breakdown Structure)やガントチャート、マインドマップなどを活用してタスクを洗い出し、工程表を作成することも効果的です。この場合は、Excelやプロジェクト管理ツールを使いこなすスキルが求められます。

● スキルを高めるための学習ポイント

- 自身の能力を誇示するよりも、プロジェクト成果を重視することを常に頭に置いておきましょう。
- スケジュール管理、タスク管理の手法やツールを学んでおきましょう。

BIZ139 担当するタスクの遅延や障害などを発見した場合、迅速かつ適切に報告ができる

分析プロセスの実行時やモニタリング時などにおいて、遅延や障害を放置したままにしておくと、思いがけない事態に発展する場合があります(BIZ106参照)。悪影響を当該プロジェクトの中で対応するために、そしてリカバリー可能な範囲に留めるためにも、迅速かつ適切な報告が重要です。

自身としてはごく軽微なミスや遅延だと考えて報告を怠ると、障害の連鎖を引き起こしてしまうこともあります。結果として、間違った経営判断による損失や、不祥事や事故などのレピュテーションリスク(悪評や風評によって企業評価が下がり、経営に支障をきたす危険性)に発展するかもしれません。データ分析プロジェクトとは少し違いますが、身近な例として、大手銀行でのシステム障害などが挙げられます。悪意がなくとも、社会的信用の失墜につながってしまうこともあるのです。

全体のプロジェクトを成功に導くために軌道修正を行うとともに、自身へのリスクを減らすためにも、問題が判明した時点で迅速に報告することが大事です。自身のレポートライン(上司やプロジェクトリーダー)に対し、メッセージツールやメールなどを利用し、確実に伝えるようにしましょう。

報告をする際には、「事実」と「推論」と「意見」のうち、どのレベルを伝えているのかを明確にする必要があります。まずは「事実」を報告することを心がけましょう。

障害報告書や発見時の報告手順など、業務でのフォーマットが決まっている場合もあります。フォーマットはさまざまですが、①障害概要、②発見日時や障害発生期間、③影響範囲や障害規模、④原因、⑤暫定対応、⑥経緯、⑦恒久対応、事故抑制の仕組み化、⑧謝罪などを記載することが一般的と言えます。考え方としては、5W1H (Who：だれが、When：いつ、Where：どこで、What：なにを、Why：なぜ、How：どのように)などが参考になるでしょう。

また、サービスとして提供しているものにはサービス品質という考え方があり、SLA (Service Level Agreement：サービス品質保証)としてまとめ、遅延や障害などの対処方法を契約書として記述する場合もあります。

分析プロセスの実行時やモニタリング時には、どうしても不具合やミスが発生するものです。それにどう対処するのかが肝要であるという心持ちで臨みましょう。

● スキルを高めるための学習ポイント

- 障害報告書の書き方やSLAなどについて調べ、自身のタスクやプロジェクトになぞらえてみましょう。

第5章

数理・データサイエンス・AI（リテラシーレベル）モデルカリキュラム

5-1. 数理・データサイエンス・AI（リテラシーレベル）モデルカリキュラム

本章では、数理・データサイエンス・AI教育強化拠点コンソーシアムから公開された「数理・データサイエンス・AI（リテラシーレベル）モデルカリキュラム ～データ思考の涵養～（2024年2月改訂）」に沿って、数理・データサイエンス・AIを活用するためのスキル／知識について解説します。

「数理・データサイエンス・AI（リテラシーレベル）モデルカリキュラム～データ思考の涵養～」は2020年4月に初版が公開され、各大学・高専における数理・データサイエンス・AI教育で参照されてきました。高等教育における「情報Ｉ」の必須化および生成AIなどの新しい技術に対応するために、2024年2月にモデルカリキュラムの改訂が行われ、新たなキーワード（知識・スキル）が追加されています。

この数理・データサイエンス・AI（リテラシーレベル）は、政府のAI戦略2019に基づき、2025年までに文理を問わず全ての大学・高専生（約50万人卒/年）が学ぶことを目標としています。

リテラシーレベルモデルカリキュラムでは、3つのコア学修項目が設定されています。「1.社会におけるデータ・AI利活用（導入）」では、データ・AIによって社会および日常生活が大きく変化していることを学びます。「2.データリテラシー（基礎）」では、日常生活や仕事の場でデータ・AIを使いこなすための基礎的素養を身につけます。「3.データ・AI利活用における留意事項（心得）」では、データ・AIを利活用する際に求められるモラルや倫理について学びます。

データサイエンティスト検定では、「1.社会におけるデータ・AI利活用（導入）」、「2.データリテラシー（基礎）」、「3.データ・AI利活用における留意事項（心得）」が試験範囲となります。これら3つのコア学修項目に対応する本書のスキルカテゴリを紹介しながら、数理・データサイエンス・AIを活用するために押さえておくべき重要なキーワードについて解説します。

数理・データサイエンス・AI（リテラシーレベル）の学修目標

今後のデジタル社会において、数理・データサイエンス・AIを日常の生活、仕事等の場で使いこなすことができる基礎的素養を主体的に身に付けること。そして、学修した数理・データサイエンス・AIに関する知識・技能をもとに、これらを扱う際には、人間中心の適切な判断ができ、不安なく自らの意志でAI等の恩恵を享受し、これらを説明し、活用できるようになること。

数理・データサイエンス・AI（リテラシーレベル）モデルカリキュラム策定の背景

政府の「AI戦略2019」（2019年6月策定）にて、リテラシー教育として、文理を問わず、全ての大学・高専生（約50万人卒/年）が、課程にて初級レベルの数理・データサイエンス・AIを習得する、とされたことを踏まえ、各大学・高専にて参照可能な「モデルカリキュラム」を数理・データサイエンス・AI教育強化拠点コンソーシアムにおいて検討・策定。

数理・データサイエンス・AI（リテラシーレベル）の学修項目

導入	1.社会におけるデータ・AI利活用		
	1-1.社会で起きている変化	1-2.社会で活用されているデータ	1-3.データ・AIの活用領域
	1-4.データ・AI利活用のための技術	1-5.データ・AI利活用の現場	1-6.データ・AI利活用の最新動向
基礎	2.データリテラシー		
	2-1.データを読む	2-2.データを説明する	2-3.データを扱う
心得	3.データ・AI利活用における留意事項		
	3-1.データ・AIを扱う上での留意事項	3-2.データ・AIを守る上での留意事項	

出典：数理・データサイエンス・AI教育強化拠点コンソーシアム

5-2-1. 社会におけるデータ・AI利活用(導入)で学ぶこと

社会におけるデータ・AI利活用(導入)では、データ・AIによって社会および日常生活が大きく変化していることを学びます。

近年、データ量の増加、計算機の処理性能の向上、AIの非連続的進化によって、インターネットやスマートフォンを活用した新しいビジネスや、IoTを利用した便利なサービスが次々と登場しています。人の行動ログデータや機械の稼働ログデータをビッグデータとして収集／蓄積できるようになり、先進的な企業では、蓄積された膨大なデータを活用し、新たなビジネスやサービスの提供につなげています。

普段の日常生活の中でも、さまざまなデータが活用されています。コンビニエンスストアで買い物をすれば、POS (point of sale)システムを通して販売実績が蓄積されます。また、キャッシュカードを使って銀行の口座からお金を引き出すと、取引実績が蓄積されます。このように蓄積されたログデータは、販売管理やマーケティング、新たなサービスの企画などに活用されています。

また、工場や倉庫などの製造・物流の現場においても、さまざまなデータが活用されています。工場では、品質管理や生産計画などにデータが活用されています。近年では、工場内にカメラを設置し、カメラの画像データを使って不良品を検知する仕組みの導入が進んでいます。

これからの社会はSociety 5.0 (超スマート社会)といわれ、自動運転や、スマートハウス、スマート農業など、さまざまな分野でデータを活用し、今までにない新たな価値を生み出すことが期待されています。

データを活用した新しいビジネスやサービスでは、人工知能(AI)が重要な役割を果たしており、複数の技術を組み合わせることで新しい価値が生み出されています。生成AIのような新しい技術も次々と登場しており、大規模言語モデルや拡散モデル(Diffusion model)などの活用が進んでいます。データ・AIを活用したビジネスやサービスの中で使われている技術を紐解き、AI等を活用した新しいビジネスモデルや、AI最新技術の活用事例について学ぶことで、データ・AIが生み出している価値を理解します。

● スキルを高めるための学習ポイント

- 社会で起きている変化に興味を持ち、新しいビジネスやサービスにおいて、データ・AIがどのように活用されているのか調べてみましょう。

社会におけるデータ・AI利活用（導入）の学修項目

1. 社会における データ・AI利活用	キーワード（知識・スキル）
1-1. 社会で起きている変化	**・ビッグデータ、IoT、AI、生成AI、ロボット** **・データ量の増加、計算機の処理性能の向上、AIの非連続的進化** **・第4次産業革命、Society 5.0、データ駆動型社会** ・複数技術を組み合わせたAIサービス ・人間の知的活動とAIの関係性 ・データを起点としたものの見方、人間の知的活動を起点としたものの見方
1-2. 社会で活用されているデータ	**・調査データ、実験データ、人の行動ログデータ、機械の稼働ログデータなど** **・1次データ、2次データ、データのメタ化** ・構造化データ、非構造化データ（文章、画像/動画、音声/音楽など） ・データ作成（ビッグデータとアノテーション）（DS166参照） ・データのオープン化（オープンデータ）
1-3. データ・AIの活用領域	**・データ・AI活用領域の広がり（生産、消費、文化活動など）** ・研究開発、調達、製造、物流、販売、マーケティング、サービスなど ・仮説検証、知識発見、原因究明、計画策定、判断支援、活動代替、新規生成など ・対話、コンテンツ生成、翻訳・要約・執筆支援、コーディング支援などの生成AIの応用
1-4. データ・AI利活用のための技術	**・データ解析：予測、グルーピング、パターン発見、最適化、モデル化とシミュレーション、データ同化など** **・データ可視化：複合グラフ、2軸グラフ、多次元の可視化、関係性の可視化、地図上の可視化、挙動・軌跡の可視化、リアルタイム可視化など** ・非構造化データ処理：言語処理、画像/動画処理、音声/音楽処理など ・特化型AIと汎用AI、今のAIで出来ることと出来ないこと、AIとビッグデータ ・認識技術、ルールベース、自動化技術 ・マルチモーダル（言語、画像、音声など）、生成AIの活用（プロンプトエンジニアリング）
1-5. データ・AI利活用の現場	**・データサイエンスのサイクル（課題抽出と定式化、データの取得・管理・加工、探索的データ解析、データ解析と推論、結果の共有・伝達、課題解決に向けた提案）** ・教育、芸術、流通、製造、金融、サービス、インフラ、公共、ヘルスケア等におけるデータ・AI利活用事例紹介
1-6. データ・AI利活用の最新動向	**・AI最新技術の活用例（深層生成モデル、強化学習、転移学習、生成AIなど）** ・AI等を活用した新しいビジネスモデル(シェアリングエコノミー、商品のレコメンデーションなど) ・基盤モデル、大規模言語モデル、拡散モデル

出典：数理・データサイエンス・AI教育強化拠点コンソーシアム

5-2-2. 社会におけるデータ・AI利活用(導入)で学ぶスキル／知識

社会におけるデータ・AI利活用(導入)で学ぶスキル／知識は、データサイエンス領域の「データ可視化」「モデル化」「モデル利活用」「非構造化データ処理」「生成」「オペレーションズリサーチ」および、データエンジニアリング領域の「データ構造」「生成AI」、ビジネス領域の「行動規範」「着想・デザイン」「課題の定義」「アプローチ設計」に対応します。

これらのスキルを学ぶことで、データ・AIによって、社会および日常生活が大きく変化していることを理解します。

社会におけるデータ・AI利活用(導入)に対応するスキルカテゴリ

第2章　データサイエンス	データ可視化、モデル化、モデル利活用、非構造化データ処理、生成、オペレーションズリサーチ
第3章　データエンジニアリング	データ構造、生成AI
第4章　ビジネス	行動規範、着想・デザイン、課題の定義、アプローチ設計

■データサイエンス

データ可視化、モデル化、モデル利活用、非構造化データ処理、生成、オペレーションズリサーチを学ぶことで、データ・AI利活用のための技術を知るとともに、AIを活用した新しいビジネス/サービスは複数の技術が組み合わされて実現していることを理解します。

■データエンジニアリング

データ構造を通して、構造化データや非構造化データ(文章、画像/動画、音声/音楽など)の特徴を理解し、社会で活用されているデータについて学びます。また、生成AIを学ぶことで、適切なプロンプトの必要性について理解します。

■ビジネス

行動規範や着想・デザイン、課題の定義、アプローチ設計を通して、データやAIを活用したビジネス/サービスの事例を知り、データ・AI活用領域の広がりを理解します。

5-2-3. 社会におけるデータ・AI利活用(導入)の重要キーワード解説

社会におけるデータ・AI利活用(導入)で学ぶスキル/知識の中から、重要なキーワードをピックアップして解説します。

Society 5.0

Society 5.0とは、サイバー空間(仮想空間)とフィジカル空間(現実空間)を高度に融合させたシステムにより、経済発展と社会的課題の解決を両立する、人間中心の社会(Society)を指します。狩猟社会(Society 1.0)、農耕社会(Society 2.0)、工業社会(Society 3.0)、情報社会(Society 4.0)に続く、新しい未来社会の姿「超スマート社会」として提唱されました。Society 5.0では、フィジカル空間における膨大な情報が、ビッグデータとしてサイバー空間に集積されます。このビッグデータを人工知能(AI)が解析し、その解析結果をフィジカル空間にフィードバックすることで新たな価値が生み出されます。

Society 5.0で実現する社会では、IoT (Internet of Things)によって全ての人とモノがつながり、必要な情報が必要な時に提供されるようになります。また、人工知能(AI)やロボットなどの新しい技術を活用し、これまで人間が行っていた作業や調整を代行・支援することで、日々の煩雑で不得手な作業から解放され、誰もが快適で活力に満ちた質の高い生活を送ることができるようになります。

例えば、交通の領域では、自動車からのセンサー情報や天候情報といったリアルタイムの情報や過去の行動履歴をAIで解析することで、スムーズな移動や渋滞の緩和、好みに合わせた観光計画の提供を受けることができます。ものづくりの領域では、消費者の需要情報、サプライヤーの在庫情報、配送情報を解析することで、在庫削減や顧客満足度向上につなげることができます。

農業の領域では、農作物の生育情報や気象情報、市場情報、食のトレンド・ニーズといった情報を解析することで、ニーズに合わせた収穫量の設定、天候予測に併せた最適な作業計画、経験やノウハウの共有などを実現できます。食品の領域では、個人のアレルギー情報や各家庭の冷蔵庫内の食品情報、店舗の在庫情報といったビッグデータを解析することで、アレルギー情報や個人の嗜好に合わせた食品の提案や、必要な分だけ発注・購入することによる食品ロスの削減につなげることができます。エネルギーの領域では、発電所の稼働状況や気象情報、各家庭での使用状況といった様々な情報を解析することで的確な需要予測を行い、安定したエネルギー供給や環境負荷低減につなげることができます。

データ・AIの活用領域

ビッグデータやIoT、ロボティクスといった新たな技術の進展によって，データ・AIの活用領域は広がりを見せています。企業における事業活動はバリューチェーン(Value Chain)にあてはめて整理することができます。バリューチェーンとは、マイケル・ポーターが著書『競争優位の戦略』の中で提唱した概念で、企業活動における価値の連鎖を表します。このバリューチェーンにおける事業活動(研究開発、調達、製造、物流、販売、マーケティング、サービス)の、ほぼ全ての領域においてデータ・AIが活用されています。それぞれの事業活動におけるデータ・AI活用事例を知ることで、データ・AIの活用領域の広がりを理解します。

事業活動におけるデータ・AI活用例

事業活動	データ・AI利活用(例)
研究開発	研究開発の領域では、新しい薬を開発するために、AIを活用して病気に効果のある化合物を探し出す取り組みが進められている。
調達	調達の領域では、過剰在庫を防ぐために、製造する製品の需要予測を行い、原材料や部品の発注量を最適化する取り組みが進められている。
製造	製造の領域では、これまで目視で行っていた検査工程を省力化するために、画像認識技術を用いて自動的に不良品を検出する取り組みが進められている。
物流	物流の領域では、作業員のピッキング業務を効率化するために、倉庫内の棚の配置を最適化する取り組みが進められている。
販売	販売の領域では、販売業務を効率化するために、画像認識技術やセンシング技術を活用したレジなし店舗を展開する取り組みが進められている。
マーケティング	マーケティングの領域では、収益を最大化するために、需要と供給に応じて価格を変動させるダイナミックプライシングに関する取り組みが進められている。
サービス	サービスの領域では、コールセンターの負荷を減らすために、顧客からの問い合わせ対応をチャットボットによって自動化する取り組みが進められている。

生成AIの活用

ChatGPTの登場により「生成AI（Generative AI）」という言葉が注目を集めるようになりました。生成AIを活用することによって、文章や画像、音声などを生成することができます。この技術は、様々な業界において生産性向上や付加価値向上に寄与し、大きなビジネス機会を引き出す可能性があると期待されています。ChatGPTの登場以降、ホワイトカラーの業務を中心に生成AIの活用が進んでいます。

生成AIの応用領域として「対話」や「コンテンツ生成」、「翻訳・要約・執筆支援」、「コーティング支援」などがあります。ChatGPTに代表される「対話」では、入力した質問に対して生成AIが回答を生成します。この対話は、窓口業務やコンタクトセンターなどの顧客対応業務の中で活用が進んでおり、人手不足の解消や業務の効率化につながることが期待されています。「コンテンツ生成」では、入力したテキスト情報を基に生成AIが文章や画像を作成します。このコンテンツ生成は、ニュース記事の作成やポスター広告の作成などクリエイティブな領域での活用が期待されています。また、生成AIは「翻訳・要約・執筆支援」や「コーディング支援」などにも活用することができます。大規模言語モデル（LLM：Large Language Models）の進化により、別の言語への翻訳や文章を短く簡潔にまとめる要約も簡単に実施できるようになりました。さらに、執筆した文章やプログラムコードの文法チェックやスペルミスの検出、生成AIと対話することによるアイデア出しなど、様々な領域で活用することができます。

生成AIをうまく活用するためには、生成AIに適切な指示・命令をすることが重要になります。この生成AIへ指示・命令する技術をプロンプトエンジニアリングと呼び、プロンプトをうまく使いこなすことによって、精度の高い回答を得ることができます。生成AIから意図した出力結果を得るためには、プロンプトエンジニアリングに加え、言語化の能力、対話力（日本語力含む）が重要になると言われています。生成AIとのやり取りが言語である以上、論理的に言語化する能力や、得られた回答を基に次の質問を考える対話力がますます重要になります。また、どのような場面で生成AIを利用するべきなのか、自分で分析して考える力、問いを立てる力、生成AIが返してきた出力結果を評価する力などが求められます。

生成AIの技術進化のスピードは非常に速いため、今後も様々な領域での活用が進んでいきます。データサイエンティストとして、このような新しい技術やサービスが登場する中で直感的にわくわくし、その裏にある技術に興味を持つことが大切です。

5-3-1. データリテラシー(基礎)で学ぶこと

データリテラシー(基礎)では、日常生活や仕事の場でデータ・AIを使いこなすための基礎的素養を身につけます。

研究や仕事の現場では、データに基づき論理的に意思決定することが求められます。また、収集したデータを構造的に整理し、正しく説明することが求められます。データ・AIを使いこなすためには、データを適切に読み解く力、データを適切に説明する力、データを適切に扱う力を身につける必要があります。

データを適切に読み解くためには、科学的解析の基礎(統計数理基礎)に関するスキルが必要になります。データの種類や分布、相関と因果、母集団と標本について学ぶことで、データに基づき論理的に意思決定する力を身につけます。新聞や雑誌、ニュース記事では、さまざまな調査データが統計情報として掲載されています。これらの統計情報を読み解く際は、データの分布やばらつき、母集団を意識してデータに向き合う必要があります。実社会では平均値と最頻値が一致しないことが多く、平均値だけを見ても実態を正しく把握することはできません。また、統計情報によっては、発表者の都合によって恣意的に一部のデータだけが公開される場合もあり、注意が必要です。データを適切に読み解く力を身につけることによって、不適切に作成されたグラフや数字にだまされず、起きている事象の背景やデータの意味合いを理解できるようになります。

研究や仕事の現場では、データを読み解く力と同様に、データを適切に説明する力、データを適切に扱う力も重要になります。データを適切に説明するためには、データの特性に合わせた表現方法を知るとともに、データの比較対象を正しく設定するスキルが必要になります。条件をそろえた比較や、処理の前後での比較など、適切な比較対象を設定するスキルが求められます。また、研究や仕事の現場では、数百件〜数千件のデータを頻繁に扱うため、小規模なデータを集計/加工するスキルも必要になります。スプレッドシートやBIツールを使って、データを並び替えたり、合計や平均などの集計値を算出したりするスキルが求められます。これらのスキルを身につけることで、起きている事象を適切に表現し説明できるようになります。

データリテラシー（基礎）の学修項目

2.データリテラシー	キーワード(知識・スキル)
2-1. データを読む	**・データの種類(量的変数、質的変数)** **・データの分布(ヒストグラム)と代表値(平均値、中央値、最頻値)(DS12,31参照)** **・代表値の性質の違い(実社会では平均値＝最頻値でないことが多い)** **・データのばらつき(分散、標準偏差、偏差値)、外れ値(DS13,87参照)** **・相関と因果(相関係数、疑似相関、交絡)(DS16参照)** ・観測データに含まれる誤差の扱い ・打ち切りや欠測を含むデータ、層別の必要なデータ ・母集団と標本抽出(国勢調査、アンケート調査、全数調査、単純無作為抽出、層別抽出、多段抽出) ・クロス集計表、分割表、相関係数行列、散布図行列(DS32,124参照) ・統計情報の正しい理解(誇張表現に惑わされない)(DS120参照)
2-2. データを説明する	**・データ表現(棒グラフ、折線グラフ、散布図、ヒートマップ、箱ひげ図)(DS122参照)** **・データの比較(条件をそろえた比較、処理の前後での比較、A/Bテスト)** ・不適切なグラフ表現(チャートジャンク、不必要な視覚的要素) ・優れた可視化事例の紹介(可視化することによって新たな気づきがあった事例など) ・相手に的確かつ正確に情報を伝える技術や考え方(スライド作成、プレゼンテーションなど)
2-3. データを扱う	**・データの取得(機械判読可能なデータの作成・表記方法)** **・データの集計(和、平均)** **・データの並び替え、ランキング** ・データ解析ツール(スプレッドシート、BIツール) ・表形式のデータ(csv)

出典：数理・データサイエンス・AI教育強化拠点コンソーシアム

スキルを高めるための学習ポイント

- データを読み解く際は、データの分布やばらつき、母集団を意識するようにしましょう。
- さまざまな種類のデータを可視化してみることによって、データの特性に合わせた表現方法を学びましょう。
- データを扱う力を身につけるために、自ら手を動かして何度もデータを集計／加工してみましょう。

5-3-2. データリテラシー(基礎)で学ぶスキル/知識

データリテラシー(基礎)で学ぶスキル/知識は、データサイエンス領域の「数学的理解」「科学的解析の基礎」「データの理解・検証」「データ準備」「データ可視化」および、データエンジニアリング領域の「データ加工」「データ共有」、ビジネス領域の「行動規範」「論理的思考」「データ理解」に対応します。これらのスキルを学ぶことで、日常生活や仕事の場でデータ・AIを使いこなすための基礎的素養を身につけます。

データリテラシー(基礎)に対応するスキルカテゴリ

章	スキルカテゴリ
第2章　データサイエンス	数学的理解、科学的解析の基礎、データの理解・検証、データ準備、データ可視化
第3章　データエンジニアリング	データ加工、データ共有
第4章　ビジネス	行動規範、論理的思考、データ理解

■データサイエンス

数学的理解や科学的解析の基礎、データの理解・検証、データ準備を学ぶことで、データの特徴を読み解き、起きている事象の背景や意味合いを理解するスキルを身につけます。また、比較対象を正しく設定し、数字を比べるスキルを身につけます。

データ可視化を学ぶことで、不適切に作成されたグラフ/数字に騙されず、適切な可視化手法を選択し、他者にデータを説明するスキルを身につけます。

■データエンジニアリング

データ加工や、データ共有を学ぶことで、スプレッドシートやBIツール等を使って、小規模データを集計・加工するスキルを身につけます。

■ビジネス

行動規範や、論理的思考、データ理解を学ぶことで、データを読み解く上でドメイン知識が重要であることや、データの発生現場を確認することの重要性を理解します。

5-3-3. データリテラシー（基礎）の重要キーワード解説

データリテラシー（基礎）で学ぶスキル／知識の中から、重要なキーワードをピックアップして解説します。

データの比較

データを比較する際は、同じ性質を持っているもの同士の比較となるように比較対象を設定する必要があります。これをapple to appleの比較といいます。これに対し、異なる性質のものを比較することをapple to orangeといいます。データを比較して説明する際は、apple to appleの比較となるように注意する必要があります。

例えば、スーパーマーケットの売上データを説明するシーンを考えてみましょう。2020年7月1日のスーパーマーケットの売上が普段より少ないと感じたため、売上減少に関する報告書を作成することにしました。この場合、どのデータと比較して売上が少なくなったと説明すれば良いでしょうか？前日の2020年6月30日でしょうか？それとも1年前の2019年7月1日でしょうか？スーパーマーケットのような流通業では、データを比較する際は同曜日で比較するという考え方があります。これは平日と休日で来店するお客様が異なるため、単純に同じ日付のデータと比較してもapple to orangeの比較となり、違いを正しく判断できないからです。2020年7月1日は水曜日なので、前週と比較したいなら2020年6月24日（水曜日）を比較対象とし、前年と比較したいなら2019年7月3日（水曜日）を比較対象として設定します。このように適切な比較対象を設定するためには、そのデータに関するドメイン知識が必要になります。

2019 年

月曜日	火曜日	水曜日	木曜日	金曜日	土曜日	日曜日
7月1日	7月2日	7月3日	7月4日	7月5日	7月6日	7月7日

2020 年　前年比較

月曜日	火曜日	水曜日	木曜日	金曜日	土曜日	日曜日
6月22日	6月23日	6月24日	6月25日	6月26日	6月27日	6月28日
6月29日	6月30日	7月1日	7月2日	7月3日	7月4日	7月5日

前週比較

5-4-1. データ・AI利活用における留意事項(心得)で学ぶこと

データ・AI利活用における留意事項(心得)では、データ・AIを利活用する際に求められるモラルや倫理について学びます。

近年、個人情報保護法やEU一般データ保護規則(GDPR)など、データに関する規則やガイドラインを整備する動きが加速しています。内閣府からは「人間中心のAI社会原則」が発表され、AIが社会に受け入れられ適正に利用されるためには、公平性や説明責任、透明性などが重要であるとしています。データ・AIは社会を豊かにするという良い側面を持つ一方で、これから社会全体で検討が必要な課題も多く生み出しています。データバイアスやアルゴリズムバイアス、AIサービスの責任論について学ぶことで、データ駆動型社会におけるリスク・脅威を知り、データ・AIを扱う上での留意事項を理解します。また、データ駆動型社会においては、自ら情報セキュリティに対する意識を高め、自身のデータを守るという考え方が必要になります。

データ・AI利活用における留意事項用(心得)の学習項目

3.データ・AI利活用における留意事項	キーワード(知識・スキル)
3-1. データ・AIを扱う上での留意事項	**・倫理的・法的・社会的課題(ELSI:Ethical, Legal and Social Issues)** **・個人情報保護、EU一般データ保護規則(GDPR)、忘れられる権利、オプトアウト** **・データ倫理:データのねつ造、改ざん、盗用、プライバシー保護** ・AI社会原則(公平性、説明責任、透明性、人間中心の判断) ・データバイアス、アルゴリズムバイアス ・AIサービスの責任論 ・データガバナンス ・データ・AI活用における負の事例紹介 ・生成AIの留意事項(ハルシネーションによる誤情報の生成、偽情報や有害コンテンツの生成・氾濫など)
3-2. データを守る上での留意事項	**・情報セキュリティの3要素(機密性、完全性、可用性)** ・匿名加工情報、暗号化と復号、ユーザ認証とパスワード、アクセス制御、悪意ある情報搾取 ・情報漏洩等によるセキュリティ事故の事例紹介 ・サイバーセキュリティ

出典:数理・データサイエンス・AI教育強化拠点コンソーシアム

● スキルを高めるための学習ポイント

- 過去にあった不適切なデータ利用やセキュリティ事故の事例を調査し、データ駆動型社会における脅威(リスク)を確認してみましょう。

5-4-2. データ・AI利活用における留意事項(心得)で学ぶスキル/知識

データ・AI利活用における留意事項(心得)で学ぶスキル/知識は、データサイエンス領域の「モデル化」「生成」および、データエンジニアリング領域の「ITセキュリティ」、ビジネス領域の「行動規範」「アプローチ設計」「契約・権利保護」に対応します。これらのスキルを学ぶことで、データ・AIを適切に活用するための心構えを身につけます。

データ・AI利活用における留意事項(心得)に対応するスキルカテゴリ

第2章　データサイエンス	モデル化、生成
第3章　データエンジニアリング	ITセキュリティ
第4章　ビジネス	行動規範、アプローチ設計、契約・権利保護

■データサイエンス

モデル化、生成を通して、データバイアスやアルゴリズムバイアス、ハルシネーションについて学び、データ駆動型社会におけるリスク・脅威を理解します。

■データエンジニアリング

ITセキュリティについて学ぶことで、情報セキュリティ対策を検討する際のポイント(セキュリティの3要素:機密性、完全性、可用性)を理解します。また、マルウェアなどによる深刻なリスク(消失・漏洩・サービスの停止など)を学ぶことで、個人のデータを守るために留意すべき事項を理解します。

■ビジネス

行動規範、契約・権利保護を学ぶことで、データのねつ造、改ざん、盗用を行わないなど、データ・AIを利活用する際に求められるモラルや倫理について理解します。また、個人情報保護法やEU一般データ保護規則(GDPR)など、データを取り巻く国際的な動きを理解します。アプローチ設計では、生成AIのハルシネーションについて学びます。

5-4-3. データ・AI利活用における留意事項(心得)の重要キーワード解説

データ・AI利活用における留意事項(心得)で学ぶスキル／知識の中から、重要なキーワードをピックアップして解説します。

人間中心のAI社会原則

AI は、Society 5.0の実現に大きく貢献することが期待される一方で、社会への影響力も大きく、適正に利用することが求められます。統合イノベーション戦略推進会議で2019年3月に決定した「人間中心のAI社会原則」では、①人間中心、②教育・リテラシー、③プライバシー確保、④セキュリティ確保、⑤公正競争確保、⑥公平性、説明責任及び透明性、⑦イノベーションの7つについて、今後の社会における課題とステークホルダーが留意すべき原則が示されています。今後、AIが社会に受け入れられ適正に利用されるためには、本原則に留意しながらAIの社会実装を進めることが重要になります。

また、その基本理念として「人間の尊厳が尊重される社会(Dignity)」、「多様な背景を持つ人々が多様な幸せを追求できる社会(Diversity & Inclusion)」、「持続性ある社会(Sustainability)」の3つが示されています。単に AI の活用による効率性や利便性の向上だけではなく、AIを人類の公共財として活用し、社会の在り方の質的変化や真のイノベーションにより地球規模の持続可能性へとつなげることを目指しています。今後、AIが社会に受け入れられ適正に利用されるためには、本原則に留意しながらAIの社会実装を進めることが重要になります。

人間中心の AI社会原則	AI社会原則の内容（一部抜粋）
①人間中心 の原則	AIの利用は、憲法及び国際的な規範の保障する基本的人権を侵すものであってはならない
②教育・リテラシー の原則	教育・リテラシーを育む教育環境が全ての人に平等に提供されなければならない
③プライバシー確保 の原則	パーソナルデータが本人の望まない形で流通したり、利用されたりすることによって、個人が不利益を受けることのないようにパーソナルデータを扱わなければならない
④セキュリティ確保 の原則	社会は、常にベネフィットとリスクのバランスに留意し、全体として社会の安全性及び持続可能性が向上するように務めなければならない
⑤公正競争確保 の原則	新たなビジネス、サービスを創出し、持続的な経済成長の維持と社会課題の解決策が提示されるよう、公正な競争環境が維持されなければならない
⑥公平性、説明責任 及び透明性の原則	AI の利用によって、人々が、その人の持つ背景によって不当な差別を受けたり、人間の尊厳に照らして不当な扱いを受けたりすることがないように、公平性及び透明性のある意思決定とその結果に対する説明責任（アカウンタビリティ）が適切に確保されると共に、技術に対する信頼性（Trust）が担保される必要がある
⑦イノベーション の原則	Society 5.0 を実現し、AI の発展によって、人も併せて進化していくような継続的なイノベーションを目指すため、国境や産学官民、人種、性別、国籍、年齢、政治的信念、宗教等の垣根を越えて、幅広い知識、視点、発想等に基づき、人材・研究の両面から、徹底的な国際化・多様化と産学官民連携を推進するべきである

出典：統合イノベーション戦略推進会議決定 人間中心のAI社会原則

生成AIの留意事項

生成AIは、様々な業界において生産性向上や付加価値向上に寄与し、大きなビジネス機会を引き出す可能性があると期待されています。その一方で、生成AIの活用においては、生成AIの引き起こすリスクや脅威を正しく理解し、適切な利用を心掛ける必要があります。生成AIのような新しい技術を扱う際は、ELSIについて考えることが重要です。ELSIとは、「倫理的・法的・社会的課題(Ethical, Legal and Social Issues)」の頭文字を取った言葉で「エルシー」と読みます。科学技術を開発・展開した結果起こりうる倫理的課題・法的課題・社会的課題について考える必要性を提唱した概念で、あらゆる科学分野で検討が必要とされています。世界中で生成AI技術の研究が進む中、生成AIが社会に受け入れられ適正に利用されるために、ELSIについて検討することが求められています。

生成AIを活用する上での留意事項として、ハルシネーション(Hallucination)の問題があります。ハルシネーションとは、事実と異なる内容がさも正しいかのように生成される現象を指します。このハルシネーションは根本的に避けることが難しいため、生成AIから出力された結果を鵜呑みにするのではなく、検索等によるリサーチ結果との比較や、専門家や信頼性の高い情報の参照など、自ら確認・検証することが重要となります。また、生成AIに学習させるデータが偏っていた場合、偏見や差別的なコンテンツを生成してしまう可能性があります。社会に存在する偏見やバイアスの含まれたデータを基に学習した場合、生成AIは公平性を欠いた回答を出力してしまいます。生成AIは簡単に利用できるため悪用されるリスクもあります。マルウェアの作成や詐欺への利用など、不適切な利用方法が広がる可能性もあります。さらに生成されたコンテンツによる知的財産権の侵害や、プライバシー侵害のリスクもあります。

このように生成AIには様々なリスクが存在しています。それでは生成AIは活用しない方が良いのでしょうか？生成AIは、インターネットやトランジスタ、エンジン、電気などに匹敵する数十年に一度の技術と言われています。データサイエンティストは、生成AIのプラスの側面とマイナスの側面の両方を理解した上で適切に活用することが求められます。

5-5. 数理・データサイエンス・AI（リテラシーレベル）を詳しく学ぶ

数理・データサイエンス・AI（リテラシーレベル）をもう少し詳しく勉強したい方は、次のWebサイトや書籍を参考にしてください。本書で触れることのできなかったスキル／知識について詳しく学ぶことができます。

■ Webサイト

数理・データサイエンス・AI教育強化拠点コンソーシアムでは、数理・データサイエンス・AI（リテラシーレベル）モデルカリキュラムに対応した講義動画やスライド教材をWebサイト上で公開しています。モデルカリキュラムの「導入」「基礎」「心得」に対応するキーワード（知識・スキル）が一通り網羅されています。

出典：数理・データサイエンス・AI教育強化拠点コンソーシアム
http://www.mi.u-tokyo.ac.jp/consortium/e-learning.html

書籍

数理・データサイエンス・AI教育強化拠点コンソーシアムで定義したスキルセットに依拠した教科書シリーズとして「データサイエンス入門シリーズ（講談社）」が刊行されています。リテラシーレベルのモデルカリキュラムに対応した教科書として「教養としてのデータサイエンス」があり、データサイエンティスト検定の試験範囲となっている「導入」「基礎」「心得」について一通り学ぶことができます。

出典：講談社
データサイエンス入門シリーズ
https://www.kspub.co.jp/book/series/S137.html

データサイエンティスト検定™
リテラシーレベル

模擬試験

問題数：50問

データサイエンス：24問
データエンジニアリング：13問
ビジネス：8問
数理・データサイエンス・AI（リテラシーレベル）モデルカリキュラム：5問

制限時間：50分

※実際の試験は、問題数100問程度、試験時間100分とされています。

本書のご購入者向けに、サポートページにて模擬試験の提供を行います。随時、解説や追加問題を更新していく予定ですので、ぜひご活用ください。

●サポートページのURL
https://gihyo.jp/book/2024/978-4-297-14130-1/support

データサイエンス

固有ベクトルおよび固有値に関する次の選択肢の中で最も適切なものを1つ選べ。

a. 固有ベクトルは、行列による変換後も方向が変わらないベクトルであり、固有値はそのベクトルの長さが変化しないことを意味する

b. 固有ベクトルとは、任意のスカラー倍だけ方向が変わるベクトルであり、固有値はそのスカラー倍の値である

c. 固有ベクトルは、行列による変換後も方向が変わらないベクトルであり、固有値はその変換によってベクトルが何倍に伸縮するかを示すスカラーである

d. 固有ベクトルとは、行列による変換を受けるとベクトルがゼロベクトルになるベクトルであり、固有値はその変換におけるベクトルの角度の変化を示す

関数

$$f(x,y) = x^2 + 2xy - y^2$$

において、点(-1,2)における勾配ベクトルを求めよ。

a. (-1,3)

b. (-1,-3)

c. (2,-3)

d. (2,-6)

集合A,Bに対して、以下のベン図が示すものとして最も適切なものを1つ選べ。

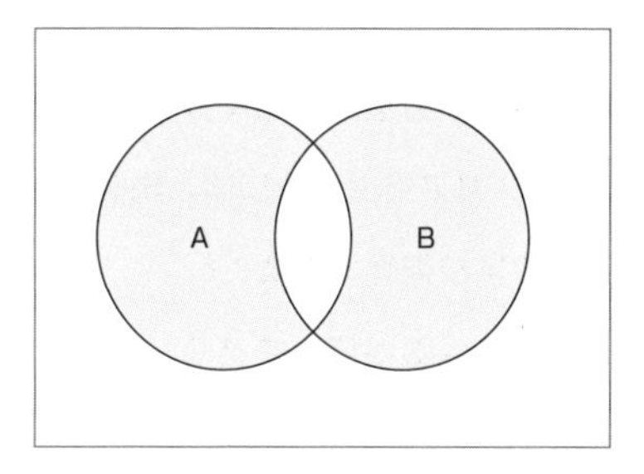

a. 対称差集合

b. 和集合

c. 積集合

d. 差集合

以下のデータの標準偏差として、次の中で最も適切なものを1つ選べ。

6, 1, 0, -2, 7

a. 2.40

b. 3.50

c. 12.24

d. 12

ある学校で実施した数学のテストにおいて、スコアが高い生徒は読書量が多い傾向が見られた。このことから言えることとして最も適切なものを1つ選べ。

a. 数学のテストのスコアと読書量には相関がある

b. 数学のテストにおいてスコアを上げるには、読書量を増やすとよい

c. 読書量が多い生徒は数学が得意である

d. 読書量が多い生徒は学業成績が優秀である

以下の、(　)に当てはまる選択肢を、次の中から1つ選べ。

指数関数$y=a^x$のグラフは、(　)に直線になる。

a. X軸を対数スケールにした場合

b. Y軸を対数スケールにした場合

c. Y軸を指数スケールにした場合

d. X軸を指数スケールにした場合

体力向上のための12週間の運動プログラムを完了した参加者の体力がプログラム開始前と比べて向上したかを検証したい。このとき、帰無仮説および対立仮説の組み合わせとして、最も適切なものを1つ選べ。

a. 帰無仮説：運動プログラム後の参加者の体力が向上しない
　対立仮説：運動プログラム後の参加者の体力が向上している

b. 帰無仮説：運動プログラム後の参加者の体力が向上している
　対立仮説：運動プログラム後の参加者の体力が向上しない

c. 帰無仮説：運動プログラム後の参加者の体力が向上しない
　対立仮説：運動プログラム後の参加者の体力が低下している

d. 帰無仮説：運動プログラム後の参加者の体力が向上している
　対立仮説：運動プログラム前の参加者の体力が向上しない

ある新しい薬の効果を評価するために、実験を行うことになりました。被験者をランダムに2つのグループに分け、1つは新薬を与え、もう1つは薬効のない偽薬（プラセボ）を与えるとします。この実験設計における、新薬を与えるグループの名称を次の中から1つ選べ。

a. 実験群

b. 対照群

c. 被験者群

d. ランダム群

ある小売業者が販売する商品の需要を予測するために、過去の売上データを分析しています。しかし、分析結果が現在の需要と大きく乖離していました。このような場合の行動として、最も適切でないものを1つ選べ。

a. 季節性や経済状況の変化など、外部の影響因子を考慮してモデルに追加し、精度向上につながるか試してみる

b. 販売データだけでなく、マーケティング施策や競合情報など他の要因も考慮し、より包括的な予測モデルを構築する

c. 現在の需要に近づけるために、予測との誤差を分析し、その誤差から原因を考える

d. データを分析したチームの経験や専門知識を信頼し、分析結果を受け入れる

あなたはデータ解析部門のメンバーとして、新しいマーケティングキャンペーンのデータ分析を行っています。この分析結果を他部門のマーケティングチームに伝える必要があります。この際、以下のアクションのうち最も適切なものを1つ選べ。

a. Excelで作成した数値の表を提供する

b. チームミーティングで、分析結果からわかるトレンドや項目間の関連性を提示し、議論する

c. 集計結果を踏まえ、文章で説明したレポートを送付する

d. 漏れがないように、すべてのデータの関係性をグラフで表示して、提供した

プレゼンテーションを行うにあたり、わかりやすく適切に説明するため、データを用いたグラフの強調表現を活用することにした。
最も適切な表現ができているものを、次の中から1つ選べ。

a. ある部門のコストが0.1%の範囲で増減していることを説明するため、原点を0にしない折れ線グラフで示した

b. テスト結果をヒストグラムで表現する際に、区間ごとの度数データをわかりやすく示すために、それぞれ違う色で表現した

c. 過去のトラブルの原因を割合で示すため円グラフを作成したが、一番の原因をわかりやすく示すために3D円グラフで立体的に示し、一番手前の領域に示したい項目がでるように並べて表現した

d. ゲリラ豪雨の発生回数が概ね年々増加していることを示すために、毎年のゲリラ豪雨の発生回数を棒グラフで表示したのち、右肩上がりの矢印を重ねてわかりやすく表現した

箱ひげ図を用いて外れ値を見つける方法として最も適切なものを1つ選べ。

a. 箱ひげ図の箱から外れた値が外れ値になる

b. 箱ひげ図のひげの一番先が外れ値となる

c. 箱ひげ図のひげの一番先を超えた値が外れ値となる

d. 箱ひげ図の境界点は外れ値と一致する

機械学習を実行して予測した結果、次のような混同行列が得られた。このとき、Accuracyの値として、次の中から最も近いものを1つ選べ。

		予測	
		故障する	故障しない
実測	故障する	110	30
	故障しない	20	120

a. 0.79

b. 0.81

c. 0.82

d. 0.85

二項分類モデルが過学習の状態であるときに起きる現象を記載した文章として、次の選択肢の中から最も適切なものを1つ選べ。

a. 訓練データによるモデルの精度が98%であり、テストデータによるモデルの精度が99%であった

b. 訓練データによるモデルの精度が98%であり、テストデータによるモデルの精度が70%であった

c. 訓練データによるモデルの精度が50%であり、テストデータによるモデルの精度が30%であった

d. 訓練データによるモデルの精度が50%であり、テストデータによるモデルの精度が90%であった

あなたは機械学習によるモデリング(訓練と検証)をおこなうため、20,000件のデータを用意した。モデリングでは過学習を避けるため、交差検証法(クロスバリデーション)を採用した。5-folds クロスバリデーションを行う場合、用意したデータの中で、検証に使用しないデータは何件か。次の中から最も適切なものを1つ選べ。

a. 5件

b. 4,000件

c. 16,000件

d. 0件

連合学習(Federated Learning)について正しい説明として最も適切なものを1つ選べ。

a. 連合学習では、データを共有せず、各端末で独自にモデルを学習させるため、プライバシーの保護が図られている

b. 連合学習では、データを集約して中央サーバーに送信し、一元的にモデルを学習させるため、データセキュリティが強化されている

c. 連合学習では、データを共有せず、各端末で学習されたモデルのパラメータを中央サーバーで統合し、最終的なモデルを構築する

d. 連合学習では、データを中央サーバーに集約せず、各端末で学習されたモデルを直接統合するため、通信コストが低減されている

あなたはデータサイエンティストとして建設機械の故障検知を行っています。故障検知のために効果的なアプローチとして、最も適切な方法を1つ選べ。

a. 検知モデルのパラメータや構造を複雑化させる

b. 機械のセンサーデータの質を向上させる(ノイズのフィルタリング、データの補完など)

c. 検知に使用するデータセットのサイズを減らす

d. 故障検知の処理時間を短縮する

以下の選択肢から、深層学習(ディープラーニング)の特徴や成果について述べているものの中で、最も適切なものを1つ選べ。

a. 深層学習(ディープラーニング)を利用することで、膨大なデータセットから複雑なパターンを学習し、高度な予測モデルを構築できる

b. 深層学習(ディープラーニング)技術は、プログラミングスキルがない人にとっても直感的に使えるユーザーインターフェイスを提供する

c. 深層学習(ディープラーニング)のモデルは、一度学習を完了させれば、追加の調整なしにさまざまな問題に適用可能である

d. 深層学習(ディープラーニング)は、計算資源をほとんど必要とせず、基本的なハードウェア上で高度なモデルを効率的に訓練することができる

Q19

時系列データの分析を進める際、次の記述のうち最も適切でないものを1つ選びなさい。

a. 時系列データ分析において、長期トレンドの存在は考慮せず、季節成分などの周期性とノイズに焦点を当てて分析することが重要である

b. 時系列データ分析では、データの非定常性を診断し、必要に応じて差分取得や変換を施すことが重要である

c. 時系列の長期トレンドを特定する場合でも、データの短期的な変化を捉えることが重要である

d. 時系列分析による将来の予測では、データの周期性を認識することが重要である

Q20

以下に記した階層クラスター分析の結果に対する説明として、次の中で最も適切なものを1つ選べ。

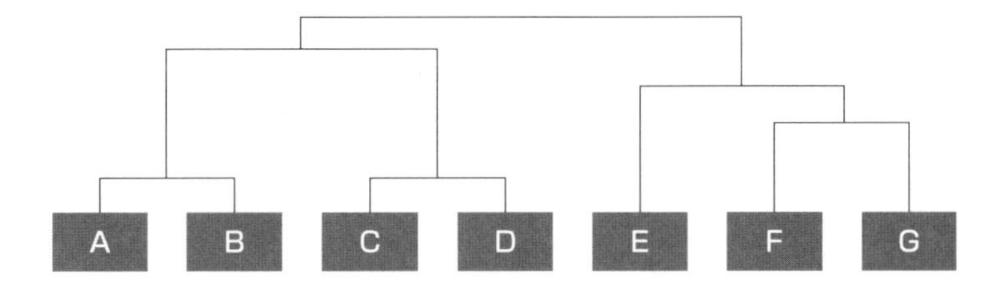

a. 2つに分ける場合、(A,B,C)(D,E,F,G)となる

b. 4つに分ける場合、(A,B)(C,D)(E)(F,G)となる

c. DとEは隣同士で、類似度が高い

d. 3つに分ける場合、(A,B,C,D)(E)(F,G)となる

Q21

ネットワーク分析における有向グラフと無向グラフの違いとして、次の中から最も適切なものを1つ選べ。

a. 有向グラフでは、エッジが向きを持つが、無向グラフではエッジに向きはない

b. 有向グラフでは、ノードが向きを持つが、無向グラフではノードに向きはない

c. 有向グラフでは、エッジとノードの関係が一対一の対応であるが、無向グラフでは一対多の対応となる

d. 有向グラフでは、エッジとノードの関係が多対多の対応であるが、無向グラフでは一対一の対応となる

レコメンドシステムにおけるコンテンツベースフィルタリングと協調フィルタリングの違いとして、次の中から最も適切なものを1つ選べ。

a. コンテンツベースフィルタリングは、ユーザーの好みに基づいて類似したコンテンツを推薦するが、協調フィルタリングはユーザー同士の類似性を基に推薦する

b. コンテンツベースフィルタリングは、ユーザー同士の類似性を基に推薦するが、協調フィルタリングはユーザーの好みに基づいて類似したコンテンツを推薦する

c. コンテンツベースフィルタリングは、ユーザーの過去の購買履歴を基に推薦するが、協調フィルタリングは商品の特徴や属性を基に推薦する

d. コンテンツベースフィルタリングは、ユーザーの好みに基づいて類似したコンテンツを推薦するが、協調フィルタリングは商品の特徴や属性を基に推薦する

入力画像の周囲を画素値で埋めることで出力のサイズを調整することを何というか。最も適切なものを1つ選べ。

a. パディング

b. ストライド

c. プーリング

d. カーネル

大規模言語モデルで、ハルシネーションが起こる理由として最も適切でないものを1つ選べ。

a. 学習用データがそもそも誤りや歪みを含んでいる可能性があるため

b. 入力された問いに対応する学習用データが存在しない可能性があるため

c. モデルの構造がシンプルすぎるため

d. モデルが文脈を理解せずに単語やフレーズを単純に結び付けるモデルであるため

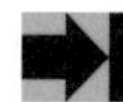

データエンジニアリング

あなたは、社内にあるER図を受け取り、データの関係性を説明するように依頼を受けた。ER図で表現できるリレーションシップ（関係）から説明できないものは次の中でどれか。最も適切なものを1つ選べ。

a. n:mの関係

b. エンティティ同士が相互に関連している場合の依存関係

c. 片方のエンティティが存在しない場合でも成り立つリレーションシップ

d. エンティティ間で交換されるデータの量のバランス

第一正規化と第二正規化の違いについて書いた文章として、次の中から最も適切なものを1つ選べ。

a. 第一正規化はデータベース内のすべてのテーブルが複合主キーを持つことを要求するが、第二正規化は各テーブルに一意の主キーが存在することを要求する。

b. 第一正規化はテーブル内の各カラムが原子的な値（分割不可能な値）のみを持つことを要求するが、第二正規化はテーブルをその主キーに完全に依存する非キー属性のみで構成することを要求する。

c. 第一正規化はデータベースのスキーマを変更して新たなテーブルを作成することを要求するが、第二正規化は既存のテーブルから不要なカラムを削除することを要求する。

d. 第一正規化と第二正規化の違いは、第一正規化がデータの整合性を確保するために外部キーを使用するのに対し、第二正規化は外部キーの使用を禁止することにある。

あなたは社内のデータウェアハウスの最適化プロジェクトに取り組んでいます。新しいデータウェアハウスの基盤としてApache Sparkを採用することになりました。
Apache Sparkで高性能なデータ処理を実現するために重要な事項として、次の中から最も適切なものを1つ選べ。

a. Apache Sparkは、主に構造化データの処理に適しており、非構造化データの処理はサポート外である

b. Apache Sparkでは、特定のレコードを指定したデータの変更操作は推奨されていない

c. データのパーティショニング戦略は、クラスター内のノード数に依存しないが、パフォーマンス最適化のために検討する必要がある

d. Apache Sparkを用いる場合、処理するデータの量に応じて実行するサーバーの数を指定する必要がある

以下の抽出条件をSQLのWHERE句で実現する際の表記として、最も適切なものを次の中から1つ選べ。

【抽出条件】
入社年(HireYear)が2015年以前、または月収(Salary)が300,000円以上であるが400,000円未満の従業員を抽出する。

a. WHERE HireYear <= 2015 OR (Salary >= 300000 AND Salary < 400000)

b. WHERE HireYear < 2015 AND (Salary > 300000 OR Salary < 400000)

c. WHERE HireYear <= 2015 AND Salary BETWEEN 300000 AND 400000

d. WHERE HireYear < 2015 OR (Salary >= 300000 AND Salary < 400000)

ウェブページのURLを識別するための正規表現として、正しいURLの形式は、プロトコル(httpまたはhttps)、ドメイン名、必要に応じてパスを含むものとする場合、次の中から最も適切なものを1つ選べ。

a. ^https?://[a-zA-Z0-9.-]+.[a-zA-Z]{2,}(/.*)?$

b. ^[a-zA-Z]+://[a-zA-Z0-9.-]+.[a-zA-Z]{2,}$

c. ^www.[a-zA-Z0-9.-]+.[a-zA-Z]{2,}$

d. ^https?:\[a-zA-Z0-9.-]+.[a-zA-Z]{2,}$

あなたはデータ分析チームからの要望で、外部から受け取ったExcelファイルのデータを分析用データベースにインポートするタスクを任されました。Excelファイル内には、'2023-09-01'の形式で記載されている日付データが含まれています。これをデータベースで扱いやすい日付型に変換して格納する必要があります。この変換を実行するためのSQL関数として、以下の選択肢から最も適切なものを1つ選べ。

a. CONVERT_DATE('2023-09-01')

b. PARSE_DATE('YYYY-MM-DD', '2023-09-01')

c. STRING_TO_DATE('2023-09-01')

d. TO_DATE('20230901','YYYYMMDD')

あなたはBIツールを用いて、管理職が閲覧するダッシュボードを作成することになった。BIツールでグラフを作成する操作として次の中から最も必要性が低い作業を1つ選べ。

a. 自由検索機能を用いて、把握したいカテゴリに基づくデータを可視化する

b. 関連性を把握したいカテゴリを選択して、可視化する

c. グラフに表示するデータの色分けの基準を設定する

d. グラフのタイトルや説明を入力して、データのコンテキストを明確にする

Q32

あるソフトウェアエンジニアリングプロジェクトで、機能テストを実施した。このテストに関連して、望ましい結果とテストの種類の組み合わせたとして、次の選択肢の中で最も適切なものを1つ選べ。

テストケース：ユーザーが提供した日付データを使用して、週の曜日を判定するプログラムで、「2024-01-01」を入力データとしてテストを実施した

a. 正常/ホワイトボックス

b. 正常/ブラックボックス

c. エラー/ホワイトボックス

d. エラー/ブラックボックス

Q33

画像系の学習済予測モデルを用いて呼び出せる結果として次の中から、最も適切なものを1つ選べ。

a. 画像の撮影者

b. 画像のメタデータに含まれる位置情報

c. 画像に含まれない物体

d. 画像に含まれる文字

以下のSQLを実行することで表示される結果として、次の説明の中で最も適切なものを1つ選べ。

```
SELECT 温室ガス排出量調査.国名, SUM(温室ガス排出量調査.排出量)
FROM 温室ガス排出量調査
WHERE 温室ガス排出量調査.年度 >= 2010 AND 温室ガス排出量調査.年度 <= 2020
GROUP BY 温室ガス排出量調査.国名
ORDER BY SUM(温室ガス排出量調査.排出量) DESC
```

a. 国別に2010年から2020年までの最低温室ガス排出量を抽出し、最低排出量の昇順で国名とともに表示する

b. 国別に2010年から2020年までの温室ガス排出量の合計を集計し、合計排出量の昇順で国名とともに表示する

c. 国別に2010年から2020年までの温室ガス排出量の合計を集計し、合計排出量の降順で国名とともに表示する

d. 国別に2010年から2020年までの最高温室ガス排出量を抽出し、最高排出量の降順で国名とともに表示する

Q35

セキュアにデータを取り扱う際に用いられる公開鍵暗号化方式の特徴として、次の中から最も適切なものを1つ選べ。

a. 公開鍵暗号化方式では、共有するデータを秘密鍵で復号したのちに、共有された相手が暗号化することでセキュリティを担保する

b. 公開鍵暗号化方式では、公開鍵で暗号化するが、別の公開鍵で復号する

c. 公開鍵暗号化方式では、秘密鍵で暗号化し、公開鍵で復号する方式である

d. 公開鍵暗号化方式では、不特定多数の相手に公開可能な公開鍵で暗号化する

データエンジニアがOAuthに対応したデータ提供サービスのREST APIを呼び出すために必要な手順として、次の中から最も適切なものを1つ選べ。

a. アクセストークンを取得し、そのトークンをREST APIのAuthorizationヘッダに付与してAPIを呼び出す

b. クライアントIDとクライアントシークレットをREST APIに都度渡してAPIを呼び出す

c. SSL証明書を生成してREST APIのエンドポイントに接続し、データを取得する

d. OAuthのエンドポイントに直接アクセスしてデータを取得する

生成AIを用いて複数の文やアイデアを生成させる際に、少量のサンプルを与える技法のうち、出力結果をテーマに関連する内容にするために利用される技法の名称を次の中から1つ選べ。

a. Few-shot Prompting

b. Chain-of-Thought

c. Backward Chaining

d. Active Learning

あなたは、新たなスマートファーム技術を開発するアグリテック企業におけるプロジェクトマネージャーとして最近採用されました。入社後の初めての課題として、自社で開発中の次世代農業技術製品の市場導入準備をサポートすることになりました。すでに、関連する市場分析や競合他社の研究データをいくつか受け取っており、これらの情報をどのように活用するかを考えている中で、最も効果的でないアプローチを1つ選べ。

a. 受け取った市場分析データと競合他社の研究データを基に、市場ニーズと自社製品の強みを比較分析した

b. 製品開発チームと連携し、受け取ったデータを基に改善点を議論し、製品の特徴を洗い出した

c. 市場導入前に、すべてのデータを基に販売戦略を一から立て直し、マーケティング計画を策定した

d. 受け取ったデータの概要を確認し、さらなる情報が必要かどうかを製品開発チームやマーケティングチームと相談した

Q39

あなたは、新しいスポーツジムの会員増加戦略を考案することになり、既存の会員にアンケート調査を行い、以下のような回答を得ました。「新年や夏に近づくと、ダイエットや体形維持のために新規会員が増える傾向にある。また、地元のマラソン大会やスポーツイベントの前後も会員が増加する。週末は比較的空いており、平日の夕方が最も混雑する。土日の朝には特別なフィットネスクラスを開くと参加者が多い」。あなたが、「アンケート結果からの仮説」として立案したものとして、最も適切でないものを1つ選べ。

a. 年間を通じて特定の時期に新規会員が増える傾向があるのではないか

b. 平日と週末でジムの混雑度に違いがあるのではないか

c. 特別なフィットネスクラスを開くと参加者が増えるのではないか

d. オンライン広告を強化すると新規会員が増えるのではないか

Q40

あなたは、ヘルスケアアプリの開発会社で働いており、アプリの使用データとユーザーの健康改善状況に関連があるかどうかを分析するプロジェクトを担当しています。データセットには、ユーザー別のアプリ利用頻度、活動量記録、月次健康指標(血圧、体重等)が含まれています。しかし、データの検証過程で、特定のユーザーの健康指標データが数か月分欠落していることに気付きました。この状況をどう扱うかに関して、以下の選択肢から最も適切でないものを1つ選べ。

a. 欠落している期間のデータは、健康であったとして標準的なデータを入力し、分析を進めた

b. 開発チームに通知し、データの再収集または確認を依頼した

c. ユーザーに直接連絡を取り、欠落しているデータについて問い合わせた

d. 欠落しているユーザーのデータは分析から除外した

Q41

あなたは電子書籍の利用状況に関する調査のため、アンケートの設問を設計しました。次の中で、データや調査内容の重複が起きない設問として、最も適切なものを1つ選べ。

a.「対象者の年齢」「対象者の職業」「対象者の年収」「対象者の居住地域」「対象者の生年月日」

b.「読んでいる電子書籍のジャンル」「最も好きな電子書籍のジャンル」「最も頻繁に読む電子書籍のジャンル」

c.「電子書籍の読書に使っているデバイス(スマートフォン、タブレット、eリーダー等)」「電子書籍購入の頻度」

d.「読書時間(平日)」「読書時間(休日)」「1日の中で読書に割く時間」

Q42

ある企業が管理業務の効率化を目指して生成AIを導入しました。以下のタスクの選択肢の中で、生成AIを用いて効率化することが最も難しいものを1つ選べ。

a. 定型のメール返信の自動化

b. 売上データの自動分析とレポート生成

c. 従業員のパフォーマンス評価の自動化

d. 社内手続きの書類自動作成

書籍販売会社から、売上減少の原因について分析してほしいと依頼を受けた。分析に入る前のデータ入手における行動として、次の中で最も適切でないものを1つ選べ。

a. 書籍や出版業界におけるデータを一通りリスト化し、依頼元が保有しているデータについて確認する

b. 依頼元のシステムにあるデータの中で、今回の分析に関係するであろうデータを依頼元に選んでもらい、データを送ってもらうように手配する

c. データを入手時に別途追加費用が必要なデータがないか確認する

d. 売上減少の原因について仮説を立案し、関係者にヒアリングし、必要なデータを特定する

あなたはデータサイエンティストとして大手企業のデータ分析部門に所属しています。最近、大規模言語モデルを用いたAIの利用が急速に増えており、様々な業務で活用されています。しかし、この大規模言語モデルには注意すべき点も存在します。事実と異なる内容が生成されるハルシネーションという問題があり、これらが根本的に避けることができないことが知られています。この知識を踏まえて、大規模言語モデルを利用する際に必要な注意点として最も適切なものを1つ選べ。

a. 大規模言語モデルの出力を完全に信じることで、問題の解決を図る

b. 出力結果を鵜呑みにせず、常に事実確認や二次的な検証を行う姿勢を持つ

c. AIモデルの設計段階でハルシネーションを完全に排除することが可能であるため、注意は必要ない

d. 大規模言語モデルの出力に対しては、専門家の意見を求めることは不要である

Q45

データの可視化結果や、分析結果から「意味合い」を見出すための行動として、次の中で最も適切でないものを1つ選べ。

a. 異常値や外れ値は、データ収集時や集計時のミスであるため、事前に該当するデータを削除した上で全体の傾向を捉える

b. グラフや集計表から特徴的な場所を見出し、更に細かく分解したり、ローデータを見たりしながら、何が起きているかを考える

c. データの可視化結果や分析結果を踏まえ、データだけでは見えない現場で起きている事象を、専門家を交えて把握する

d. データの可視化や分析前に立案した仮説に対して、結果を踏まえて検証し、当初想定していたことが起きているかどうかを確認する

数理・データサイエンス・AI（リテラシーレベル）モデルカリキュラム

Q46

次の用語の説明の中で、最も正確でないものを1つ選べ。

a. ブロックチェーン技術とは、取引の記録を複数のコンピューターで分散して管理することにより、改ざんの難易度を高める仕組みを指し、主にデジタル通貨の取引に利用される

b. ディープラーニングは、人間の脳の神経細胞ネットワークを模倣したアルゴリズムであり、大量のデータから複雑なパターンを学習するAIの一形態である

c. クラウドコンピューティングは、インターネットを介して、コンピューター資源（サーバー、ストレージ、アプリケーションなど）を必要に応じて利用者に提供する技術であるが、主にプライベートネットワーク内でのみ利用される

d. 量子コンピューターは、従来のビットではなく、量子ビットを使用することで、一度に複数の計算を行う能力を持ち、特定の計算問題において従来のコンピューターを大幅に上回る処理速度を実現する

近い将来に何が起きるかを予測する「予測的データ分析」について、次の中で最も適切に利用できていると思われるものを1つ選べ。

a. 小売業において、夏の購買データを分析し、秋の商品需要を予測し、適切な在庫管理と仕入れ計画を立てることができる

b. ヘルスケア分野で、患者の過去の健康記録や生活習慣データを分析して、将来的に発生する可能性が高い疾患を特定し、予防策を講じることができる

c. 公共交通機関の運行において、過去の乗車データを分析して、特定の日時における混雑予測を行い、運行計画の日次での最適化をすることができる

d. 金融業界において、顧客の過去の取引履歴や市場の動向を分析して、顧客ごとにパーソナライズされた投資ポートフォリオを提案し、リスクを最小限に抑えつつ収益を最大化することができる

以下のデータを使ってヒストグラムを作成する場合、設定する階級幅として次の中から最も適切なものを1つ選べ。

51, 72, 93, 121, 132, 143, 151, 151, 202, 221, 222, 240, 255, 268, 289, 294, 301, 308, 309, 321, 330, 341, 356, 378, 379, 388, 394, 401, 405, 411, 419, 422, 443, 468, 520, 541, 543, 589, 591, 600

a. 10

b. 30

c. 100

d. 300

健康研究において、過去10年間にわたり各地域での運動習慣の有無と2型糖尿病の発症率に関連があるか分析することになった。この状況における分析で考慮すべき仮説として、次のうち最も適切なものを1つ選べ。

a. 運動習慣と2型糖尿病の発症率の間には相関関係と因果関係の両方が存在する

b. 運動習慣と2型糖尿病の発症率の間には相関関係はあるが、因果関係は存在しない

c. 運動習慣と2型糖尿病の発症率の間には因果関係はあるが、相関関係は存在しない

d. 運動習慣と2型糖尿病の発症率の間には相関関係も因果関係も存在しない。

ある大学が、学生の生活状況と満足度に関する調査を計画している。この大学には多数の学部と研究科があり、学生の特性が大きく異なるため、全体から無作為に抽出した標本のみを調査するのではなく、各学部から一定数の学生を抽出して詳細なアンケート調査を行うことにした。このようなアプローチでは、それぞれの学部の特性を考慮したうえで、全体の傾向を把握することが可能となる。この調査法の枠組みとして、最も適切なものを1つ選べ。

a. 単純無作為抽出法

b. 層化無作為抽出法

c. 集落抽出法

d. 多段抽出法

データサイエンティスト検定™
リテラシーレベル

模擬試験
解答例

データサイエンス					
Q	解答	該当するスキルチェック項目			ページ
		スキルカテゴリ	サブカテゴリ	チェック項目	
1	c	数学的理解	微分・積分基礎	DS4 固有ベクトルおよび固有値の意味を理解している	34
2	d	数学的理解	微分・積分基礎	DS6 2変数以上の関数における偏微分の計算方法を理解しており、勾配を求めることができる	38
3	a	数学的理解	集合論基礎	DS8 和集合、積集合、差集合、対称差集合、補集合についてベン図を用いて説明できる	43
4	b	科学的解析の基礎	統計数理基礎	DS13 与えられたデータにおける分散、標準偏差、四分位、パーセンタイルを理解し、目的に応じて適切に使い分けることができる	51
5	a	科学的解析の基礎	統計数理基礎	DS16 相関関係と因果関係の違いを説明できる	56
6	b	科学的解析の基礎	統計数理基礎	DS22 指数関数とlog関数の関係を理解し、片対数グラフ、両対数グラフ、対数化されていないグラフを適切に使いわけることができる	63
7	a	科学的解析の基礎	推定・検定	DS45 統計的仮説検定において帰無仮説と対立仮説の違いを説明できる	73
8	a	科学的解析の基礎	因果推論	DS53 ある特定の処置に対して、その他の変数や外部の影響を除いた効果を測定するためには、処置群(実験群)と対照群に分けて比較・分析する必要があることを知っている	80
9	d	データの理解・検証	俯瞰・メタ思考	DS67 データが生み出される経緯・背景を考え、データを鵜呑みにはしないことの重要性を理解している	88
10	b	データ可視化	表現・実装技法	DS118 データ解析部門以外の方に、データの意味を可視化して伝える重要性を理解している	109
11	d	データ可視化	表現・実装技法	DS121 強調表現がもたらす効果と、明らかに不適切な強調表現を理解している(計量データに対しては位置やサイズ表現が色表現よりも効果的など)	112
12	c	データ可視化	意味抽出	DS133 外れ値を見出すための適切な表現手法を選択できる	117
13	c	モデル化	統計的評価	DS154 混同行列(正誤分布のクロス表)、Accuracy、Precision、Recall、F値、特異度を理解し、精度を評価できる	125
14	b	モデル化	機械学習	DS164 過学習とは何か、それがもたらす問題について説明できる	132
15	d	モデル化	機械学習	DS169 ホールドアウト法、交差検証(クロスバリデーション)法の仕組みを理解し、訓練データ、パラメータチューニング用の検証データ、テストデータを作成できる	137

データサイエンス					
Q	解答	該当するスキルチェック項目			ページ
		スキルカテゴリ	サブカテゴリ	チェック項目	
16	c	モデル化	機械学習	DS174 連合学習では、データは共有せず、モデルのパラメータを共有して複数のモデルを統合していることを理解している	143
17	b	モデル化	機械学習	DS175 モデルの性能を改善するためには、モデルの改善よりもデータの質と量を向上させる方が効果的な場合があることを理解している	144
18	a	モデル化	深層学習	DS201 深層学習(ディープラーニング)モデルの活用による主なメリットを理解している(特徴量抽出が可能になるなど)	145
19	a	モデル化	時系列分析	DS219 時系列分析を行う際にもつべき視点を理解している(長期トレンド、季節成分、周期性、ノイズ、定常性など)	147
20	b	モデル化	クラスタリング	DS229 階層クラスター分析において、デンドログラムの見方を理解し、適切に解釈できる	153
21	a	モデル化	ネットワーク分析	DS240 ネットワーク分析におけるグラフの基本概念(有向・無向グラフ、エッジ、ノード等)を理解している	154
22	a	モデル利活用	レコメンド	DS247 レコメンドアルゴリズムにおけるコンテンツベースフィルタリングと協調フィルタリングの違いを説明できる	155
23	a	非構造化データ処理	画像認識	DS267 画像データに対する代表的なクリーニング処理(リサイズ、パディング、正規化など)を目的に応じて適切に実施できる	164
24	c	生成	大規模言語モデル	DS282 大規模言語モデル(LLM)でハルシネーションが起こる理由を学習に使われているデータの観点から説明できる(学習用データが誤りや歪みを含んでいる場合や、入力された問いに対応する学習用データが存在しない場合など)	171

データエンジニアリング					
Q	解答	該当するスキルチェック項目			ページ
		スキルカテゴリ	サブカテゴリ	チェック項目	
25	d	データ構造	基礎知識	DE54 ER図を読んでテーブル間のリレーションシップを理解できる	188
26	b	データ構造	テーブル定義	DE57 正規化手法(第一正規化～第三正規化)を用いてテーブルを正規化できる	189
27	b	データ蓄積	分散技術	DE66 HadoopやSparkの分散技術の基本的な仕組みと構成を理解している	193
28	a	データ加工	フィルタリング処理	DE80 表計算ソフトのデータファイルに対して、条件を指定してフィルタリングできる(特定値に合致する・もしくは合致しないデータの抽出、特定範囲のデータの抽出、部分文字列の抽出など)	196
29	a	データ加工	フィルタリング処理	DE81 正規表現を活用して条件に合致するデータを抽出できる(メールアドレスの書式を満たしているか判定をするなど)	197
30	d	データ加工	変換・演算処理	DE91 表計算ソフトのデータファイルのデータに対する四則演算ができ、数値データを日時データに変換するなど別のデータ型に変換できる	204
31	c	データ共有	データ連携	DE106 BIツールの自由検索機能を活用し、必要なデータを抽出して、グラフを作成できる	212
32	b	プログラミング	基礎プログラミング	DE114 ホワイトボックステストとブラックボックステストの違いを理解し、テストケースの作成とテストを実施できる	219
33	d	プログラミング	AIサービス活用	DE123 他サービスが提供する分析機能や学習済み予測モデルをWeb API (REST)で呼び出し分析結果を活用することができる	223
34	c	プログラミング	SQL	DE135 SQLの構文を一通り知っていて、記述・実行できる(DML・DDLの理解、各種JOINの使い分け、集計関数とGROUP BY、CASE文を使用した縦横変換、副問合せやEXISTSの活用など)	229
35	d	ITセキュリティ	暗号化技術	DE151 公開鍵暗号化方式において、受信者の公開鍵で暗号化されたデータを復号化するためには受信者の秘密鍵が必要であることを知っている	235
36	a	ITセキュリティ	認証	DE154 OAuthに対応したデータ提供サービスに対して、認可サーバから取得したアクセストークンを付与してデータ取得用のREST APIを呼び出すことができる	238
37	a	生成AI	プロンプトエンジニアリング	DE170 生成AIを活用する際、出力したい要件に合わせ、Few-shot PromptingやChain-of-Thoughtなどのプロンプト技法の利用や、各種APIパラメーター(Temperatureなど)の設定ができる	244

ビジネス					
Q	解答	該当するスキルチェック項目			ページ
		スキルカテゴリ	サブカテゴリ	チェック項目	
38	c	行動規範	ビジネス マインド	BIZ2「目的やゴールの設定がないままデータを分析しても、意味合いが出ない」ことを理解している	254
39	d	行動規範	ビジネス マインド	BIZ3 課題や仮説を言語化することの重要性を理解している	255
40	a	行動規範	データ・AI倫理	BIZ11 データを取り扱う人間として相応しい倫理を身に着けている(データのねつ造、改ざん、盗用を行わないなど)	259
41	c	論理的思考	MECE	BIZ19 データや事象の重複に気づくことができる	264
42	c	着想・デザイン	AI活用検討	BIZ43 既存の生成AIサービスやツールを活用し、自身の身の回りの業務・作業の効率化ができる	275
43	b	アプローチ設計	データ入手	BIZ62 仮説や既知の問題が与えられた中で、必要なデータにあたりをつけ、アクセスを確保できる	281
44	b	アプローチ設計	生成AI活用	BIZ82 大規模言語モデルにおいては、事実と異なる内容がさも正しいかのように生成されることがあること(ハルシネーション)、これらが根本的に避けることができないことを踏まえ、利用に際しては出力を鵜呑みにしない等の注意が必要であることを知っている	284
45	a	データ理解	ビジネス観点 での理解	BIZ91 ビジネス観点で仮説を持ってデータをみることの重要性と、仮に仮説と異なる結果となった場合にも、それが重大な知見である可能性を理解している	289

数理・データサイエンス・AI（リテラシーレベル）モデルカリキュラム					
Q	解答	該当するスキルチェック項目			ページ
		モデルカリキュラム章	学習内容	キーワード（知識・スキル）	
46	c	1-1. 社会で起きている変化	社会で起きている変化を知り、数理・データサイエンス・AIを学ぶことの意義を理解する AIを活用した新しいビジネス/サービスを知る	・ビッグデータ、IoT、AI、生成AI、ロボット	302
47	b	1-5.データ・AI利活用の現場	データ・AIを活用することによって、どのような価値が生まれているかを知る	・教育、芸術、流通、製造、金融、サービス、インフラ、公共、ヘルスケア等におけるデータ・AI利活用事例紹介	302
48	c	2-1.データを読む	データを適切に読み解く力を養う	・データの分布（ヒストグラム）と代表値（平均値、中央値、最頻値）	308
49	a	2-1.データを読む	データを適切に読み解く力を養う	・相関と因果（相関係数、擬似相関、交絡）	308
50	b	2-1.データを読む	データを適切に読み解く力を養う	・母集団と標本抽出（国勢調査、アンケート調査、全数調査、単純無作為抽出、層別抽出、多段抽出）	308

あとがき

データサイエンティストとは、イケてるビジネスパーソン、いや、人そのものであると私は思っています。ビジネスの目的のほとんどは課題解決で、ビジネスパーソンは日々、解決のための意思決定を繰り返しており、ほぼすべての場合において、私達は「根拠(エビデンス)」の提示を求められます。

根拠には様々なものがあります。専門家の見解や推薦を以て質を高めたもの、知識・知見(ナレッジ)、第三者の評価、人やモノが動いた結果などを定量的に表したものです。有象無象のフェイクが湧き出す現代において、真実を見抜き、情報を価値あるものとして活用し、意思決定していくことは、激動の時代を生き抜いていくために必須の力です。

加えて、世の中のあらゆる事柄がデータサイエンスの恩恵を受けて素敵な行進曲を奏でています。計測器はみるみる小さく正確になり、計算機は扱うデータがモリモリになろうとも、めきめきと発展し、数理モデルはますます研ぎ澄まされ、するすると解決に導いてくれます。

このような時代に、人が最も問われるのは「思いもよらないことが起こったときに決断できるか」ということに他ならないと感じています。思いもよらないことは(実は結構な頻度で／その程度はともかくとして)起こります。「思いもよらないことが起こった」そのときに意思決定できるか、決断できるか。そのような場面においてデータサイエンスのスキルは間違いなく役立つものと私は信じています。

“データから価値を創出し、ビジネス課題に答えを出すプロフェッショナル”であるデータサイエンティストの力量を測ることは、データサイエンティスト協会スキル定義委員として、とても勇気の要ることでした。“この領域の技術はすぐに陳腐化する”と実感をもっている実務家である私たちであるからこそ、そして、その本質を測ることの責任の重大さを分かっているからこそ、これまで「資格」を定めることに戸惑ってきたのです。

それでもなお “時代が変わろうとも本質的であること”は存在します。今回、資格化にあたってはデータサイエンティストとしての「リテラシー」「見習い」レベルが対象となっています。これらは、イケてるビジネスパーソンの入り口となるものですが、間違いなく“時代が変わろうとも本質的であること”です。

ビジネスパーソン＝社会に貢献するひとりの人間として、普遍的なものを是非身につけてください。そして「探究心」を忘れないで下さい。“すべての人間は、生まれつき、知ることを欲する” 存在です。

検定の合格を目指すのではなく、その先にあることを見据えて学びを深めて下さい。そして、データから価値を見出すためには、ときに書を捨て町へ出て、思いも寄らないものと遭遇することも大切です。皆さんの今後の人生において、この検定が少しでも道標となることを心から祈っています。

一般社団法人データサイエンティスト協会
スキル定義委員　菅由紀子

このあとがきを読もうとしているあなた、ここを読んでも試験の役には立ちません！あしからず。おあいにくさま。ご愁傷さまです。そもそもこういう書籍にあとがきがあることがめずらしいですよね。折角ですし、これを読む人はほとんどいないという仮定のもと、想いのままに綴りますね。

私はデータサイエンティスト協会が2013年に公式発足した当時のメンバーです。株式会社ブレインパッドの創業者の高橋さんが呼びかけた協会の立ち上げに賛同し、会社(の上司)を説得し、理事に立候補し、まだ10人に満たない理事のみの協会で、データサイエンティストのスキルを定義すべきである、ということを決め、安宅さんが委員長、私が副委員長で委員会を組成し、有志を集めて議論を始めました。そこからはよなよな、ボランティアの連続です。データサイエンティストをつかさどるあの3つの円は、その頃みなさんと話し合って生まれました。

あれから10年経ち、スキルチェックリストやタスクリストを発表し、イベントやWebでの絶えない活動を通し、楔を打ち続けてきました。2024年の今、まだまだ道半ばです。ですが、少なくとも、日本のAI教育やデータ人材育成はこれから年間に数十万人単位で加速するという確証を得るまで、事は進みました。ですので、これから生まれるたくさんのデータサイエンティスト達がより良い社会を創っていく姿をありありと想像できます。そのための基軸として、データサイエンティスト検定を始めることにしました。このことを決めてからは、同志たちはあたりまえのように、検定をどう作ろうかとか、問題をどう設定しようかとか、この書籍をどうまとめようかとか、何時間も議論し、迷い、成し遂げた結果、このような形になりました。

世の中の試験や検定って、表面的にはとても無機質で、事務的なものですよね。でもその裏側では、すごく真面目に、自分の時間を使い、地道なことに向き合い、ちょっとずつでも物事を進めている人たちがいるんだなあ。みなさまに感謝です。

伸びしろしかない日本がもっとよくなりますように。ね、試験の役に立たなかったでしょう。

追記：この本も第3版となりました。初版から引き続き自分の時間を執筆に割いてくれるメンバー、この取り組みに賛同してくれて途中からジョインしてくれたメンバー、様々ですが本当にみなさまに感謝しています。また、初版からこの本の内容がどうあるべきか、個々のスキルの記述についても細部に渡りご指導くださる樋口知之先生(中央大学理工学部教授)、佐藤忠彦先生(筑波大学大学院教授)のお二人には足を向けて寝られません。この場を借りて御礼申し上げます。

一般社団法人データサイエンティスト協会
スキル定義委員会　副委員長　佐伯諭

索引

数字

2階の導関数 … **37**, 39
2値分類問題 … **124**, 125
5W1H … **298**
5フォース分析 … 278, **279**

A～E

Accuracy … **125**, 126
AIOps … **243**
AND（SQL）… **196**
API … **182**, 194, 201, 209, 220, 221, 224, 238
ARIMA … **290**
ARIMAX … **290**
ASC（SQL）… **198**
AUC … **124**
AutoML … 181, **239**
AVI … **169**
BETWEEN（SQL）… **196**
BIツール … 103, 113, 196, **211**, 212, 291
BMP … **162**
Bot … **260**
Box-Cox変換 … **101**
C++ … **217**
CaboCha … **159**
CER … **224**
CCPA … **262**
Chain-of-Thought … **244**
CIA … **230**
CSV … 185, 187, **207**, 208, 213, 221
DataFrame … **193**
DataSet … **193**
DDL文 … **229**
Deep Q-Network … **129**
DESC（SQL）… **198**
DML文 … **229**
Docker … **180**
DWH … **192**
DWHアプライアンス … **192**
ELSI … 259, 261, 312, **316**
ER図 … **188**
Excel … 70, 71, 185, 187, 196, 197, 198, 199, 200, 201, 203, 204, 205, **207**, 210, 222, 297
EXISITS（SQL）… **229**

F～J

Few-shot Prompting … **244**
FFP … **259**
FN … 124, **125**, 126
FP … 124, **125**, 126
FPR … **124**
fps … **169**
FROM（SQL）… **229**
FTP … **184**, 210
FTPサーバー … **210**
F検定 … **77**
F値 … **125**, 126
GAN … 131, **260**
GDPR … **262**, 312
ChatGPT … **260**, 307
Git … **240**
GitHub … **240**, 296
GLUE … **161**
GPT-3 … **145**
GROUP BY（SQL）… **229**
Hadoop … **193**, 194
HAVING（SQL）… **229**
Hbase … **194**
HDFS … **193**, 194
HTTP … **184**, 222
HTTPS … **184**
IMPORT … **208**
IN（SQL）… **196**
INNER JOIN（SQL）… **199**
INSERT（SQL）… 208, **229**
Janome … **159**
Java … **182**, 194, 217, 218, 222
JDK … **182**
JOIN（SQL）… **229**
JPEG … **162**
JSON … 187, **207**, 209, 221
JUMAN … **159**
Jupyter Notebook … 181, **227**

K～O

k-fold交差検証法 … **137**
KGI … 254, **276**
k-means法 … 129, 150, **152**
KNP … **159**

KPI … 86, 254, **276**, 291
k近傍法 … **129**
k平均法 … **150**
LEFT OUTER JOIN (SQL) … **199**
LightGBM … **142**
LIKE (SQL) … **196**
LOAD … **208**
macro平均 … 125, **126**
MAE … **127**
MAPE … **127**
MapReduce … **193**
matplotlib … **222**
MeCab … **159**
MECE … **264**, 265
micro平均 … **126**
MLOps … 139, **241**, 243
MOV … **169**
MP3 … **170**
MP4 … **169**
NoSQLデータストア … **194**
NOT NULL制約 … **208**
Notebook環境 … **228**
Numpy … **222**
n次元ベクトル … **28**, 30
OAuth … **238**
OLAP分析 … **211**
OpenCV … **169**
openpyxl … **222**
OR (SQL) … **196**
ORDER BY (SQL) … **198**
OSレベル … **232**

P～T

Pandas … **203**
PKI … **234**, 235, 236
PNG … **162**
Precision … 125, **126**
Python … 43, 44, 169, 186, 194, 203, 204, 205, **213**, 214, 217, 222, 227, 228, 240
p値 … **74**, 119
R … **213**, 217, 228
RDD … **193**
Recall … **125**, 126
ReLU … **140**, 141
REST … 182, **209**, 223, 238
Requests … **222**
RMSE … **127**
RMSLE … **128**
ROC曲線 … **124**
RStudio … 181, **227**
scikit-learn … **222**
SDK … **182**
SELECT (SQL) … 196, 204, **229**
SLA … **298**
SOAP … **209**
Society 5.0 … 22, 302, 303, **305**, 314
Spark … **193**
SQL … 194, 196, 198, 199, 200, 201, 202-205, 208, 213, **229**
SSH … **184**
SSL … 184, **233**
Subversion … **240**
Telnet … **184**
Temperature … **244**
TIFF … **162**
TN … 124, **125**
Top-p … **244**
TP … 124, **125**
TPR … **124**
TSV … 185, 187, **207**
t検定 … **76**, 77

U～Z

UNION処理 … **199**
UPDATE (SQL) … **229**
VLOOKUP関数 … **199**, 201
WAV … **170**
WBS … **297**
Web API … **223**
Webクローラー … **183**
WER … **224**
WHERE (SQL) … 196, **229**
WHYの並び立て … 271, **272**
Win32 API/Win64 API … **182**
XML … 187, **207**, 209, 221
XGBoost … **142**
YARN … **193**
Yeo-Johnson変換 … **101**
z検定 … **76**

あ行

アウトカム … **82**
アクセス権限 … 195, 230, **232**, 238
アクセストークン … **238**
アクティブラーニング … **134**
アソシエーション分析 … **79**, 131
アドウェア … **231**
アトリビュート … **188**
アノテーション … **134**, 303
アプリケーションレベル … **232**
アベイラビリティ … **177**
暗号化 … 184, 210, 230, 231, **233**, 234, 235, 236, 312
暗号鍵 … **233**
アンサンブル学習 … **142**
アンサンブル平均 … **106**
アンダーフィッティング … **132**
暗黙の型変換 … **214**
異常値 … 86, 87, 91, **98**, 200, 201, 242
一意性制約 … **208**
一元配置 … **96**
一次情報 … **257**, 269
移動平均 … **92**, 139, 149, 283
色の三原色 … **162**
因果関係 … **56**, 82, 83, 288
インスタンスセグメンテーション … **166**
インフォデミック … **288**
ウェルチのt検定 … **77**
ウォード法 … **151**
ウォームスタンバイ … **177**
請負契約 … **292**, 293
エイリアシング … **162**
エッジ … **154**
エビデンスベースト … **288**
円グラフ … 111, 113, **212**
エンコード … **169**, 206
エンタープライズBI … **211**
エンティティ … **188**
オートエンコーダー … **260**
オーバーフィッティング … **132**
オープンデータ … 88, **176**, 201, 212, 282, 303
オッズ比 … **123**
オブジェクト … **217**
オブジェクト指向 … **217**
オブジェクト指向言語 … **217**
重み付き平均 … **126**
折れ線グラフ … 113, 115, **212**

か行

カーディナリティ … **188**
回帰 … 98, 100, 119, 120, 121, 122, 127, **129**, 130, 131, 140
回帰係数 … **119**, 120
改ざん … 184, 230, 231, 234, 237, **259**, 312, 313
改正個人情報保護法 … **262**
階層型 … **129**
階層クラスター分析 … **151**, 152, 153
カイ二乗分布 … **60**
介入変数 … **82**
外部結合 … **199**, 201
外部参照制約 … **208**
顔認識 … **167**
過学習 … **132**, 133, 142
係り受け解析 … **159**
拡張性 … **177**, 194
確率 … 41, 42, **47**, 48, 54, 55, 60, 66, 72, 73, 74, 75, 78, 79, 122, 123
確率密度関数 … 41, **42**
過剰適合 … **132**
仮想化 … **180**
画像加工処理 … **163**
画像生成AI … **245**
画像分類 … **165**
画像変換処理 … **163**
画像補正処理 … **163**
片側検定 … **75**, 76
片対数グラフ … **63**, 64
価値反復法 … **129**
カプセル化 … **217**
可用性 … **230**, 312, 313
カラム指向型DB … **192**
間隔尺度 … **57**, 58, 100
関数従属性 … **189**
完全性 … **230**, 312, 313
ガントチャート … **297**
機械学習 … 79, 87, 90, 91, 124, 129-139, **150**, 159, 181, 213, 222, 239, 241, 242, 243, 254, 260, 261
記号除去 … **158**
記述統計学 … **72**

索引

季節変動 … 92, **147**, 148, 149
期待値 … **48**
基本統計量 … 69, 91, 98, **203**
機密性 … **230**, 312, 313
機密保持契約 … **292**
帰無仮説 … **73**, 74, 75, 76, 77
逆行列 … **32**, 33, 34
境界値分析 … **220**
強化学習 … **129**, 303
共起頻度 … **78**, 79
教師あり学習 … 129, **131**, 133, 134, 150
行指向型DB … **192**
教師なし学習 … 129, **131**, 133, 134, 145, 150
強調構文 … **245**
協調フィルタリング … 155, **156**, 157
共通鍵 … **233**
共通鍵暗号方式 … **233**
共分散 … **58**, 149
行ベクトル … **28**
業務委託 … **292**
業務委託契約 … **292**
行列 … **30**-35, 113, 115, 116
極小点 … **37**
局所的な説明 … **136**
極大点 … **37**
クエリ文字列 … **183**
区間推定 … **72**
組み合わせ(基礎数学) … **46**
クラス … **217**
クラスター(分析) … 98, 117, 130, 133, 150, **151**, 152, 153
クラスタ構成 … **177**
クラスタリング(分析) … 129, 130, 131, 133, 150, **151**, 152, 153
クラスタリング(環境構築) … **177**
クリーニング処理 … **158**, 164
グレースケール … **162**, 163
クレンジング処理 … **200**, 242
クロス集計表 … **70**, 309
群平均法 … **151**
訓練データ … 132, 134, 137, 138, 145, **150**, 241, 242, 259
訓練データの誤差 … **132**
傾向変動 … **147**
継承 … **217**
形態素 … **159**
形態素解析 … **159**
系統サンプリング … **202**
結合処理 … 196, **199**, 201, 213
欠測データバイアス … **84**
欠損値 … **98**, 140, 142, 200
決定木 … 129, **142**, 150
決定係数 … 119, 120, **127**, 128
検定 … 60, **73**, 74, 75, 76, 77, 96, 213
検定力 … **74**
公開鍵 … **233**, 234, 235, 236
公開鍵暗号方式 … **233**, 234, 235
公開鍵認証基盤 … **234**
高可用性 … **177**
交互作用特徴量の作成 … **101**
交差検証法 … 132, **137**, 138
降順 … **198**
構造化データ … 145, **187**, 213, 303, 304
恒等関数 … **140**
勾配 … 140, **141**
勾配消失問題 … 140, **141**
勾配ブースティング … 129, **142**
候補キー … **189**
交絡因子 … 81, **82**, 83
コーデック … **169**
コードカバレッジ … **219**
コールドスタンバイ … **177**
誤差逆伝播法 … **141**
個人関連情報 … **262**
個人情報 … 231, 240, **262**, 292, 294, 312, 313
個人情報の授受に関する契約 … **292**
小文字化 … **158**
固有値 … **34**, 35
固有ベクトル … **34**, 35
コンセプトドリフト … **139**
コンテナ … **180**
コンテナ型仮想化 … **180**
コンテンツベースフィルタリング … **155**, 157
混同行列 … **125**
コンピュータウイルス … **231**

さ行

サービス品質 … **298**
最小二乗法 … **119**, 127
最短距離法 … **151**
最適計画 … **97**

最頻値 … **49**, 50, 60, 102, 203, 308, 309
差集合 … **43**
差分バックアップ … **178**
サポートベクターマシン(SVM) … **129**, 150
三次情報 … **257**
散布図 … 59, 62, **71**, 98, 102, 104, 111, 113, 115, 116, 117, 121, 212, 283, 309
散布図行列 … 121, 113, **115**, 116, 283, 309
サンプリング処理 … **202**
サンプリングバイアス … **94**
サンプリングレート … **170**
サンプルサイズ … **94**
サンプル数 … **94**
シグモイド関数 … **122**, 123, 140
時系列データ … **92**, 114, 138, 148, 149, 290
次元圧縮 … **133**
次元の呪い … **133**
事後確率 … **66**
自己結合 … **199**
自己選択バイアス … **84**
支持度 … **78**, 79
次数 … **154**
指数分布 … **60**
姿勢推定 … 165, **167**
事前確率 … **66**
自然言語処理 … 145, **160**, 161
四則演算 … **204**
実験群 … **80**
質的データ … **57**, 58, 62
自動運転 … 129, 165, **167**, 259, 302
シミュレーション実験 … **97**
ジャギー … **162**
尺度 … **57**, 58, 99, 100, 123, 212
尺度の変更 … **99**
収益方程式 … **276**
重回帰分析 … 119, **120**, 127, 100
周期性 … 67, **92**, 138, 148, 149
集計処理 … 196, **203**, 265
重心法 … **151**
重相関係数 … **120**
集落サンプリング … **202**
樹形図 … 150, **151**, 153
出力層 … **140**, 141
準委任契約 … **292**, 293
順序尺度 … **57**, 58, 100
順列 … **46**
障害報告書 … **298**
条件付き確率 … **47**, 48, 66
昇順 … **198**, 203
状態空間モデル … **283**
冗長構成 … **177**
処置群 … **80**, 81
深層学習 … 129, 131, 140, **145**, 162
信頼区間 … **72**
信頼度 (推定・検定) … **72**
信頼度(パターン発見) … **78**, 79
推移従属関係 … **189**
推測統計学 … **72**
数値型 … 87, 203, **204**, 205
数値置換 … **158**
スーパークラス … **217**
スカラー … **28**, 29, 34, 35
スクレイピングツール … **183**
スケーラビリティ … **177**, 194
スケーリング … 99, **101**, 142
スコーピング … **278**, 279
スチューデントのt検定 … **77**
ステミング … **158**
ストーリーライン … **271**, 272
ストレージ … 186, 193, **195**
スパイウェア … **231**
スピアマンの順位相関 … 58, **62**
スライス … **211**
スロー・チェンジ・ディメンション … **201**
正規化 … **99**, 101, 164
正規化(データベース) … **189**, 190, 191
正規表現 … **197**
正規分布 … **54**, 55, 60, 61, 76
正規分布の標準化 … **54**
制御フローテスト … **219**
生成AI … 20, 244, 260, 261, 275, 284, 294, 300, 302, 303, 304, **307**, 312, 313, 316
静的コンテンツ … **183**
正の相関 … 56, **58**, 59
正方行列 … **30**, 31, 32, 34
積集合 … **43**
積分 … **41**, 42
セキュリティの3要素 … **230**, 312, 313
セグメンテーション … 165, **166**
接線 … **36**, 37
説明変数 … 87, 100, 101, **119**, 120, 122, 123, 129, 131, 132, 239, 283

索引

セマンティックセグメンテーション … **166**
セルフBI … **211**
ゼロ行列 … **31**
ゼロベクトル … **29**
線形回帰 … **122**, 123, 129, 140
線形関係 … **62**
選択バイアス … **84**, 95
層化 … 95, **105**, 135
相加平均 … **49**, 50
相関関係 … **56**, 270
相関係数 … **58**, 59, 62, 120, 72, 309
増分バックアップ … **178**
層別サンプリング … 106, **202**
ソート処理 … **198**, 213
ソフトマックス関数 … **141**
空・雨・傘 … 271, **272**

た行

第1種の過誤 … **74**
第2種の過誤 … **74**
第一正規化 … 189, **190**, 191
大域的な説明 … **136**
大規模言語モデル … 146, 167, **171**, 172, 173, 247, 249, 260, 284, 285, 294, 302, 303, 307
第三正規化 … 189, **190**, 191
対照群 … **80**, 81
対称差集合 … **43**
ダイス … **211**
対数変換 … **101**
第二正規化 … 189, **190**, 191
代表値 … **49**, 51, 94, 98, 102, 106, 200, 203, 265, 309
対立仮説 … **73**, 74, 75, 76, 77
対話型の開発環境 … **227**
タグ付け … **134**, 187
多元配置 … **96**
多重共線性 … **121**
畳み込みニューラルネットワーク … **165**, 167
多段サンプリング … **202**
脱落バイアス … **84**
ダミー変数 … **100**, 257
単位行列 … **31**, 32, 33
単位ベクトル … **29**
短期的変動 … **148**, 149
単回帰分析 … **119**, 120, 127
単語誤り率 … **224**
単純無作為サンプリング … **202**
単調関係 … **62**
チェック制約 … **208**
チャットボット … 134, **161**, 261, 306
中央値 … **49**, 50, 52, 60, 69, 102, 203, 309
中間因子 … **82**, 83
直交表 … **96**, 97
通信プロトコル … 184, **232**
積み上げ(縦)棒グラフ … 105, **212**
ディープフェイク … 259, **260**
定常性… 147, **149**
定積分 … **41**, 42
データインク … **110**
データインク比 … **110**
データ可視化 … 20, **103**, 105, 109, 112, 118, 283, 303, 304, 310
データ型 … 204, 205, 208, 212, **214**
データドリフト … **139**
データ濃度 … **110**
データ(の)加工 … 20, 87, 90, 99, 108, 196, 207, 211, **213**, 310
データ(の)抽出 … 185, 194, 196, **213**
データバイアス … **84**, 259, 312, 313
データフローテスト … **219**
データマイニング … **211**
データ倫理 … **259**, 312
敵対的生成ネットワーク … 131, **260**
デコード … **169**
デザイン思考 … **256**
転移学習 … **145**, 303
電子署名 … 230, **234**
点推定 … **72**
テンソル … **146**
デンドログラム … 150, 151, **153**
導関数 … **36**, 37, 39
同値分割(法) … **220**
動的コンテンツ … **183**
透明性の原則 … **136**, 315
盗用 … **259**, 312, 313
特徴量 … 101, 108, **129**, 131, 133, 135, 139, 140, 142, 145, 181, 239
特徴量エンジニアリング … 101, **144**
特徴量選択 … **133**
匿名加工情報 … **262**, 312

特化型AI … **303**
トリミング … **164**
ドリルアップ … **211**
ドリルスルー … **211**
ドリルダウン … **211**
トレンド … **92**, 147, 138
トロイの木馬 … **231**

な行

内部結合 … **199**
二項分布 … 60, **61**
二次情報 … **257**, 270
二値化 … **101**
ニューラルネットワーク … 129, **140**, 141, 145
入力層 … **140**, 141
認可 … 230, **232**, 238
人間中心のAI社会原則 … 259, 261, 312, **314**
認証 … 184, 209, 230, **232**, 234, 238
ネガティブプロンプト … **245**
捏造 … **259**
ネットワークレベル … **232**
ノイズ … 135, 147, **149**, 163
ノーコードツール … **179**
ノード … **154**

は行

場合の数 … **46**
バージョン管理 … **240**
パーセンタイル … 51, **52**
バウンディングボックス … **134**
暴露因子 … **82**
箱ひげ図 … 98, 107, **117**
外れ値 … 86, 87, 91, **98**, 101, 102, 117, 127, 148, 164, 200, 239, 242, 283
ハッシュ関数 … 230, 234, **237**
ハッシュ値 … 234, **237**
パディング … **164**
パノプティックセグメンテーション … **166**
バブルチャート … 113, **212**
ハルシネーション … **171**, 172, 173, 174, 248, 250, 284, 285, 312, 313, 316
半角変換 … **158**
汎化誤差 … **132**
汎化性能 … **137**, 142
半教師あり学習 … **134**
販売許諾契約 … **292**
ピアソンの積率相関 … **58**, 62
ヒートマップ … 115, **116**, 309
非階層型 … **129**
非階層クラスター分析 … 151, **152**
非キー属性 … **189**
非構造化データ … 145, **187**, 195, 303, 304
ビジネス(定義) … **277**
ヒストグラム … **69**, 113, 114, 117, 283, 309
非正規化 … **190**, 191
被積分関数 … **41**
日付型 … **204**
ビニング … **101**
微分 … **36**, 37, 38, 41, 42, 141
秘密鍵 … 233, 234, **235**, 236
標準化 … 54, 55, **99**, 101, 120, 140, 164
標準誤差 … **94**, 95, 119
標準正規分布 … **54**, 55, 60, 61
標準偏回帰係数 … **120**
標準偏差 … **51**, 52, 54, 58, 69, 94, 98, 99, 102, 120, 203
標本 … **53**, 60, 72, 73, 74, 76, 77, 94, 95, 202, 308, 309
標本化 … **162**, 170
標本誤差 … **94**, 95
標本分散 … **53**
標本平均 … **53**, 60, 77, 94
比例尺度 … **57**, 58
ファイル共有サーバー … **210**
フィルタ処理 … **163**, 164
フィルタリング処理 … **196**, 200
ブール型 … **214**
フェイク画像 … **260**
フェイク動画 … **260**
復号鍵 … **233**
不正行為 … **259**
物体検出 … 165, **166**
不定積分 … **41**, 42
浮動小数点型 … **214**
負の相関 … **58**, 59
部分関数従属性 … **189**
不偏分散 … **53**, 77
プライバシー強化技術 … **143**
ブラックボックステスト … **219**, 220
プランニング … **211**

索引

フルバックアップ … **178**
フレーム … **169**
フレームレート … **169**
フローチャート … **215**, 216, 219
プロンプト … 244, 245, 284, 303, 304, 307
プロンプトエンジニアリング … **244**, 303, 307
分散(統計) … **51**, 52, 53, 54, 72, 76, 77, 94, 99, 102, 119, 164, 203, 213
分散技術 … **193**
分散分析 … 77, **96**
分類(統計) … 100, 104, 124, 125, 126, 129, 130, 131, 133, 137, 140, 141, **150**, 151, 152, 213
平均絶対誤差 … **127**
平均平方二乗誤差 … **127**
平行座標プロット … 113, **115**
ベイズの定理 … **66**
ベクトル … **28**, 29, 30, 31, 34, 35, 159
ベルヌーイ試行 … **60**, 61
ベルヌーイ分布 … **60**
偏回帰係数 … **120**
偏導関数 … **38**
偏微分 … **38**
ポアソン分布 … **60**
棒グラフ … 69, 105, 111, 113, **212**, 288, 309
方策反復法 … **129**
ホールドアウト法 … **137**, 138
補集合 … **44**
母集団 … **53**, 72, 73, 76, 77, 94, 95, 106, 202, 286, 309
ボット(セキュリティ) … **231**
ホットスタンバイ … **177**
母分散 … **53**, 76, 77
母平均 … **53**, 72, 76, 77, 96
ポリモーフィズム … 217, **218**
ホワイトボックステスト … **219**, 220

ま行

マインドマップ … **297**
マッピング処理 … **201**
マネージドサービス … **181**, 239
マハラノビス距離 … **151**
マルウェア … **231**, 313
マンハッタン距離 … **151**
未学習 … **132**
無向グラフ … **154**
無相関 … **58**, 59
名義尺度 … **57**, 58, 100
明示的型変換 … **214**
メタ認知思考 … **256**
メディアン法 … **151**
目的変数 … 87, 100, 104, **119**, 120, 122, 123, 129, 131, 139
文字誤り率 … **224**
文字型 … 87, **204**
文字列型 … **214**
モダリティ … **146**
モニタリング … 103, 139, 242, **291**, 298
問題解決力(プロブレムソルビング) … **256**

や行

有意水準 … **74**, 75
有向グラフ … **154**
ユークリッド距離 … **151**
要素(成分) … **28**, 29, 30, 31
要配慮個人情報 … **262**
要約値 … **237**

ら行

ライブラリ … 142, 159, 169, 180, 181, 182, 203, 206, 213, 221, **222**, 227
ランサムウェア … **231**
乱数 … **202**
ランダムサンプリング … 106, **202**
ランダムフォレスト … 129, **142**
リサイズ … **164**
離散化 … **101**
離散型確率分布 … **60**
リフト値 … **78**, 79
リポジトリ … **240**
両側検定 … **75**, 76, 77
量子化 … **162**, 170
量子化ビット数 … **170**
両対数グラフ … **64**, 65
量的データ … **57**, 58, 62
リレーションシップ … **188**
レーダーチャート … 113, **212**
レコメンド … **79**, 130, 155
列ベクトル … **28**, 34

レピュテーションリスク … **298**
レポーティング … **211**, 212
連合学習 … **143**
連続型確率分布 … 54, **60**
ローコードツール … **179**
ロジスティック回帰 … **122**, 129, 150
ロングテール知識 … **172**
論理演算 … **45**
論理的思考(ロジカルシンキング) … 20, 90, 104, **256**, 264, 310

わ行

ワーム … **231**
和集合 … **43**

執筆者紹介

監修

株式会社ディジタルグロースアカデミア

一般社団法人データサイエンティスト協会　賛助会員

「デジタルを武器に、人と企業が成長し、日本に変革をもたらす」をビジョンに掲げるデジタル人材育成企業。株式会社チェンジとKDDI株式会社の合弁会社として2021年4月に営業を開始。前身の株式会社チェンジでは、2013年より製造業や官公庁・自治体などを中心にデータサイエンス案件の受託や人材育成を運営。
ホームページ　https://www.dga.co.jp

株式会社日立アカデミー

一般社団法人データサイエンティスト協会　賛助会員

日立グループのコーポレートユニバーシティとして1961年に設立。グローバルで活躍するリーダーや、IT 、OT（制御技術）分野の人材育成を推進。さらに、事業戦略に応じた人材育成の戦略企画から研修実施、運営において、さまざまな企業や団体を支援している。近年はデータサイエンティストやDX事業を推進する人材育成にも取り組んでいる。
ホームページ　https://www.hitachi-ac.co.jp/

株式会社Rejoui（リジョウイ）

一般社団法人データサイエンティスト協会　賛助会員

データでビジネスに柔軟性と革新性をもたらすデータ分析企業。データ利活用やデータサイエンス教育を通して、企業や自治体、教育機関などあらゆる組織のDX推進を支援。データサイエンティスト育成事業として、教育教材/カリキュラム開発、セミナー運営と幅広く展開している。
ホームページ　https://rejoui.co.jp/

著者

菅　由紀子（かん　ゆきこ）

株式会社Rejoui（リジョウイ）　代表取締役
一般社団法人データサイエンティスト協会　スキル定義委員
広島大学　客員教授

2004年に株式会社サイバーエージェントに入社し、ネットリサーチ事業の立ち上げに携わる。2006年より株式会社ALBERTに転じ、データサイエンティストとして多数のプロジェクトに従事。2016年9月に株式会社Rejouiを創立し、企業や自治体におけるデータ利活用、データサイエンティスト育成事業を展開しているほか、ジェンダーを問わずデータサイエンティストの活躍支援を行う世界的活動WiDS(Women in Data Science)アンバサダーとして日本における中心的役割を果たしている。

佐伯　諭（さえき　さとし）

一般社団法人データサイエンティスト協会　スキル定義委員会副委員長、事務局長
ビーアイシーピー・データ株式会社　取締役COO

Slerでのエンジニア、外資系金融でモデリング業務などの経験を経て、2005年に電通入社。デジタルマーケティングの黎明期からデータ・テクノロジー領域をリード。電通デジタル創業期には執行役員CDOとして組織開発やデータ人材の採用、育成などを担務。データサイエンティスト協会創立メンバーとして理事を7年間務めた後、現在は独立し、DXコンサルタントや協会事務局メンバーとして活動中。

高橋　範光（たかはし　のりみつ）

株式会社ディジタルグロースアカデミア　代表取締役会長
株式会社チェンジホールディングス　執行役員
一般社団法人データサイエンティスト協会　スキル定義委員

アクセンチュアのマネージャーを経て、2005年に株式会社チェンジに入社。2013年、データサイエンティスト育成事業を開始するとともに、自身も製造業、社会インフラ、公共、保険、販売会社などのデータサイエンス案件を担当。現在は、ディジタルグロースアカデミアの代表取締役社長として、デジタル人財育成事業のさらなる拡大を目指す。著書に『道具としてのビッグデータ』（日本実業出版社）がある。

田中　貴博（たなか　たかひろ）

株式会社日立製作所 人財統括本部 デジタルシステム＆サービス人事総務本部 直轄人事部 シニアHRビジネスパートナー
一般社団法人データサイエンティスト協会　スキル定義委員

独立系Slerでのシステムエンジニア、教育ベンチャーでのコンサルタントなどを経て、2010年、株式会社日立アカデミー入社。日立グループの社内認定制度に連動したデータサイエンティスト認定講座、デジタル事業・サービスの事業化検討ワークショップの企画・運営などを担当。現在は、DX関連の研修・サービス事業の統括責任者として、DX事業へのコーポレート・トランスフォーメーションをめざし、本社施策と連動した人財育成に取り組んでいる。

大川　遥平（おおかわ　ようへい）

株式会社AVILEN　取締役
一般社団法人データサイエンティスト協会　スキル定義委員

大学時代にAI/統計学のメディア「全人類がわかる統計学（現 AVILEN AI Trend）」を開設したのち、大学院在学中に株式会社AVILENを創業。AI人材育成事業とAI開発事業の立ち上げを行い、現在も取締役としてAVILENのプロダクトの質の向上に尽力している。

大黒　健一（だいこく　けんいち）

株式会社日立アカデミー　事業戦略本部戦略企画部部長
一般社団法人データサイエンティスト協会　学生部会副部会長
博士（農学）

日立グループのデジタルトランスフォーメーション推進のための人財育成の推進を担当。総務省統計局「社会人のためのデータサイエンス演習」Day3講師。著書に『ビジネス現場の担当者が読むべき、IoTプロジェクトを成功に導くための本』（秀和システム）がある。

森谷　和弘（もりや　かずひろ）

データ解析設計事務所　代表
データアナリティクスラボ株式会社　取締役CTO
一般社団法人データサイエンティスト協会　スキル定義委員

富士通グループにてデータベースエンジニアとしてのキャリアを積み、その後データ・フォアビジョン㈱でデータベースソリューションとデータサイエンス、人事等の役員を担当。2018年よりフリーランスとして独立し、AIコンサルタントや機械学習エンジニア、データサイエンティスト、データアーキテクトとして活動。2019年、データアナリティクスラボ㈱を共同経営者として起業。現在はフリーランスと会社経営の二足の草鞋で活動中。

參木　裕之（みつぎ　ひろゆき）

株式会社大和総研　フロンティア研究開発センター　データドリブンサイエンス部
チーフグレード／主任データサイエンティスト
一般社団法人データサイエンティスト協会　スキル定義委員

大和総研に2013年に入社。システム開発部門にて、データモデリングやアプリケーション開発などの業務に従事した後、2017年より現職。主に、証券会社、官公庁向けの機械学習や自然言語処理を用いたデータサイエンス案件、分析コンサルティングを担当。2020年より東京工業大学大学院非常勤講師を兼務。

北川　淳一郎（きたがわ　じゅんいちろう）

LINEヤフー株式会社
一般社団法人データサイエンティスト協会　スキル定義委員

株式会社ミクロスソフトウェアでエンジニア経験を積んだ後に、2011年にヤフー株式会社に入社。インターネット広告システムのエンジニアをしつつ、データサイエンスという分野に出会う。その後、「ヤフオク!」の検索精度向上、ディスプレイ広告の配信精度向上、ローカル検索の精度向上、求人検索の精度向上などを担当。現在は、同社にて営業支援を行うAI開発に取り組んでいる。

守谷　昌久（もりや　まさひさ）

日本アイ・ビー・エム株式会社　シニアアーキテクト
一般社団法人データサイエンティスト協会　スキル定義委員

ソフトウェア開発会社でデータ解析ソフトウェア開発に従事後、2008年に日本アイ・ビー・エム株式会社に入社。大学生時代よりIBM製品の統計解析ソフトウェアSPSSによるデータ分析（主に多変量量解析）に携わりSPSS使用歴は20年以上。実業務では製造業を中心としたお客様にビッグデータやIoTを活用したITシステムの構築やWatson、SPSS、CognosなどのIBMのData and AI製品の導入コンサルティングを行う。

山之下　拓仁（やまのした　たくひと）

一般社団法人データサイエンティスト協会　スキル定義委員

教育業界での、生徒一人一人に合わせた教育指導をサポートするAIエンジンの研究開発、金融業界の金融データ分析や金融工学に基づく数理モデル構築業務、ソーシャルゲーム業界のビックデータを解析する為の組織作り、人材業界のマッチングにおけるデータ解析、分析基盤構築、機械学習手法の大学との研究開発など、様々な業界におけるデータ活用やAI開発などに従事。

苅部　直知（かりべ　なおと）

一般社団法人データサイエンティスト協会　スキル定義委員
LINEヤフー株式会社

リクルートテクノロジーズなどIT系企業を中心に勤務し、Webアクセス解析・BIツール（Tableau、Adobe Analytics、Google Analytics）などの導入・ツールを利用した分析業務に携わる。その経験を元にデータ分析基盤支援エンジニアとして2017年にヤフー株式会社に入社。2020年にデータサイエンティスト協会スキル定義委員に志願し参画。2023年よりLINEヤフー株式会社に所属。

孝忠　大輔（こうちゅう　だいすけ）

日本電気株式会社　アナリティクスコンサルティング統括部長
一般社団法人データサイエンティスト協会　スキル定義委員

流通・サービス業を中心に分析コンサルティングを提供し、2016年、NECプロフェッショナル認定制度「シニアデータアナリスト」の初代認定者となる。2018年、NECグループのAI人材育成を統括するAI人材育成センターのセンター長に就任し、AI人材の育成に取り組む。著書に『AI人材の育て方』（翔泳社）、『教養としてのデータサイエンス』（講談社・共著）がある。

福本　信吾（ふくもと　しんご）

一般社団法人データサイエンティスト協会　スキル定義委員

大手SIerでSEとして勤務後、データ・フォアビジョン㈱で分析チームを統括し、主に金融機関向けにデータ分析サービスを提供。現在、保険会社内のデータサイエンティストとして分析チームの統括、および社内の分析関連プロジェクトの遂行に従事。

執筆協力

杉山　聡（すぎやま　さとし）

株式会社アトラエ　Senior Data Scientist
慶應義塾大学　SFC研究所　上席研究員
Alcia Solid Project 運営
一般社団法人データサイエンティスト協会　スキル定義委員

東京大学大学院で博士（数理科学）を取得ののち株式会社アトラエに新卒入社。3年目に社内初のData Scientistに転向し、Data Science Teamを立ち上げ。現在はエンゲージメント解析ツール「Wevox（ウィボックス）」にてデータ分析機能の開発に従事。業務のかたわら、データサイエンスVTuberのAlcia Solid Projectを運営し、統計や機械学習など幅広いトピックの動画を投稿。50,000人のチャンネル登録者を数える。

北野　道春（きたの　みちはる）

株式会社JMDC データイノベーションラボ

同志社大学大学院修了後、大和総研にて機械学習、自然言語処理などの技術を用いた株価予測モデル、リテール向け投信購買予測モデルなどの開発を担当。株式会社JMDC入社後は、ヘルスケアビッグデータを用いた保険支払査定モデルの開発やウェアラブルデータの分析等に従事。

参考文献

書籍

東京大学教養学部統計学教室編、『統計学入門(基礎統計学Ⅰ)』、東京大学出版会、1991年

竹村彰通、『新装改訂版 現代数理統計学』、学術図書出版社、2020年

藤俊久仁・渡部良一、『データビジュアライゼーションの教科書』、秀和システム、2019年

高橋範光、『道具としてのビッグデータ』、日本実業出版社、2015年

照屋華子・岡田恵子、『ロジカル・シンキング 論理的な思考と構成のスキル』、東洋経済新報社、2001年

細谷功、『具体と抽象―世界が変わって見える知性のしくみ』、dZERO、2014年

ティム・ブラウン、『デザイン思考が世界を変える〔アップデート版〕イノベーションを導く新しい考え方』、千葉敏生訳、早川書房、2019年

佐宗邦威、『21世紀のビジネスにデザイン思考が必要な理由』、インプレス、2015年

バーバラ・ミント、『考える技術・書く技術―問題解決力を伸ばすピラミッド原則』、ダイヤモンド社、1993年

妹尾堅一郎、『研究計画書の考え方―大学院を目指す人のために』、ダイヤモンド社、1993年

安宅和人、『イシューからはじめよ―知的生産の「シンプルな本質」』、英治出版、2010年

M・E・ポーター、『競争の戦略』、土岐坤・中辻萬治・服部照夫訳、ダイヤモンド社、1995年

北川源四郎・竹村彰通編、『教養としてのデータサイエンス』、講談社、2021年

Web

大阪大学社会技術共創研究センター、「ELSIとは」(https://elsi.osaka-u.ac.jp/what_elsi)

社会技術研究開発センター、「データ倫理を知る」(http://dataethics.jp/discover/)

個人情報保護委員会、「個人情報保護委員会 PPC」(https://www.ppc.go.jp/index.html)

株式会社アウトソーシングテクノロジー、「生産管理の「QCD」とは?プロセス改善で向上する企業の提供価値」(https://protrude.com/report/qcd/)

独立行政法人情報処理技術者機構(IPA)、「ITSS+(プラス)・ITスキル標準(ITSS)・情報システムユーザースキル標準(UISS)関連情報」(https://www.ipa.go.jp/jinzai/itss/itssplus.html#section1-4)

総務省、「令和2年版 情報通信白書」(https://www.soumu.go.jp/johotsusintokei/whitepaper/r02.html)

内閣府 統合イノベーション戦略推進会議、「人間中心のAI社会原則」(https://www8.cao.go.jp/cstp/aigensoku.pdf)

補足情報・正誤表・模擬試験について

補足情報や正誤表については、本書のサポートページに掲載いたします。またサポートページでは、本書のご購入者向けに模擬試験を提供しております。ぜひご活用ください。

●サポートページのURL

https://gihyo.jp/book/2024/978-4-297-14130-1/support

お問い合わせについて

本書に関するご質問については、本書に記載されている内容に関するもののみとさせていただきます。本書の内容を超えるものや、本書の内容と関係のないご質問につきましては、一切お答えできませんので、あらかじめご了承ください。
電話でのご質問は受け付けておりませんので、ウェブの質問フォームにてお送りください。FAXまたは書面でも受け付けております。
お送りいただいたご質問には、できる限り迅速にお答えできるよう努力しておりますが、お答えするまでにお時間がかかる場合がございます。また、回答の期日をご指定いただいた場合でも、ご希望にお応えできるとは限りませんので、あらかじめご了承ください。
ご質問の際に記載いただいた個人情報は、質問の返答以外の目的には使用いたしません。また、質問の返答後は速やかに削除させていただきます。

●質問フォームのURL

https://gihyo.jp/book/2024/978-4-297-14130-1

●FAXまたは書面の宛先

〒162-0846　東京都新宿区市谷左内町21-13
株式会社技術評論社　書籍編集部
「最短突破　データサイエンティスト検定（リテラシーレベル）公式リファレンスブック 第3版」係
FAX：03-3513-6183

最短突破　データサイエンティスト検定（リテラシーレベル）
公式リファレンスブック　第3版

2021年 9 月17日　初　版　第1刷発行
2024年 5 月16日　第3版　第1刷発行
2024年12月13日　第3版　第2刷発行

著　者　菅由紀子、佐伯諭、高橋範光、田中貴博、大川遥平、大黒健一、森谷和弘、参木裕之、北川淳一郎、守谷昌久、山之下拓仁、苅部直知、孝忠大輔、福本信吾

発行者　片岡　巌
発行所　株式会社技術評論社
東京都新宿区市谷左内町21-13
電話　03-3513-6150　販売促進部
03-3513-6166　書籍編集部

印刷／製本　日経印刷株式会社

装丁　菊池祐（株式会社ライラック）
本文デザイン　松崎徹郎（有限会社エレメネッツ）
DTP　田中望（Hope Company）

ISBN978-4-297-14130-1 C3055
Printed in Japan